できる®

パワーポイント

PowerPoint

パーフェクトブック

困った!&便利ワザ大全 最新版

Office 2021/2019/2016 & Microsoft 365 対応

井上香緒里 & できるシリーズ編集部

ご購入・ご利用の前に必ずお読みください

本書は、2023年8月現在の情報をもとにWindows版の「Microsoft 365のPowerPoint」「Microsoft PowerPoint 2021」「Microsoft PowerPoint 2019」「Microsoft PowerPoint 2016」の操作方法について解説しています。本書の発行後に「PowerPoint」の機能や操作方法、画面などが変更された場合、本書の掲載内容通りに操作できなくなる可能性があります。本書発行後の情報については、弊社のWebページ(https://book.impress.co.jp/) などで可能な限りお知らせいたしますが、すべての情報の即時掲載ならびに、確実な解決をお約束することはできかねます。また本書の運用により生じる、直接的、または間接的な損害について、著者ならびに弊社では一切の責任を負いかねます。あらかじめご理解、ご了承ください。

本書で紹介している内容のご質問につきましては、巻末をご参照のうえ、お問い合わせフォームかメールにてお問合せください。電話やFAX等でのご質問には対応しておりません。また、本書の発行後に発生した利用手順やサービスの変更に関しては、お答えしかねる場合があることをご了承ください。

無料電子版について

本書の購入特典として、気軽に持ち歩ける電子書籍版（PDF）を以下の書籍情報ページからダウンロードできます。PDF閲覧ソフトを使えば、キーワードから知りたい情報をすぐに探せます。

▼書籍情報ページ

https://book.impress.co.jp/books/1123101039

動画について

操作を確認できる動画をYouTube動画で参照できます。画面の動きがそのまま見られるので、より理解が深まります。QRが読めるスマートフォンなどからはワザタイトル横にあるQRを読むことで直接動画を見ることができます。パソコンなどQRが読めない場合は、以下の動画一覧ページからご覧ください。

▼動画一覧ページ
https://dekiru.net/ppt2021pb

●本書の特典のご利用について

　図書館などの貸し出しサービスをご利用の場合でも、各ワザの練習用ファイル、YouTube動画はご利用いただくことができます。

●用語の使い方

　本文中では、「Microsoft PowerPoint 2021」のことを、「PowerPoint 2021」または「PowerPoint」および「Microsoft 365 Personal」の「PowerPoint」のことを、「Microsoft 365」または「PowerPoint」「Microsoft Windows 11」のことを「Windows 11」または「Windows」と記述しています。また、本文中で使用している用語は、基本的に実際の画面に表示される名称に則っています。

●本書の前提

　本書では、「Windows 11」に「Office Home & Business 2021」または「Microsoft 365 Personal」がインストールされているパソコンで、インターネットに常時接続されている環境を前提に画面を再現しています。

まえがき

PowerPointは、全世界で使われているプレゼンテーションアプリです。会議用のプレゼンテーション資料を作成するだけでなく、ポスター作成などのプライベートシーンでもPowerPointを利用する方が増えています。また、コロナ禍を機に、オンライン会議でPowerPointのスライドを使う頻度が増えた方も多いでしょう。PowerPointは直感的に操作できるため、WordやExcelを使ったことがあれば、操作に戸惑うことはありません。しかし、そのことが使う機能を限定してしまったり、便利な機能を知らずに遠回りの操作をする一因にもなっています。PowerPointの機能を知らないために、トラブル解決に多くの時間を費やしてしまうこともあるでしょう。

本書では、「できる」シリーズの読者の方々から寄せられた質問や私の講師経験の中で、利用者がつまずきやすい操作やトラブルを取り上げました。これからPowerPointを使い始める方が直面する基本操作の疑問を解決するのはもちろんのこと、よくあるトラブルの解決方法や知っていると便利な時短ワザなどを解説しています。さらに、WordやExcelと連携して使う操作やオンラインのスライドショーに便利な録画機能も解説しています。さらに17章では、スライドを魅力的に見せるアイデアも提案しています。

本書は先頭ページから順番に読み進める必要はありません。PowerPointを利用していて困ったときに必要なページを開いてください。Q&A形式で掲載しているため、探していた機能やトラブルの答えを見つけやすくなっています。練習用ファイルをダウンロードして実際に操作していただくとより理解が深まります。この1冊がPowerPointを使う方の助っ人になれば幸いです。

最後に、本書の作成にあたり、ご尽力いただいた編集部および関係者のみなさまに心より感謝申し上げます。

2023年　夏の終わり
井上香緒里

本書の読み方

中項目

各章は、内容に応じて複数の中項目に分かれています。
あるテーマについて詳しく知りたいときは、同じ中項目
のワザを通して読むと効果的です。

ワザ

各ワザは目的や知りたいことから
Q&A形式で探せます。

解説

「困った!」への対処方法を回答
付きで解説しています。

イチオシ①

ワザはQ&A形式で紹介しているため、A（回答）で大まかな答えを、本文では詳細な解説で理解が深まります。

イチオシ②

操作手順を丁寧かつ簡潔な説明で紹介! パソコン操作をしながらでも、ささっと効率的に読み進められます。

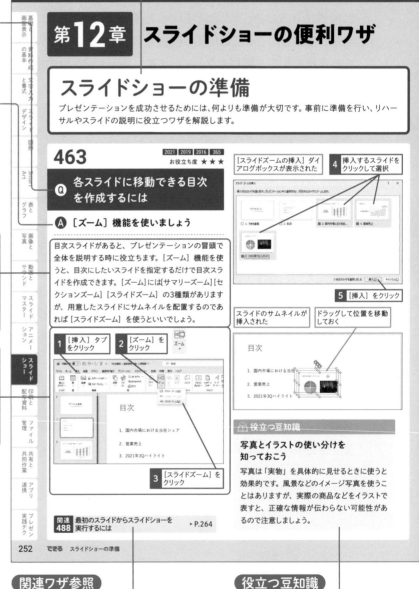

関連ワザ参照

紹介しているワザに関連する機能や、
併せて知っておくと便利なワザを紹介
しています。

役立つ豆知識

ワザに関連した情報や別の操作方法
など、豆知識を掲載しています。

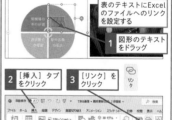

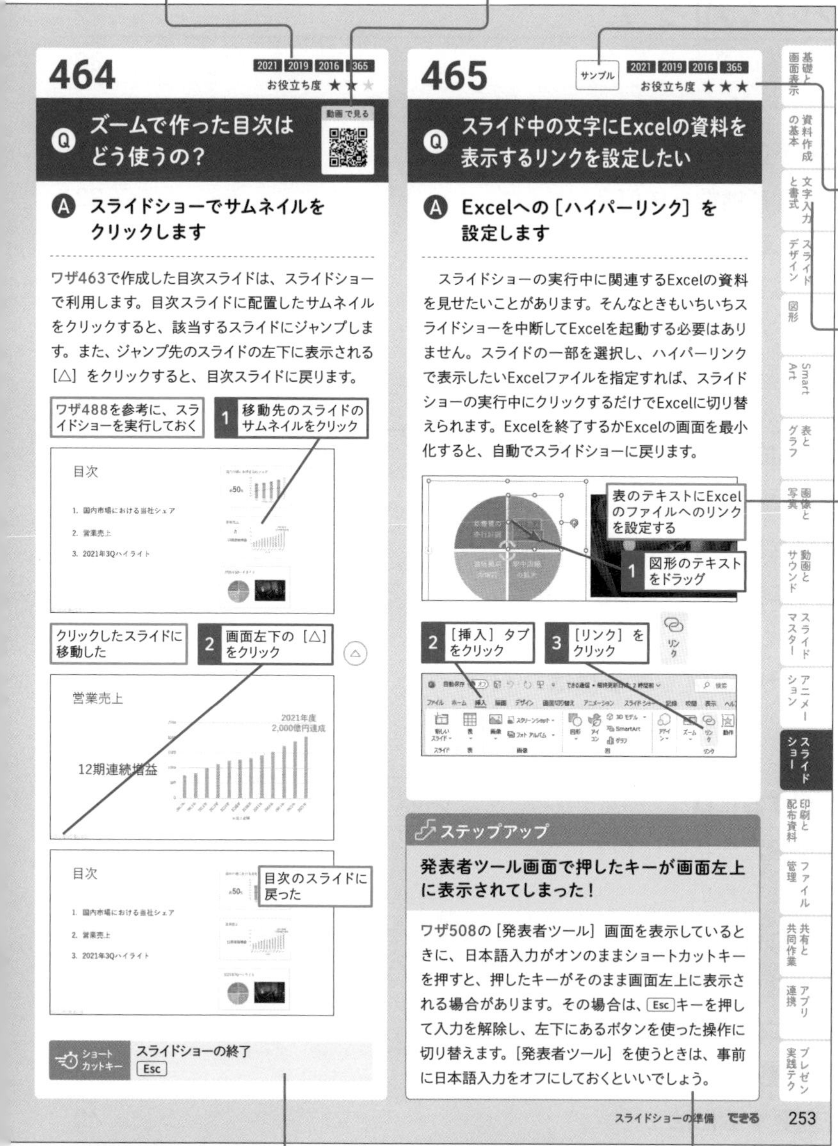

464

2021 2019 2016 365
お役立ち度 ★★★

Q ズームで作った目次はどう使うの？

A スライドショーでサムネイルをクリックします

ワザ463で作成した目次スライドは、スライドショーで利用します。目次スライドに配置したサムネイルをクリックすると、該当するスライドにジャンプします。また、ジャンプ先のスライドの左下に表示される [△] をクリックすると、目次スライドに戻ります。

ワザ488を参考に、スライドショーを実行しておく

1 移動先のスライドのサムネイルをクリック

目次
1. 国内市場における当社シェア
2. 営業売上
3. 2021年3Qハイライト

クリックしたスライドに移動した

2 画面左下の [△] をクリック

営業売上
2021年度 2,000億円達成
12期連続増益

目次
1. 国内市場における当社シェア
2. 営業売上
3. 2021年3Qハイライト

目次のスライドに戻った

ショートカットキー
スライドショーの終了
[Esc]

465

サンプル
2021 2019 2016 365
お役立ち度 ★★★

Q スライド中の文字にExcelの資料を表示するリンクを設定したい

A Excelへの [ハイパーリンク] を設定します

スライドショーの実行中に関連するExcelの資料を見せたいことがあります。そんなときもいちいちスライドショーを中断してExcelを起動する必要はありません。スライドの一部を選択し、ハイパーリンクで表示したいExcelファイルを指定すれば、スライドショーの実行中にクリックするだけでExcelに切り替えられます。Excelを終了するかExcelの画面を最小化すると、自動でスライドショーに戻ります。

表のテキストにExcelのファイルへのリンクを設定する

1 図形のテキストをドラッグ

2 [挿入] タブをクリック

3 [リンク] をクリック

ステップアップ

発表者ツール画面で押したキーが画面左上に表示されてしまった！

ワザ508の [発表者ツール] 画面を表示しているときに、日本語入力がオンのままショートカットキーを押すと、押したキーがそのまま画面左上に表示される場合があります。その場合は、[Esc] キーを押して入力を解除し、左下にあるボタンを使った操作に切り替えます。[発表者ツール] を使うときは、事前に日本語入力をオフにしておくといいでしょう。

右側インデックス: 基礎・画面表示 / 資料作成の基本 / 文字入力と書式 / スライドデザイン / 図形 / SmartArt / 表とグラフ / 写真・画像と / 動画とサウンド / スライドマスター / アニメーション / スライドショー / 印刷と配布資料 / ファイル管理 / 共有と共同作業 / アプリ連携 / プレゼン実践テク

目次

第1章 PowerPointの基礎

PowerPointについて知ろう 30

起動と終了 35

画面表示の操作 38

第2章 プレゼン資料作りの基本ワザ

文字入力と書式

第4章　スライドのデザインワザ

第5章 図形の便利ワザ

第6章　SmartArtとペン入力の快適ワザ

ペン入力の活用 139

第7章 表・グラフ作成の便利ワザ

表の作成 143

表の編集 149

グラフの挿入

グラフの編集

第8章 画像でスライドを彩る便利ワザ

表とグラフ

画像と写真

画像と写真

第9章 動画・サウンドを使った表現力アップワザ

サウンドの挿入

スライドマスター

第11章　動きで注目を集める魅せワザ

アニメーション

第12章 スライドショーの便利ワザ

スライドショー

スライドショーの実行 264

印刷と配布資料

第15章 ファイル共有・スマホの快適ワザ

共有と共同作業

OneDriveの活用ワザ 305

スマートフォンアプリの利用 311

第16章 アプリ連携の快速ワザ

アプリ連携

Excelとのデータ連携 313

第17章 **1つ上のプレゼンに役立つ実践ワザ**

練習用ファイルの使い方

本書では操作をすぐに試せる練習用ファイルを用意しています（ワザに「サンプル」アイコンを表示）。ダウンロードした練習用ファイルは下記の手順で展開し、フォルダーを移動して使ってください。練習用ファイルは章ごとにファイルが格納されています。手順実行後のファイルは収録できるもののみ入っています。

▼練習用ファイルのダウンロードページ
https://book.impress.co.jp/books/1123101039

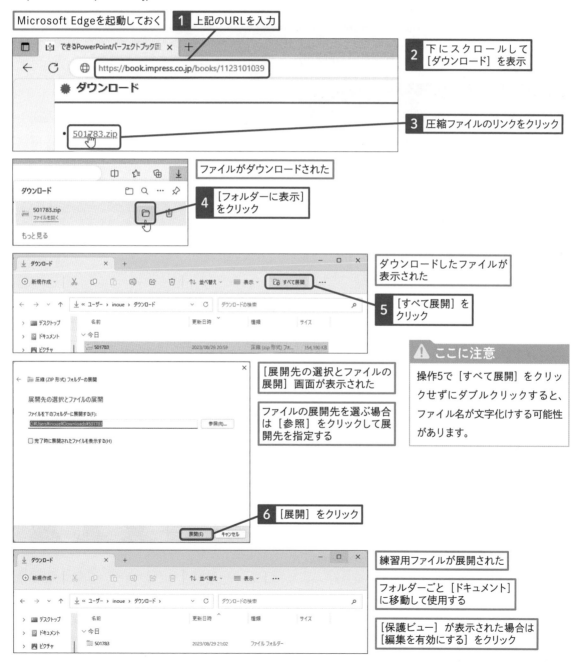

Microsoft Edgeを起動しておく

1 上記のURLを入力

2 下にスクロールして［ダウンロード］を表示

3 圧縮ファイルのリンクをクリック

ファイルがダウンロードされた

4 ［フォルダーに表示］をクリック

ダウンロードしたファイルが表示された

5 ［すべて展開］をクリック

⚠ **ここに注意**

操作5で［すべて展開］をクリックせずにダブルクリックすると、ファイル名が文字化けする可能性があります。

［展開先の選択とファイルの展開］画面が表示された

ファイルの展開先を選ぶ場合は［参照］をクリックして展開先を指定する

6 ［展開］をクリック

練習用ファイルが展開された

フォルダーごと［ドキュメント］に移動して使用する

［保護ビュー］が表示された場合は［編集を有効にする］をクリック

基礎と
画面表示

資料作成
の基本

文字入力
と書式

スライド
デザイン

図形

Smart
Art

表と
グラフ

画像と
写真

動画と
サウンド

スライド
マスター

アニメー
ション

スライド
ショー

印刷と
配布資料

ファイル
管理

共有と
共同作業

アプリ
連携

プレゼン
実践テク

第1章 PowerPointの疑問

PowerPointについて知ろう

PowerPointでプレゼン資料を作りたいけれど、何を準備すればいいのか分からない。ここでは、PowerPointを使い始める前の疑問を解決しましょう。

001

2021 2019 2016 365
お役立ち度 ★★★

Q PowerPointで何ができるの?

A プレゼン資料やポスターなどが作成できます

PowerPointはマイクロソフトが開発したプレゼンテーションアプリです。大きな会場で行うプレゼンテーションや会議などで使用する資料の作成から印刷、プレゼンテーションの実行までをトータルにサポートするアプリです。

PowerPointを使うと、「スライド」と呼ばれる用紙に、文字や表、グラフやイラストなどを自由に配置しながら、分かりやすくて見栄えのする資料を作成できます。さらに、スライドにアニメーションを付けたり、動画やサウンドを入れたりすると、聞き手を引きつける効果的なプレゼンテーション資料を作成できます。作成したスライドは、プレゼンテーションの実行時に、パソコンのディスプレイやプロジェクターに大きく映し出して使います。

また、図形や写真などを簡単にレイアウトできるという特徴を生かし、スライドを画用紙に見立ててポスターやフォトアルバムも作成できます。

PowerPointは、プレゼンテーションを行うだけではなく、ビジネスシーンからプライベートシーンまで幅広く利用できるアプリなのです。

◆PowerPoint
企画のプレゼンテーションなどに使うスライド資料を作成できる

スライドショーを実行してプレゼンテーションを行うことができる

関連 031 プレゼンテーションで大切なことは何? ▶ P.44

関連 032 プレゼンテーション資料を作るときのポイントは? ▶ P.45

002

2021 | 2019 | 2016 | 365
お役立ち度 ★ ★ ☆

Q Office 2021のラインアップと
PowerPointの入手方法を知りたい

A 製品ごとに含まれるアプリが
異なります

Office 2021を利用できる製品には「Personal」「Home & Business」「Professional」のラインアップがあり、それぞれに含まれるアプリの種類が異なります。パソコン購入時にプリインストールされているのは「Personal」が多いです。そのため、PowerPointを使うには、後から単体の「PowerPoint 2021」を購入してインストールします。Officeそのものがパソコンにインストールされていないときは、PowerPointが含まれる「Home & Business」「Professional」を購入しましょう。

●Office 2021のラインアップ

	Office Personal	Office Home & Business	Office Professional
Word	●	●	●
Excel	●	●	●
Outlook	●	●	●
PowerPoint	–	●	●
Access	–	–	●
Publisher	–	–	●

📖 役立つ豆知識

各ラインアップを購入するには

Office Personal、Office Home & BusinessはPOSA版とダウンロード版が用意されています。一方でOffice Professionalはダウンロード版だけとなるので注意しましょう。

関連 004 PowerPoint 2021の主な新機能って何? ▶ P.32

003

2021 | 2019 | 2016 | 365
お役立ち度 ★ ★ ☆

Q Microsoft 365って
何が違うの?

A 定額制で利用するOfficeアプリで、
常に最新の機能を利用できます

Microsoft 365とは、月単位や年単位で定額の料金を支払って利用する「サブスクリプション型」のアプリです。Microsoft 365には、Word、Excel、PowerPointなどが含まれており、常に最新の機能を継続して利用できます。また、複数のパソコンにインストールできたり、Web上の保存場所が確保されていたりします。一方、Office 2021やPowerPoint 2021などのパッケージ型のアプリは、購入時に支払いをする「買い切り型」で永続的に利用できます。

	Microsoft 365	Office 2021
利用方法	月や年単位で契約	購入するかプリントインストールされたパソコンを購入
機能追加	定期的に行われる	行われない
対応OS	Windows 11、Windows 10またはMac	Windows 11、Windows 10またはMac
利用期間	契約した期間	無期限

関連 005 Microsoft 365だけで使える機能って何? ▶ P.33

004

2021 2019 2016 365
お役立ち度 ★ ★ ★

Q PowerPoint 2021の主な新機能って何？

A スライドショーの録画やズーム機能が追加されています

PowerPoint 2021は、スライドショーをナレーションや発表者のワイプ付きで録画することができます。また、ズーム機能を使って目次スライドを作成したり、3Dの立体的なイラストを挿入してアニメーションを付けることもできます。さらに、インク機能を使うと、スライド上に描画した手書き文字を描画した順番で動かすこともできます。

◆スライドショーの録画
ナレーションを付けて録画でき、そのファイルをWebで公開できる

◆3Dモデル
挿入した立体的なイラストは、角度を自由に調整できる

◆ズーム機能
スライドのサムネイルを作成し、クリックするとそのスライドに移動する目次を作成できる

◆インクの再生
手書きの文字や図形をアニメーションで再生できる

関連 306 3Dのイラストを入れたい！ ▶ P.177

関連 307 3Dのイラストを別の角度から表示するには ▶ P.177

関連 515 スライドショーを録画するには ▶ P.275

005

お役立ち度 ★ ★ ☆

Q Microsoft 365だけで
使える機能って何？

A デザイナー機能やカメオ（レリーフ）
機能があります

Microsoft 365もPowerPoint 2021も基本的な機能
は同じです。ただし、Microsoft 365には、スライド

のデザインを提案してくれる［デザインアイデア］や
音声で文字を入力する［ディクテーション］機能が備
わっています。また、マウスをドラッグして文字を描く
インク機能を使って表示した手書き文字を、アニメー
ションのように動かす［インクの再生］機能や、イン
クをテキスト(文字)に変換する機能など、Microsoft
365だけでしか利用できない機能がいくつかあります。
Microsoft 365は不定期に更新されるため、今後も
次々と新しい機能が追加されていくでしょう。

◆デザイナー
複数表示されるデザインアイデアの中から
好きなデザインをスライドに設定できる

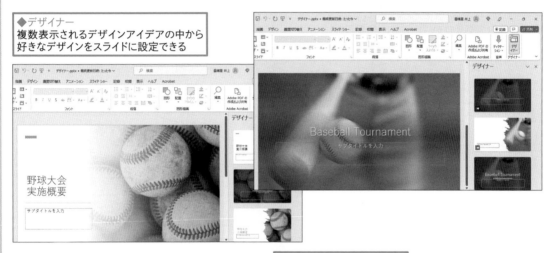

◆ディクテーション
音声で文字を入力できる

◆カメオ（レリーフ）
人物の顔の映像をスライドに
表示できる

関連 141	新しいプレゼンテーションの デザインアイデアを提案して欲しい	► P.96
関連 142	作成済みのスライドのデザインを 提案して欲しい	► P.96
関連 351	スライドに自分の顔を写すには	► P.199
関連 513	スライドショーで字幕を表示するには	► P.274
関連 514	英語の字幕を表示するには	► P.274

基礎と画面表示
資料作成の基本
文字入力と書式
スライドデザイン
図形
SmartArt
表とグラフ
画像と写真
動画とサウンド
スライドマスター
アニメーション
スライドショー
印刷と配布資料
ファイル管理
共有と共同作業
アプリ連携
プレゼン実践テク

基礎と
画面表示
資料作成
の基本
文字入力
と書式
スライド
デザイン
図形
Smart
Art
表と
グラフ
画像と
写真
動画と
サウンド
スライド
マスター
アニメー
ション
スライド
ショー
印刷と
配布資料
ファイル
管理
共有と
共同作業
連携
アプリ
プレゼン
実践テク

006

2021 2019 2016 365
お役立ち度 ★★☆

Q 手動で最新のプログラムに更新するには

A ［更新オプション］のメニューから［今すぐ更新］を実行します

PowerPointの不具合を修正したり、セキュリティを強化したりするなど、アプリが発売された後に修正するプログラムを「更新プログラム」と呼びます。PowerPointの更新プログラムは、初期設定ではインターネットが接続されていれば自動的にパソコンにインストールされます。手動で更新するには、以下の操作を行います。

1 ［ファイル］タブをクリック

2 ［アカウント］をクリック

3 ［更新オプション］をクリック

4 ［今すぐ更新］をクリック

更新プログラムが適用される

関連 **011** はじめて起動したときに表示される画面は何?　▶ P.36

007

2021 2019 2016 365
お役立ち度 ★★☆

Q PowerPointのバージョンを確認するには

A ［PowerPointのバージョン情報］画面を開きます

PowerPointは、バージョンアップごとに新しい機能が追加され、使いやすいように改良されています。使用しているPowerPointのバージョンを確認するには、［ファイル］タブをクリックして表示されるメニューから［アカウント］をクリックし、［PowerPointのバージョン情報］をクリックしましょう。

PowerPointを起動しておく

1 ［ファイル］タブをクリック

2 ［アカウント］をクリック

3 ［PowerPointのバージョン情報］をクリック

バージョン情報が表示された

起動と終了

PowerPointを起動するときや、終了するときのトラブルや疑問を解決します。基本中の基本であるPowerPointの起動と終了を正しく行えるようにしましょう。

基礎と
画面表示

資料作成
の基本

文字入力
と書式

スライド
デザイン

図形

Smart
Art

表と
グラフ

画像と
写真

動画と
サウンド

スライド
マスター

アニメー
ション

スライド
ショー

印刷と
配布資料

ファイル
管理

共有と
共同作業

アプリ
連携

プレゼン
実践テク

008

2021 2019 2016 365
お役立ち度 ★ ★ ☆

Q Windows 11で
PowerPointを起動するには

A [スタート] ボタンから
[PowerPoint] をクリックします

Windows 11でPowerPoint 2021を起動するには [スタート] ボタンからすべてのアプリを表示して、アプリの一覧から [P] のグループにある [PowerPoint] をクリックします。アプリの一覧の区切位置に表示される [A] や [E] などの英字をクリックし、英字だけのインデックス画面から [P] をクリックすると、素早くPowerPointに移動できます。

1 [スタート] をクリック
2 [すべてのアプリ] をクリック
[ピン留め済み] の [PowerPoint] をクリックしてもいい

[すべてのアプリ] が表示された
3 ここを下にドラッグしてスクロール
4 [PowerPoint] をクリック

009

2021 2019 2016 365
お役立ち度 ★ ★ ★

Q デスクトップから
簡単に起動するには

A デスクトップにショートカット
アイコンを作ります

PowerPointを使うときに、毎回 [スタート] ボタンから起動するのは面倒です。以下の操作で、デスクトップにPowerPointのショートカットアイコンを作っておけば、ショートカットアイコンをダブルクリックするだけでPowerPointを起動できます。

[すべてのアプリ] のPowerPointのアイコンを表示しておく

1 [PowerPoint] をここまでドラッグ

デスクトップにショートカットアイコンが作成された

アイコンをダブルクリックするとPowerPointが起動する

関連 008 Windows 11でPowerPointを起動するには ▶ P.35

関連 010 タスクバーから簡単に起動するには ▶ P.36

基礎と
画面表示

資料作成
の基本

文字入力
と書式

スライド
デザイン

図形

Smart
Art

表と
グラフ

画像と
写真

動画と
サウンド

スライド
マスター

アニメー
ション

スライド
ショー

印刷と
配布資料

ファイル
管理

共有と
共同作業

連携
アプリ

プレゼン
実践テク

010

Q タスクバーから
簡単に起動するには

A タスクバーにピン留めします

画面下部のタスクバーは常に表示されている領域です。タスクバーにPowerPointをピン留めするとすべてのアプリの一覧を表示しなくても、PowerPointのボタンをクリックするだけで、すぐにPowerPointを起動できます。

> [スタート] メニューを
> 表示しておく

> **1** [PowerPoint]
> を右クリック

> **2** [詳細] にマウスポイン
> ターを合わせる

> **3** [タスクバーにピン留め
> する] をクリック

> タスクバーにPowerPointの
> ボタンが作成された

> ボタンをクリックすると
> PowerPointが起動する

011

Q はじめて起動したときに
表示される画面は何?

A 正規に購入したことを証明する
ライセンス認証の画面です

インストール後にはじめてPowerPointを起動すると、以下の画面が表示されます。[同意する] ボタンをクリックすると、Officeの修正プログラムやアップデートが発生したときに、自動的にOfficeを最新版にアップデートできます。[同意する] ボタンをクリックして、常に最新の状態でOfficeを使えるように自動更新を有効にしましょう。また、Microsoft 365に含まれるPowerPointでは、後から追加された新機能について通知画面が表示される場合があります。

> 初回起動時のみ [ライセンス契約に同意します]
> という画面が表示される

> **1** [同意する]
> をクリック

> Microsoft 365
> では [承諾] を
> クリックする

> 自動的にアップデートされるようになる

> Officeのプログラムや設定が
> 更新されると通知画面が表示
> される

関連 004	PowerPoint 2021の主な新機能って何?	▶ P.32
関連 005	Microsoft 365だけで使える機能って何?	▶ P.33

012

Q PowerPointを終了するには

A [閉じる] ボタンをクリックします

PowerPointを終了するには、画面の右上にある [閉じる] ボタンをクリックします。このとき、保存していない作成中のスライドがあるときは、保存するかどうかを尋ねるメッセージが表示されます。スライドを保存してからPowerPointを終了するときは [保存] ボタ

ン、保存しないで終了するときは [保存しない] ボタンをクリックします。

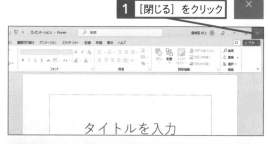

1 [閉じる] をクリック

タイトルを入力

関連 **552** 新しいファイルはどうやって保存するの? ▶ P.293

013

Q Microsoftアカウントでサインインするには

A 面右上の [サインイン] をクリックします

PowerPointの右上にある [サインイン] をクリックして、Microsoftアカウントのメールアドレスとパスワードを

入力すると、Web上の保存場所であるOneDriveが利用できるようになります。ただし、サインインを実行しなくてもスライドの作成やプレゼンテーションは可能です。

また、Windows 11にMicrosoftアカウントでサインインしている場合は、同じMicrosoftアカウントでOfficeに自動サインインが行われる場合があります。

1 [新しいプレゼンテーション] をクリック

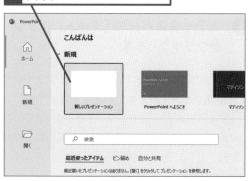

2 [サインイン] をクリック

3 Microsoftアカウントのメールアドレスを入力

4 [次へ] をクリック

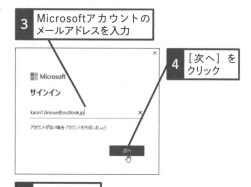

5 パスワードを入力

6 [サインイン] をクリック

サインインが完了する

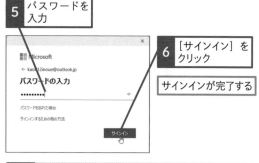

関連 **575** Microsoftアカウントとは ▶ P.305

基礎と画面表示

資料作成の基本

文字入力と書式

スライドデザイン

図形

Smart Art

表とグラフ

画像と写真

動画とサウンド

スライドマスター

アニメーション

スライドショー

印刷と配布資料

ファイル管理

共有と共同作業

アプリ連携

プレゼン実践テク

基礎と画面表示

資料作成の基本

文字入力と書式

スライドデザイン

図形

Smart Art

表とグラフ

写真と画像

動画とサウンド

スライドマスター

アニメーション

スライドショー

印刷と配布資料

ファイル管理

共有と共同作業

アプリ連携

プレゼン実践テク

画面表示の操作

PowerPointの画面は、「ペイン」と呼ばれる複数の領域で構成されています。それぞれのペインの名称と役割、画面各部の名称と役割を覚えましょう。

014

2021 2019 2016 365
お役立ち度 ★ ★ ★

Q ペインの大きさを
変更するには

A それぞれのペインの境界線を
ドラッグします

スライドペインの左側、ノートペインの上側、作業ウィンドウの左側の境界線にマウスポインターを合わせると、マウスポインターの形が（⇔）に変わります。この状態でドラッグすると、それぞれのペインの大きさを調整できます。

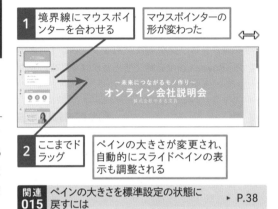

1 境界線にマウスポインターを合わせる

マウスポインターの形が変わった

2 ここまでドラッグ

ペインの大きさが変更され、自動的にスライドペインの表示も調整される

関連 015 ペインの大きさを標準設定の状態に戻すには ▶ P.38

015

2021 2019 2016 365
お役立ち度 ★ ★ ☆

Q ペインの大きさを
標準設定の状態に戻すには

A [Ctrl]キー＋[標準]ボタンを
クリックします

ペインの大きさを一度で標準の大きさに戻すときは、[表示]タブの[標準]ボタンを[Ctrl]キーを押しながらクリックします。1つずつ手動で各ペインのサイズを調整する手間が省けて便利です。

1 [表示]タブをクリック

2 [Ctrl]キーを押しながら[標準]をクリック

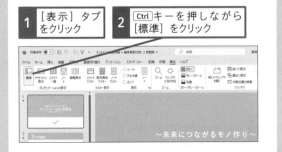

016

2021 2019 2016 365
お役立ち度 ★ ★ ☆

Q ノートペインを
非表示にしたい

A ステータスバーの[ノート]ボタン
をクリックします

スライドの下側に表示されるノートペインは、発表者が説明するときのメモを入力する領域です。ステータスバーの[ノート]ボタンをクリックするたびに、ノートペインの表示と非表示が交互に切り替わります。

1 [ノート]をクリック

関連 476 発表用のメモを残しておきたい ▶ P.259

017

2021 2019 2016 365
お役立ち度 ★ ★ ★

Q 画面の倍率を一度で元に戻すには

A ［ウィンドウに合わせる］ボタンをクリックします

スライドペインの倍率を一度で元の大きさに戻すときは、ズームスライダーの右にある［現在のウィンドウの大きさに合わせてスライドを拡大または縮小します。］ボタンをクリックします。また、［表示］タブの［ウィンドウに合わせる］ボタンをクリックしても構いません。

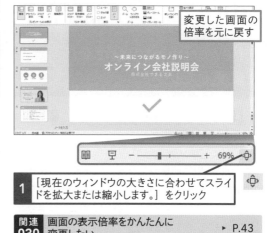

変更した画面の倍率を元に戻す

1 ［現在のウィンドウの大きさに合わせてスライドを拡大または縮小します。］をクリック

関連 030　画面の表示倍率をかんたんに変更したい ▶ P.43

018

2021 2019 2016 365
お役立ち度 ★ ★ ☆

Q ルーラーを表示するには

A ［表示］タブの［ルーラー］をオンにします

「ルーラー」とは、定規のような機能で、文字を入力するときの位置の目安になります。［表示］タブの［ルーラー］にチェックマークを付けると、スライドペインの上側と左側に数字の目盛りの付いたルーラーが表示されます。［ルーラー］のチェックマークをはずすと、ルーラーが非表示になります。

1 ［表示］タブをクリック

2 ［ルーラー］をクリックしてチェックマークを付ける

縦と横にルーラーが表示された

ショートカットキー　ルーラーの表示/非表示
Shift + Alt + F9

019

2021 2019 2016 365
お役立ち度 ★ ★ ☆

Q スライドを左右に並べて内容を確認するには

A ［表示］タブの［並べて表示］をクリックします

2つのスライドを見比べながら作業したいというときは、同時に表示しておくと便利です。［表示］タブの［並べて表示］ボタンをクリックすると、開いている複数のスライドを左右に並べて表示できます。

見比べたい2つのファイルを開いておく

1 ［表示］タブをクリック

2 ［並べて表示］をクリック

2つのファイルが左右に並んで表示された

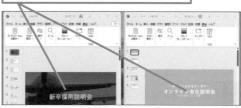

基礎と画面表示

資料作成の基本

文字入力と書式

スライドデザイン

図形

Smart Art

表とグラフ

画像と写真

動画とサウンド

スライドマスター

アニメーション

スライドショー

印刷と配布資料

ファイル管理

共有と共同作業

アプリ連携

プレゼン実践テク

020

2021 2019 2016 365
お役立ち度 ★★★

Q PowerPointの設定を変更したい

A [PowerPointのオプション] 画面で設定します

PowerPointの既定の保存先などを設定する[PowerPointのオプション] ダイアログボックスを開くには、[ファイル] タブをクリックし、表示されるメニューの [オプション] をクリックします。

1 [ファイル] タブをクリック

2 [その他] をクリック

3 [オプション] をクリック

[PowerPointのオプション] ダイアログボックスが表示された

関連 021 Office全体の設定を変更するには ▶ P.40

021

2021 2019 2016 365
お役立ち度 ★★☆

Q Office 全体の設定を変更するには

A [PowerPointのオプション] 画面で変更します

[PowerPointのオプション] ダイアログボックスの [全般] にある [Microsoft Officeのユーザー設定] の項目は、Officeアプリ共通の設定項目です。[ユーザー名] や [Officeのテーマ] などを変更すると、PowerPoint以外のOfficeアプリにも反映されます。

[PowerPointのオプション] ダイアログボックスを表示しておく

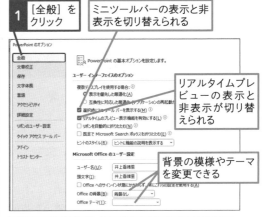

1 [全般] をクリック

ミニツールバーの表示と非表示を切り替えられる

リアルタイムプレビューの表示と非表示が切り替えられる

背景の模様やテーマを変更できる

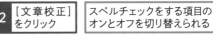

2 [文章校正] をクリック

スペルチェックをする項目のオンとオフを切り替えられる

設定を変更したら、[OK] をクリックしておく

関連 020 PowerPointの設定を変更したい ▶ P.40

022

2021 2019 2016 365
お役立ち度 ★★★

Q 編集画面に表示される
小さなツールバーは何？

A 「ミニツールバー」です

PowerPointで文字を選択したときに、半透明の小さなツールバーが表示されます。これは「ミニツールバー」と呼ばれるもので、文字を太字にしたり色を付けたりするなど、利用頻度の高い機能を簡単に設定するためのボタンが集まっています。ミニツールバーを使えば、わざわざ [ホーム] タブに切り替える手間を省けます。

◆ミニツールバー

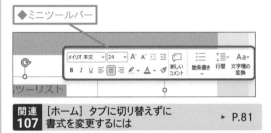

| 関連 107 | [ホーム] タブに切り替えずに書式を変更するには | ▶ P.81 |

023

2021 2019 2016 365
お役立ち度 ★★☆

Q 画面左上にあるボタンは何？

A よく使うボタンを集めた [クイックアクセスツールバー] です

画面左上のクイックアクセスツールバーには、標準で [上書き保存] [元に戻す] [繰り返し] [先頭から開始] の4つのボタンが登録されており、いつでもクリックするだけで機能を実行できます。よく使うボタンは、ワザ024の方法で後からクイックアクセスツールバーに追加できます。

◆クイックアクセスツールバー

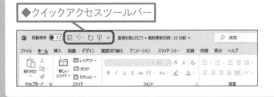

024

2021 2019 2016 365
お役立ち度 ★★☆

Q クイックアクセスツールバーが
表示されていない！

A タブやリボン内を右クリックします

ワザ023の位置にクイックアクセスツールバーが表示されていないときは、以下の操作で表示しましょう。クイックアクセスツールバーが表示されているときは、メニューが [クイックアクセスツールバーを非表示にする] に変化します。

| 1 | [ホーム] タブを右クリック | 2 | [クイックアクセスツールバーを表示する] をクリック |

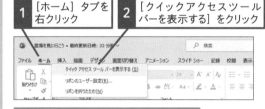

クイックアクセスツールバーが表示される

025

2021 2019 2016 365
お役立ち度 ★★☆

Q キーワードを入力して
目的の機能を実行するには

A [Microsoft Search] で
検索しましょう

使いたい機能がどのタブにあるのか迷ったときは、画面上部にある [Microsoft Search] ボックスにキーワードを入力します。すると、キーワードに関連する機能が検索され、クリックするだけで実行できます。

| 1 | [Microsoft Search] をクリック | 2 | 「印刷」と入力 |

項目をクリックすると、機能の実行やヘルプの表示ができる

基礎と画面表示
資料作成の基本
文字入力と書式
スライドデザイン
図形
Smart Art
表とグラフ
画像と写真
動画とサウンド
スライドマスター
アニメーション
スライドショー
印刷と配布資料
ファイル管理
共有と共同作業
アプリ連携
プレゼン実践テク

基礎と画面表示
資料作成の基本
文字入力と書式
スライドデザイン
図形
Smart Art
表とグラフ
画像と写真
動画とサウンド
スライドマスター
アニメーション
スライドショー
印刷と配布資料
ファイル管理
共有と共同作業
連携アプリ
実践テクプレゼン

026

動画で見る

Q クイックアクセスツールバーにボタンを登録するには

A クイックアクセスツールバーに登録します

以下の操作で、よく使う機能をクイックアクセスツールバーに登録しておくと、画面の状態に関係なく、クリックするだけでいつでも機能を実行できるので便利です。

1 [クイックアクセスツールバーのユーザー設定]をクリック

2 [その他のコマンド]をクリック

3 [クイックアクセスツールバー]をクリック

4 ここをクリックしてコマンドの種類を選択

5 登録したい機能名をクリック

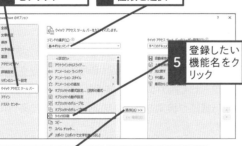

6 [追加]をクリック

7 [OK]をクリック

クイックアクセスツールバーに選択した機能のボタンが追加された

027

Q スライドにある用語の意味を調べるには

A [検索]機能を使います

PowerPointでスライドを作成しているときに、分からない用語が出てきたときは、[検索]を利用しましょう。ブラウザーを起動したり、同じ用語を入力し直したりしなくても、入力済みの文字に関する情報をWebページで検索できます。

1 検索したい語句を選択

2 [校閲]タブをクリック

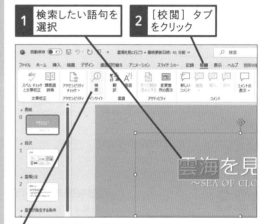

3 [検索]をクリック

プライバシーに関する注意が表示されたら[OK]をクリックする

選択した語句の検索結果が表示された

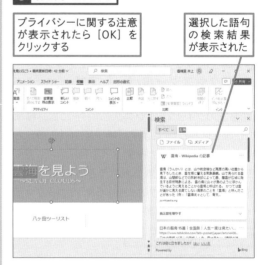

関連 572 パソコンの中にあるPowerPointのファイルを検索したい ▶ P.304

028

2021 | 2019 | 2016 | 365
お役立ち度 ★ ★ ★

Q 表示モードを切り替えるには

A [表示] タブにあるボタンを
クリックします

PowerPointには、「標準」「アウトライン表示」「スライド一覧」「ノート」「閲覧表示」の5つの表示モードが用意されており、[表示] タブのボタンをクリックして切り替えられます。ステータスバーにあるボタンをクリックして切り替えても構いません。目的に応じて表示モードを切り替えると、効率よく作業を進められます。

●リボンの操作

1 [表示] タブ
をクリック

2 [アウトライン表示] をクリック

[アウトライン表示] で表示された

●ステータスバーの操作

ここをクリックすると [標準] で表示できる

ここをクリックすると [スライド一覧] で表示できる

☰ノート 回 品 ⊞ ♀ − ─●── ＋ 69% ⊕

ここをクリックすると [閲覧表示] で表示できる

ここをクリックするとスライドショーが始まる

| 関連 076 | アウトライン画面はどんなときに使うの? | ▶ P.67 |

029

2021 | 2019 | 2016 | 365
お役立ち度 ★ ★ ☆

Q 表示モードの違いを知りたい

A 作業に応じて最適な表示モードを
使いましょう

ワザ028で解説した表示モードは、以下の表のように作業に応じて使い分けると効率的に作業できるようになります。

●PowerPointの表示モードと利用シーン

表示モード	利用シーン
標準	スライドを作成・編集する
アウトライン表示	プレゼン資料の骨格を作成する
スライド一覧	スライド全体の順番やデザインを確認する
ノート	発表者用のメモを入力する
閲覧表示	スライドショーを小さなウィンドウで表示する
スライドショー	スライドを画面に大きく表示して、実際のプレゼンテーションを行う

030

2021 | 2019 | 2016 | 365
お役立ち度 ★ ★ ☆

Q 画面の表示倍率をかんたんに
変更したい

A Ctrl キーとマウスのホイールを
組み合わせます

Ctrl キーを押しながらマウスのホイールを回すと、マウス操作だけで表示倍率を変更できます。また、タッチパッドのピンチ操作で表示倍率を変更することもできます。

Ctrl キーを押しながらホイールを奥に回転させると、表示倍率を大きくできる

| 関連 017 | 画面の倍率を一度で元に戻すには | ▶ P.39 |

基礎と画面表示
資料作成の基本
文字入力と書式
スライドデザイン
図形
Smart Art
表とグラフ
画像と写真
動画とサウンド
スライドマスター
アニメーション
スライドショー
印刷と配布資料
ファイル管理
共有と共同作業
アプリ連携
プレゼン実践テク

基礎と画面表示

資料作成の基本

文字入力と書式

デザインスライド

図形

Smart Art

表とグラフ

画像と写真

サウンドと動画

スライドマスター

アニメーション

スライドショー

印刷と配布資料

ファイル管理

共有と共同作業

連携アプリ

実践プレゼンテク

第2章 プレゼン資料作りの基本ワザ

資料を作る準備

プレゼンテーションの目的、プレゼンテーションの相手、持ち時間などによって、作成するスライドは変わります。スライドを作る前に全体の概要を決めておきましょう。

031

2021 2019 2016 365
お役立ち度 ★ ★ ★

Q プレゼンテーションで大切なことは何？

A プレゼンテーションの主題を決めましょう

プレゼンテーションの目的は、決められた時間の中で伝えたい内容を正確に説明し、相手を説得することです。最初に、「製品を知ってもらう」「サービスを利用してもらう」「企画を提案する」といったプレゼンテーションの主題を明確にしましょう。1つのプレゼンテーションに主題は1つです。次に、主題を伝えるための資料をそろえ、情報を整理したり推敲したりしながらスライドを作成します。

このプレゼンテーションは、薬局の新店舗の出店計画を伝えることを主題にしている

相手に伝えたいことを簡潔に表すタイトルを入れる

出店する場所に応じたメリットとデメリットを整理して伝える

すでに出店済みの類似店舗の売上推移を図表で補足する

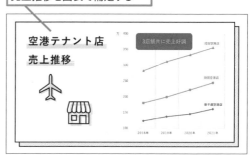

関連 041 タイトルスライドのコツを教えて！ ▶ P.49

関連 040 表紙になるスライドには何を入れるの? ▶ P.49

関連 130 統一感のあるデザインをすべてのスライドに設定するには ▶ P.92

032

2021 2019 2016 365
お役立ち度 ★ ★ ★

Q プレゼンテーション資料を 作るときのポイントは？

A 最初にプレゼンテーションの骨格を 決めましょう

PowerPointでスライド作成を始めると、いきなりスライドを1枚ずつ作り込んでしまう人がいます。全体の構成が決まらないうちにスライドを作り込むと、後から構成が変わるたびにスライドを変更する手間が発生します。また、デザインや写真を選ぶのに夢中になって、肝心の内容がおざなりになる場合もあります。まずは、プレゼンテーションで何を伝えたいのかを明確にし、スライドのタイトルだけを入力しながら、全体の構成をしっかり固めてしまいましょう。全体の構成を練るときには、ワザ076で解説するアウトライン画面を使うと便利です。

アウトライン画面でスライドの全体像を固める

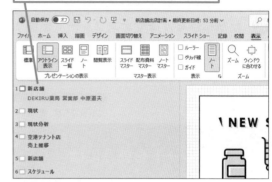

関連 077 アウトライン表示モードに 切り替えるには ▶ P.67

033

2021 2019 2016 365
お役立ち度 ★ ★ ☆

Q スライドの枚数を決めるには

A プレゼンテーションの時間に 合わせて調整しましょう

プレゼンテーションで説明することをすべてスライドにすると、枚数ばかりが増えて、書いたことを読み上げるだけで終わってしまいます。スライドには、説明のポイントだけを表示するといいでしょう。1枚のスライドを説明するのに適した時間は1分から5分くらいです。最終的に、リハーサルでスライドの枚数を調整してください。

プレゼンテーションの時間に 合わせて枚数を決める

034

2021 2019 2016 365
お役立ち度 ★ ★ ☆

Q 説明する順序を決めるには

A 目的や聞き手に合わせて順番を 決めましょう

プレゼンテーションは、説明する順番で全体の印象が変わります。最初に結論を述べると、聞き手が安心してその後の説明を聞いてくれます。一方、問題点を提起してから結論を導くと、じわじわと期待感を持たせる効果が生まれます。プレゼンテーションの目的や聞き手を分析し、どの順番が一番効果的かをじっくり考えましょう。

スライドの順番は、 後から変更できる

基礎と 画面表示

資料作成 の基本

文字入力 と書式

スライド デザイン

図形

Smart Art

表と グラフ

画像と 写真

動画と サウンド

スライド マスター

アニメー ション

スライド ショー

印刷と 配布資料

ファイル 管理

共有と 共同作業

アプリ 連携

プレゼン 実践テク

基礎と画面表示

資料作成の基本

文字入力と書式

スライドデザイン

図形

Smart Art

表とグラフ

写真と画像

サウンドと動画

スライドマスター

アニメーション

スライドショー

印刷と配布資料

ファイル管理

共有と共同作業

連携アプリ

実践テク プレゼン

035

2021 2019 2016 365
お役立ち度 ★ ★ ☆

Q プレゼン資料を作る方法には何があるの？

A 新規に作る方法やテンプレートを使う方法などがあります

白紙のスライドを使っていちからプレゼン資料を作るだけでなく、マイクロソフトのWeb上に用意されているテンプレート(スライドのひな型)をダウンロードして、部分的に修正する方法もあります。また、作成済みスライドを修正して使いまわしたり、複数のプレゼン資料からスライドを寄せ集めて作ることもできます。

036

2021 2019 2016 365
お役立ち度 ★ ★ ★

Q テンプレートを使うには

A [新規]画面でキーワードを入力して検索します

プレゼンテーションの資料をどうやって作ればいいのか分からない、あるいは、じっくりスライドを作っている時間がないというときは、PowerPointに用意されているテンプレートを利用するといいでしょう。テンプレートとは、プレゼンテーションのひな型のことです。テンプレートには、目的に合わせて最初から複数枚のスライドが用意されています。また、キーワードで検索することも可能です。

1 [ファイル]タブをクリック

2 [新規]をクリック ／ テンプレートが表示された

3 検索キーワードを入力　**4** [検索の開始]をクリック

5 使用したいテンプレートをクリック

検索結果が表示された

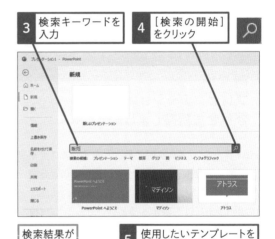

6 [作成]をクリック

選択したテンプレートで新しいファイルが作成される

関連 130	統一感のあるデザインをすべてのスライドに設定するには	▶ P.92
関連 141	新しいプレゼンテーションのデザインアイデアを提案して欲しい	▶ P.96
関連 142	作成済みのスライドのデザインを提案して欲しい	▶ P.96

037

Q 別のファイル内のスライドを 挿入したい

A ［スライドの再利用］の機能を使って 挿入します

過去に作成したスライドを作成中のプレゼンテーションに挿入したいときは、［スライドの再利用］の機能を使うと簡単にコピーできます。以下の手順で元になるファイルを指定すれば、挿入したいスライドをクリックするだけで作業中のファイルに追加されます。追加したスライドは、作成中のスライドのデザインに自動的に変更されます。この操作を繰り返すと、複数のプレゼン資料からスライドを寄せ集めることができます。

1 ［ホーム］タブをクリック

2 ［新しいスライド］のここをクリック

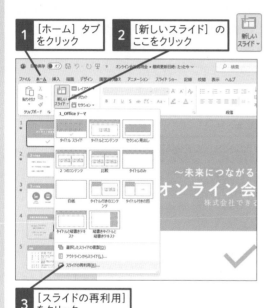

3 ［スライドの再利用］をクリック

［スライドの再利用］作業ウィンドウが表示された

4 ［参照］をクリック

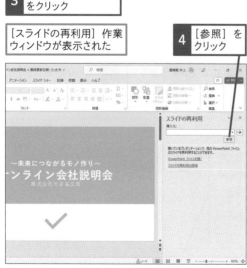

5 挿入するスライドが含まれるファイルの保存場所を選択

6 ファイルをクリック

7 ［開く］をクリック

選択したファイルのスライドの一覧が表示された

8 挿入するスライドをクリック

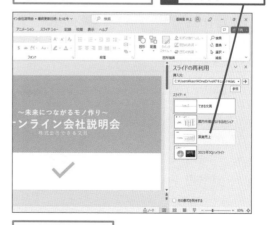

スライドが挿入される

関連 **133** 特定のスライドだけ 別のテーマを適用するには ▶ P.93

基礎と画面表示

資料作成の基本

文字入力と書式

スライドデザイン

図形

Smart Art

表とグラフ

画像と写真

動画とサウンド

スライドマスター

アニメーション

スライドショー

印刷と配布資料

ファイル管理

共有と共同作業

アプリ連携

プレゼン実践テク

038

Q 元のスライドのデザインのまま
コピーして使いたい

A スライドを挿入する際に［元の書式
を保持する］をオンにします

ワザ037の手順で、作成中のファイルに別のファイルのスライドをコピーすると、自動的に作成中のデザインが適用されます。元のファイルのデザインをそのまま使いたいときは、［スライドの再利用］作業ウィンドウで［元の書式を保持する］のチェックマークを付けてから、スライドを挿入します。

> ワザ037を参考に［スライドの再利用］
> 作業ウィンドウに挿入したいファイルの
> スライド一覧を表示しておく

1 ［元の書式を保持する］をクリックしてチェックマークを付ける

2 挿入したいスライドをクリック

> 元のスライドのデザインのまま、
> スライドが挿入された

関連 037 別のファイル内のスライドを挿入したい ▶ P.47

関連 133 特定のスライドだけ別のテーマを適用するには ▶ P.93

039

Q 別のファイルで作ったスライド
を使いまわしたい

A ［コピー］＆［ペースト］で
再利用します

ワザ037の操作で別のファイルのスライドをコピーするのと同じように、［コピー］と［貼り付け］機能を組み合わせてスライドをコピーすることもできます。この場合は、コピー元とコピー先の両方のファイルを開いておく必要があります。

> コピーするスライドがある
> ファイルを開いておく

1 コピーするスライドをクリック

2 ［ホーム］タブをクリック

3 ［コピー］をクリック

> スライドを貼り付ける
> ファイルを開いておく

4 貼り付ける場所の1つ前のスライドをクリック

5 ［ホーム］タブをクリック

6 ［貼り付け］をクリック

> スライドが貼り付けられて、貼り
> 付け先のテーマが適用された

スライドの操作

プレゼンテーションの資料を作成するときは、「スライド」の操作が中心になります。ここでは、スライドの基本操作にまつわる疑問を解決します。

基礎と画面表示

資料作成の基本

文字入力と書式

スライドデザイン

図形

Smart Art

表とグラフ

画像と写真

動画とサウンド

スライドマスター

アニメーション

スライドショー

印刷と配布資料

ファイル管理

共有と共同作業

アプリ連携

プレゼン実践テク

040

`2021` `2019` `2016` `365`
お役立ち度 ★ ★ ★

Q 表紙になるスライドには何を入れるの?

A プレゼンテーション全体のタイトルや氏名などを入力します

新しいプレゼンテーションを作成すると、「タイトルスライド」と呼ばれるスライドが表示されます。これはプレゼンテーションの表紙に当たるスライドで、一般的にプレゼンテーション全体のタイトルや会社名、発表者の氏名、日付などを入力します。

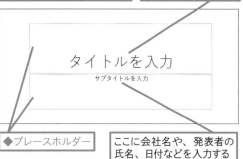

新しいプレゼンテーションを作成すると、白紙のタイトルスライドが表示される

ここにプレゼンテーションのタイトルを入力する

タイトルを入力
サブタイトルを入力

◆プレースホルダー

ここに会社名や、発表者の氏名、日付などを入力する

| 関連 036 | テンプレートを使うには | ▶ P.46 |

041

`2021` `2019` `2016` `365`
お役立ち度 ★ ★ ☆

Q タイトルスライドのコツを教えて!

A プレゼンテーションの内容を想像できるタイトルがいいでしょう

表紙となるタイトルスライドには、プレゼンテーション全体を表すタイトルを入力します。プレゼンテーションの内容を想像できるような、簡潔で分かりやすいタイトルがいいでしょう。「タイトルを入力」と表示されているプレースホルダーに文字を入力すると、タイトルにふさわしい文字のサイズが自動的に適用されます。

| 関連 609 | グラデーションと写真を組み合わせた表紙を作る | ▶ P.323 |
| 関連 620 | スムーズなプレゼン資料作りのコツは? | ▶ P.332 |

042

`2021` `2019` `2016` `365`
お役立ち度 ★ ★ ★

Q スライドを追加するには

A [ホーム] タブの [新しいスライド] ボタンをクリックします

スライドを追加するには、[ホーム] タブにある [新しいスライド] ボタンをクリックします。現在表示されているスライドの後に新しいスライドが1枚追加されます。

1 [ホーム] タブをクリック

2 [新しいスライド]をクリック

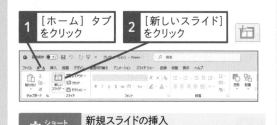

ショートカットキー　新規スライドの挿入
[Ctrl]+[M]

基礎と画面表示

資料作成の基本

文字入力と書式

スライドデザイン

図形

Smart Art

表とグラフ

画像と写真

動画とサウンド

スライドマスター

アニメーション

スライドショー

印刷と配布資料

管理

ファイル

共有と共同作業

連携アプリ

実践テクプレゼン

043

2021 | 2019 | 2016 | 365
お役立ち度 ★★☆

Q レイアウトを指定してスライドを追加するには

A 新しいスライドの一覧に11種類のレイアウトが用意されています

PowerPointのスライドのレイアウトは、[ホーム]タブの[新しいスライド]ボタンの下側をクリックすると一覧表示されます。最初から用意されているのは、[タイトルスライド][タイトルとコンテンツ][セクション見出し][2つのコンテンツ][比較][タイトルのみ][白紙][タイトル付きのコンテンツ][タイトル付きの図][タイトルと縦書きテキスト][縦書きタイトルと縦書きテキスト]の11種類です。この中に目的のレイアウトがない場合は、プレースホルダーのサイズや位置を変更しましょう。また、スライドマスターを編集すればオリジナルのレイアウトを作成できます。

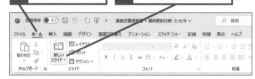

1 [ホーム]タブをクリック

2 [新しいスライド]のここをクリック

レイアウトの一覧が表示された

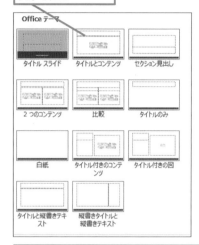

スライドに設定しているテーマによってレイアウトのデザインは異なる

関連 383 オリジナルのレイアウトを作成するには ▶ P.215

044

2021 | 2019 | 2016 | 365
お役立ち度 ★★★

Q スライドを削除するには

A スライドを選択して Delete キーを押します

プレゼンテーションを推敲（すいこう）していく途中で、必要のないスライドが出てきたときは、左側のスライド一覧で削除したいスライドをクリックして選択し、Delete キーを押します。スライド一覧表示画面やアウトライン画面でも、同じ操作でスライドを削除できます。

不要なスライドを1枚削除する

1 削除したいスライドをクリック

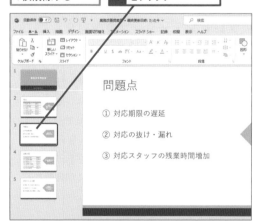

問題点

① 対応期限の遅延

② 対応の抜け・漏れ

③ 対応スタッフの残業時間増加

2 Delete キーを押す

スライドが削除される

関連 042 スライドを追加するには ▶ P.49

045

サンプル 2021 2019 2016 365 お役立ち度 ★★★

Q スライドをコピーするには

A コピー元のスライドをコピーしてから貼り付けます

同じようなスライドを作成するときは、スライドをコピーしてから異なる部分を変更するほうが早いです。スライドのコピーは、左側のスライド一覧でもスライド一覧表示画面でも同じように行えます。

1 コピーしたいスライドをクリック

2 [ホーム] タブをクリック

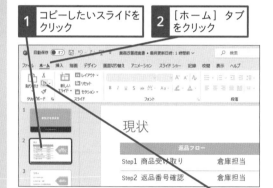

3 [コピー] をクリック

スライドを貼り付けたい直前のスライドを表示

4 [貼り付け] をクリック

スライドが貼り付けられた

関連 042 スライドを追加するには ▶ P.49

046

サンプル 2021 2019 2016 365 お役立ち度 ★★★

Q スライドの順番を変更するには

A 移動元のスライドを移動先までドラッグします

プレゼンテーションでは、どの順番でスライドを説明するかがとても重要です。プレゼンテーションを効果的に進めるための順番をじっくり推敲し、スライドの順番を入れ替える必要が出てきたら、左側のスライド縮小表示画面で、スライドを移動先までドラッグします。スライド一覧表示画面でもスライドの移動ができます。

ここでは3枚目のスライドを4枚目の後ろに移動する

1 スライドにマウスポインターを合わせる

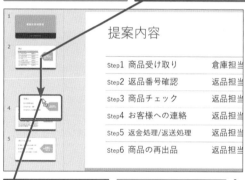

2 移動先の位置までドラッグ

ドラッグ中はマウスポインターの形が変わる

スライドの順番が変わった

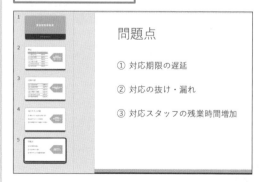

関連 034 説明する順序を決めるには ▶ P.45

基礎と画面表示 / 資料作成の基本 / 文字入力と書式 / スライドデザイン / 図形 / Smart Art / 表とグラフ / 画像と写真 / 動画とサウンド / スライドマスター / アニメーション / スライドショー / 印刷と配布資料 / ファイル管理 / 共有と共同作業 / 連携アプリ / 実践プレゼンテク

047

サンプル | 2021 2019 2016 365
お役立ち度 ★★☆

Q スライドのレイアウトを後から変更するには

A ［ホーム］タブの［レイアウト］ボタンをクリックします

スライドのレイアウトは後から自由に変更できます。［ホーム］タブの［レイアウト］ボタンをクリックして表示される一覧から変更後のレイアウトをクリックすると、入力済みの文字などが失われることなく、そのまま新しいレイアウトに変更されます。

1 ［ホーム］タブをクリック

2 ［レイアウト］をクリック

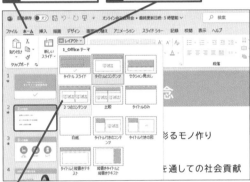

3 ［2つのコンテンツ］をクリック

選択されたレイアウトが適用されて、内容が2つに分割された

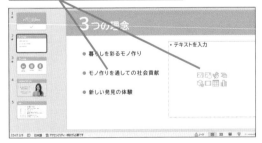

関連 042 スライドを追加するには　▶ P.49

関連 045 スライドをコピーするには　▶ P.51

048

サンプル | 2021 2019 2016 365
お役立ち度 ★★★

動画で見る

Q セクションを使ってスライドを整理するには

A スライドの内容ごとにセクション（グループ）を分けましょう

スライドの枚数が多いときは、スライドを「セクション」に分けて管理するといいでしょう。セクションとは、「現状」「問題提起」「原因」「対応」といったように、スライドを内容ごとに分ける機能です。以下の手順でセクションを追加すると、セクション名をクリックするだけで、そのセクションに含まれるスライドをまとめて選択できます。また、セクション単位でスライドの移動や削除ができます。

1 ［ホーム］タブをクリック

セクションを追加するファイルを開いておく

2 1枚目のスライドをクリック

3 ［セクション］をクリック

4 ［セクションの追加］をクリック

5 セクション名を入力

6 ［名前の変更］をクリック

セクションが追加された

7 同様の手順で2枚目のスライド以降をセクションに追加しておく

関連 052 セクションを削除するには　▶ P.54

基礎と
画面表示

資料作成の基本

文字入力と書式

スライドデザイン

図形

Smart Art

表とグラフ

画像と写真

動画とサウンド

スライドマスター

アニメーション

スライドショー

印刷と配布資料

ファイル管理

共有と共同作業

アプリ連携

プレゼン実践テク

049

サンプル

2021 2019 2016 365
お役立ち度 ★★☆

動画で見る

Q セクション単位で移動するには

A セクション名を移動先までドラッグします

セクションの順番を入れ替えるには、セクション名を移動先までドラッグします。そうすると、セクションに含まれるすべてのスライドが一緒に移動します。

1 セクション名にマウスポインターを合わせる

2 クリックしたまま少しマウスポインターを動かす

セクション名だけが表示される

3 移動したい位置までドラッグ

セクション単位で移動した

050

サンプル

2021 2019 2016 365
お役立ち度 ★★☆

Q セクションの名前を後から変更するには

A ［セクション名の変更］をクリックします

セクションの名前は以下の操作で後から変更できます。セクションの名前を見ただけで分かるような簡潔で分かりやすい名前を付けましょう。

1 2枚目のスライドのここをクリック

2 ［セクション］をクリック

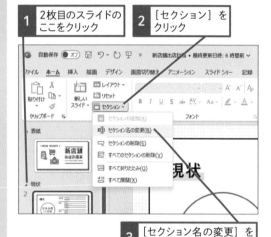

3 ［セクション名の変更］をクリック

［セクション名の変更］ダイアログボックスが表示された

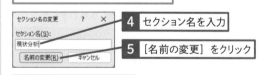

4 セクション名を入力

5 ［名前の変更］をクリック

セクション名が変更された

基礎と画面表示
資料作成の基本
文字入力と書式
スライドデザイン
図形
SmartArt
表とグラフ
写真と画像
動画とサウンド
スライドマスター
アニメーション
スライドショー
印刷と配布資料
ファイル管理
共有と共同作業
アプリ連携
プレゼン実践テク

051

サンプル

2021 2019 2016 365
お役立ち度 ★★☆

Q 特定のセクションを非表示にするには

A セクションを折りたたんで表示します

スライドの枚数が多いと、上下にスクロールしてセクションを確認しなければなりません。一部のセクションをじっくり推敲したいときは、それ以外のセクションを一時的に折りたたんでおくといいでしょう。また、すべてのセクションを折りたたむと、セクション名だけが表示されるので、全体の構成を確認するのに便利です。

●特定のセクションの非表示

1 折りたたむセクションの［セクションを折りたたむ］をクリック

特定のセクションが非表示になった

●すべてのセクションの非表示

1 ［ホーム］タブをクリック

2 ［セクション］をクリック

［すべて折りたたみ］をクリックすると、すべてのセクションが非表示になる

折りたたんだ後、同じ画面で［すべて展開］をクリックすると、すべてのセクションが表示される

052

サンプル

2021 2019 2016 365
お役立ち度 ★★★

Q セクションを削除するには

A 削除したいセクション名を選択してから削除します

ワザ048の操作で追加したセクションを削除するには、削除したいセクション名をクリックし、［ファイル］タブの［セクション］ボタンから［セクションの削除］をクリックします。削除したセクションに含まれていたスライドは、前のセクションに統合されます。なお、［すべてのセクションの削除］を選ぶと、作成したすべてのセクションを削除できます。

●選択したセクションを削除する

削除するセクションをクリックして選択しておく

1 ［ホーム］タブをクリック

2 ［セクション］をクリック

［すべてのセクションの削除］をクリックすると、すべてのセクションが削除される

3 ［セクションの削除］をクリック

セクションが削除され、上のセクションと統合された

関連 048 セクションを使ってスライドを整理するには ▶ P.52

第3章

文字を分かりやすく見せるワザ

文字の入力

スライドには、タイトルや箇条書きなどの文字入力が欠かせません。ここでは、文字入力に関するさまざまな疑問を解決します。

053

2021 2019 2016 365
お役立ち度 ★★☆

Q 先頭のアルファベットを小文字にするには

A ［オートコレクトのオプション］ボタンをクリックします

英字の先頭文字が大文字に変わってしまうのは、オートコレクトという機能が働くためです。先頭文字を小文字にするには、入力後に表示される［オートコレクトのオプション］ボタンをクリックし、［文の先頭文字を自動的に大文字にしない］をクリックします。そうすると、常に先頭文字が大文字で表示されます。一時的に小文字で表示したいときは［大文字の自動設定を元に戻す］をクリックしましょう。

先頭のアルファベットが大文字になってしまった

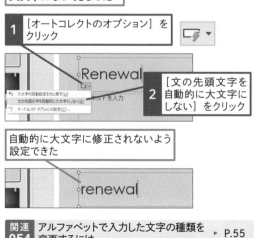

1 ［オートコレクトのオプション］をクリック

2 ［文の先頭文字を自動的に大文字にしない］をクリック

自動的に大文字に修正されないよう設定できた

renewal

関連 アルファベットで入力した文字の種類を
054 変更するには ▶ P.55

054

サンプル
2021 2019 2016 365
お役立ち度 ★★☆

Q アルファベットで入力した文字の種類を変更するには

A ［ホーム］タブの［文字種の変換］ボタンをクリックします

［文字種の変換］機能を使うと、スライドに入力した英字の大文字を小文字にしたり、先頭だけを大文字にしたりするなど、文字の種類を変更できます。ただし、ひらがなや漢字など、英字以外の文字には利用できません。

変更したい文字を選択しておく

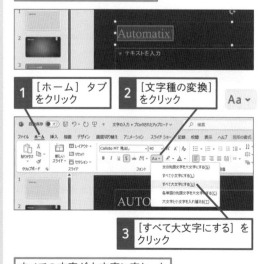

1 ［ホーム］タブをクリック

2 ［文字種の変換］をクリック

Aa ▾

3 ［すべて大文字にする］をクリック

すべての文字が大文字に変わった

関連 先頭のアルファベットを
053 小文字にするには ▶ P.55

右サイドバー見出し:
基礎と画面表示 / 資料作成の基本 / 文字入力と書式 / スライドデザイン / 図形 / Smart Art / 表とグラフ / 画像と写真 / 動画とサウンド / スライドマスター / アニメーション / スライドショー / 印刷と配布資料 / ファイル管理 / 共有と共同作業 / アプリ連携 / プレゼン実践テク

055

Q 貼り付けるときに書式を選べないの?

A 貼り付けのオプションで可能です

文字をコピーして貼り付けたときに、書式が変わってしまったことはありませんか? コピーするには、まずコピー元の文字を選択して、[ホーム] タブの [コピー] ボタンをクリックします。次に、貼り付け先をクリックして、[ホーム] タブの [貼り付け] ボタンをクリックします。そうすると、元の文字と書式が丸ごと貼り付けられます。このとき、[貼り付け] ボタンの下側をクリックすると、貼り付け方法のメニューが表示され、元の書式を保持して貼り付けるか、テキストだけを貼り付けるかといった方法を選択できます。

1 [ホーム] タブをクリック

2 [貼り付け] をクリック

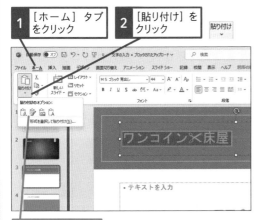

貼り付ける形式を選択できる

●貼り付けのオプション

アイコン	機能	アイコン	機能
貼り付け先のテーマを使用	コピー元に設定されている書式を無視して、貼り付け先の書式に変更する	図	コピー元の文字を画像として貼り付ける。データの編集は一切できない
元の書式を保持	コピー元に設定されている書式を含めて文字も書式も丸ごとコピーする	テキストのみ保持	コピー元の文字に設定されている書式をはずして、文字だけを貼り付ける

056

Q 特殊な記号を入力するには

A [挿入] タブの [記号と特殊文字] ボタンをクリックします

「★」や「〒」などのように「ほし」、「ゆうびん」の読みがなで変換できる記号もありますが、そのほかの特殊な記号を入力するときは、[記号と特殊文字] ダイアログボックスを使います。フォントを [Wingdings] や [Wingdings2] [Wingdings3] に変更すると、電話機や温泉マーク、ハサミなどの面白い記号を入力できます。

特殊な記号を挿入したい場所にカーソルを移動しておく

1 [挿入] タブをクリック

2 [記号と特殊文字] をクリック

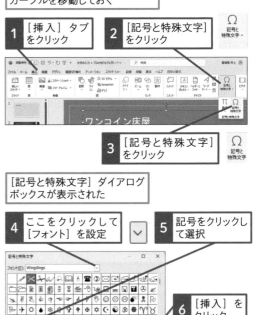

3 [記号と特殊文字] をクリック

[記号と特殊文字] ダイアログボックスが表示された

4 ここをクリックして [フォント] を設定

5 記号をクリックして選択

6 [挿入] をクリック

7 [閉じる] をクリック

特殊な記号を挿入できた

関連 **057** 複雑な数式を入力するには ▶ P.57

057

Q 複雑な数式を入力するには

A ［インク数式］機能を使うと手書きで数式を入力できます

ルートやシグマなどの特殊な記号を使った数式を作成するときは、［インク数式］機能を使うと便利です。マウスでドラッグしながら数式を描画すると、自動的に数式に変換されて表示されます。なお、操作3の操作を実行すると［数式］タブが表示され、リボンにさまざまな数式記号が表示されます。あらかじめ組み合わさった数式を挿入するには、操作4で［数式］ボタンをクリックし、一覧から数式を選ぶといいでしょう。

●手書きでの数式入力

数式を入力するプレースホルダーをクリックしておく

1 ［挿入］タブをクリック

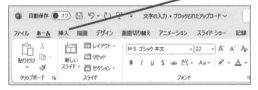

2 ［記号と特殊文字］をクリック

3 ［数式］をクリック

［数式］タブに数式記号の項目やボタンが表示された

4 ［インク数式］をクリック

［数式入力コントロール］ダイアログボックスが表示された

5 マウスで数式を手書き

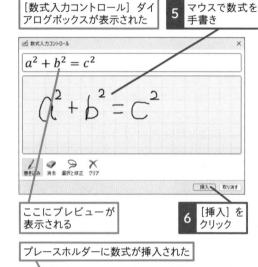

$$a^2 + b^2 = c^2$$

ここにプレビューが表示される

6 ［挿入］をクリック

プレースホルダーに数式が挿入された

ピタゴラスの定理

$a^2 + b^2 = c^2$

●代表的な数式の入力

［数式］タブを表示しておく

1 ［数式］をクリック

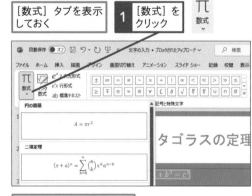

円の面積
$$A = \pi r^2$$

二項定理
$$(x + a)^n = \sum_{k=0}^{n} \binom{n}{k} x^k a^{n-k}$$

一覧から数式を選択して入力できる

基礎と画面表示
資料作成の基本
文字入力と書式
スライドデザイン
図形
Smart Art
表とグラフ
画像と写真
動画とサウンド
スライドマスター
アニメーション
スライドショー
印刷と配布資料
ファイル管理
共有と共同作業
連携アプリ
実践テクプレゼン

基礎と
画面表示

資料作成
の基本

文字入力
と書式

スライド
デザイン

図形

Smart
Art

表と
グラフ

写真
画像と

動画と
サウンド

スライド
マスター

アニメー
ション

スライド
ショー

印刷と
配布資料

ファイル
管理

共有と
共同
作業

連携
アプリ

実践テク
プレゼン

058

Q 好きな位置に文字を入力するには

A [テキストボックス] をスライドに描画します

スライドのプレースホルダー以外の場所に文字を入力したいときは、[テキストボックス] を使います。[挿入] タブの [テキストボックス] ボタンを使って、文字を入力したい位置をクリックすれば、テキストボックスが挿入されます。テキストボックスは、入力した文字の長さに合わせて自動的にサイズが拡大します。ただし、テキストボックスに入力した文字はアウトライン画面には表示されません。

1 [挿入] タブをクリック

2 [テキストボックス] をクリック

3 [横書きテキストボックスの描画] をクリック

マウスポインターの形が変わった

4 文字を入力したい位置をクリック

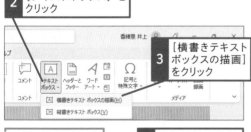

5 文字を入力

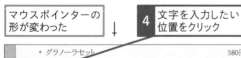

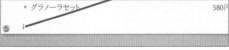

関連
164 図形の中に文字を入力したい ▶ P.107

059

Q 赤い波線を非表示にしたい

A 文字を右クリックして [すべて無視] を選びましょう

PowerPointには自動スペルチェック機能が付いているので、英単語を入力したとき、スペルミスと判断された単語に赤い波線が表示されます。一時的に赤い波線が表示されないようにするには、文字を右クリックして表示される [すべて無視] をクリックしましょう。毎回 [すべて無視] をクリックするのが面倒なときは、辞書に追加すると次回からは赤い波線が表示されなくなります。単語の登録は、右クリックして表示されるメニューから [辞書に追加] をクリックします。なお、右クリックして表示される修正候補からスペルを選択しても、赤い波線が消えます。

造語を入力したら、赤い波線が表示された

1 文字を右クリック

2 [すべて無視] をクリック

赤い波線が非表示になった

関連
060 文章の校正をするには ▶ P.59

基礎と
画面表示

資料作成
の基本

文字入力
と書式

スライド
デザイン

図形

Smart
Art

表と
グラフ

画像と
写真

動画と
サウンド

スライド
マスター

アニメー
ション

スライド
ショー

印刷と
配布資料

ファイル
管理

共同作業
共有と

アプリ
連携

プレゼン
実践テク

060

2021 2019 2016 365
お役立ち度 ★★☆

Q 文章の校正をするには

A ［校閲］タブの［スペルチェックと 文章校正］ボタンをクリックします

スペルミスや日本語表現のミスは、その場で1つ1つ修正しなくても、後でまとめてチェックできます。［校閲］タブの［スペルチェックと文章校正］ボタンをクリックすると、現在表示されているスライドから順番にすべてのスライドをチェックできます。修正候補の文字と置き換えるときは［変更］ボタン、修正せずにそのまま使うときは［無視］ボタンをクリックします。

文章を校正したいスライドを
表示しておく

1 ［校閲］タブ
をクリック

2 ［スペルチェックと文章校正］をクリック

abc
✓
スペルチェック
と文章校正

スライド全体の文法がチェックされ、間違いと
判断された文字が表示された

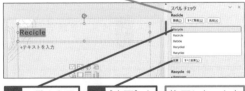

3 一覧から正しいスペルをクリック

4 ［変更］をクリック

修正しないときは［無視］をクリックする

すべてのスペルチェックが終わると、確認
のダイアログボックスが表示される

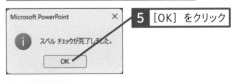

5 ［OK］をクリック

ショート
カットキー
［スペルチェックと文章校正］の実行
F7

061

2021 2019 2016 365
お役立ち度 ★★☆

Q 分数の設定を解除するには

A ［オートコレクトのオプション］ ボタンをクリックします

PowerPointでは、「1/2」と入力すると自動的に分数の½に変換されます。これは、オートコレクト機能が働くためです。「1/2」に戻すには、変換後に表示される［オートコレクトのオプション］ボタンをクリックし、［分数を自動的に作成しない］をクリックします。そうすると、常に「1/2」と表示されます。一時的に「1/2」と表示したいときは［分数を元に戻す］をクリックします。

「1/2」と入
力したら分数
に変換された

1 ［オートコレクトのオプション］をクリック

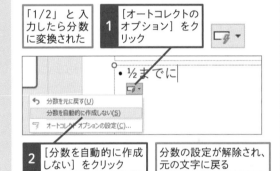

2 ［分数を自動的に作成しない］をクリック

分数の設定が解除され、
元の文字に戻る

062

2021 2019 2016 365
お役立ち度 ★★★

Q 51以上の丸数字を 入力するには

A 円の図形の中に数字を入力します

PowerPointには、Wordの文書で使えるような「囲い文字」の機能はありません。そのため、51以上の丸数字を入力するときは、図形の円の中に数字を入力します。円を描くときにShiftキーを押しながらドラッグすると真ん丸の円が描けます。

関連
158
真ん丸な円を描くには
▶ P.105

基礎と画面表示

資料作成の基本

文字入力と書式

スライドデザイン

図形

SmartArt

表とグラフ

写真と画像

サウンドと動画

スライドマスター

アニメーション

スライドショー

印刷と配布資料

ファイル管理

共有と共同作業

連携アプリ

実践テクプレゼン

箇条書きの活用

スライドに入力する文字は箇条書きが基本です。ここでは、箇条書きの先頭の記号や箇条書きのレベルに関する疑問などを解決します。

063

2021 2019 2016 365
お役立ち度 ★ ★ ★

Q 箇条書きを入力するには

A [Enter]キーを押して改行します

スライドの文字は箇条書きが基本です。プレースホルダーの[テキストを入力]と表示された部分をクリックして文字を入力し、[Enter]キーで改行しながら項目を追加します。箇条書きを入力すると、先頭に箇条書きの記号が自動で表示されます。この記号は「行頭文字」と呼ばれ、スライドに適用している[テーマ]によって表示される記号が変わります。

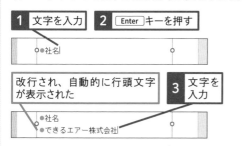

1 文字を入力 **2** [Enter]キーを押す

●社名

改行され、自動的に行頭文字が表示された **3** 文字を入力

●社名
●できるエアー株式会社

064

2021 2019 2016 365
お役立ち度 ★ ★ ★

Q 行頭文字を付けずに改行するには

A [Shift]+[Enter]キーを押します

箇条書きを区切りのいい位置で改行するには、[Shift]+[Enter]キーを押します。すると、箇条書きの先頭の行頭文字を付けずに改行できます。

ショートカットキー　**行頭文字を付けずに改行**
[Shift]+[Enter]

065

2021 2019 2016 365
お役立ち度 ★ ★ ☆

Q スライドペインで箇条書きのレベルを変更するには

A 文字の先頭で[Tab]キーや[Shift]+[Tab]キーを押します

箇条書きに上下関係がある場合は、箇条書きの先頭位置をずらすと階層関係が分かりやすくなります。新しい行の先頭で[Tab]キーを押すと、カーソルの位置が右にずれ、文字のサイズが小さくなります。反対に、[Shift]+[Tab]キーを押すと、階層を1段階ずつ上げられます。PowerPointでは、箇条書きのレベルを最大9段階まで設定できますが、あまりレベル分けしすぎると複雑になって分かりにくくなってしまいます。2段階くらいの階層にとどめておくといいでしょう。

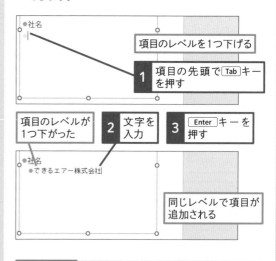

●社名

項目のレベルを1つ下げる

1 項目の先頭で[Tab]キーを押す

項目のレベルが1つ下がった **2** 文字を入力 **3** [Enter]キーを押す

●社名
●できるエアー株式会社

同じレベルで項目が追加される

ショートカットキー　**箇条書きのレベルを上げる**
[Alt]+[Shift]+[←]/[Shift]+[Tab]

ショートカットキー　**箇条書きのレベルを下げる**
[Alt]+[Shift]+[→]/[Tab]

右側ナビゲーション:
基礎と画面表示
資料作成の基本
文字入力と書式
スライドデザイン
図形
Smart Art
表とグラフ
画像と写真
動画とサウンド
スライドマスター
アニメーション
スライドショー
印刷と配布資料
ファイル管理
共有と共同作業
アプリ連携
実践プレゼンテク

066

サンプル｜2021｜2019｜2016｜365｜お役立ち度 ★★☆

Q ドラッグで箇条書きのレベルを変更するには

A 行頭文字を左右にドラッグします

入力済みの箇条書きの項目のレベルを変更するときは、マウスでドラッグすると便利です。レベルを変更したい箇条書きの先頭にある行頭文字をクリックし、マウスポインターの形が変わったら、そのまま左右にドラッグしましょう。

1 行頭文字をクリック ／ マウスポインターの形が変わった

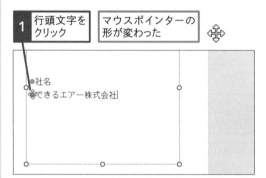

2 右にドラッグ ／ 項目のレベルが1つ下がった

左にドラッグすると項目のレベルが1つ上がる

関連 065 スライドペインで箇条書きのレベルを変更するには　▶ P.60

067

サンプル｜2021｜2019｜2016｜365｜お役立ち度 ★★★

Q 箇条書きの先頭を連番にするには

A ［ホーム］タブの［段落番号］ボタンをクリックします

箇条書きの数を強調したいときや手順やステップを表すときは、箇条書きの先頭に連番が付いていると分かりやすくなります。箇条書きの記号を連番に変更するときは、［ホーム］タブの［段落番号］ボタンをクリックします。

1 プレースホルダーをクリック

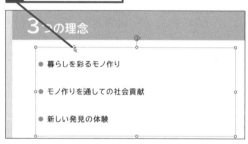

2 ［ホーム］タブをクリック

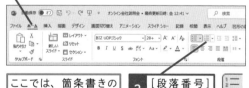

ここでは、箇条書きの先頭を「1、2、3…」という連番にする

3 ［段落番号］をクリック

箇条書きの先頭が連番になった

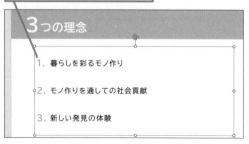

関連 068 段落番号の種類を変更するには　▶ P.62

Q 段落番号の種類を変更するには

A [段落番号] ボタンの右側をクリックします

[ホーム] タブの[段落番号] ボタンをクリックすると、最初は「1.2.3.」といった連番が表示されます。丸数字の連番やローマ数字の連番などに変更するには、[段落番号] ボタンの一覧から変更後の段落番号を指定します。

ワザ067を参考にプレースホルダーを選択しておく

1 [ホーム] タブをクリック **2** [段落番号] のここをクリック

3 変更したい段落番号にマウスポインターを合わせる

マウスポインターを合わせた段落番号はここにプレビューされる

4 そのままクリック

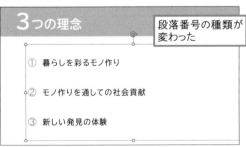

段落番号の種類が変わった

関連 067　箇条書きの先頭を連番にするには　▶ P.61

Q 箇条書きの行頭文字を変更するには

A [箇条書き] ボタンの右側をクリックします

箇条書きの行頭文字は、スライドに適用しているテーマによって決まっていますが、後から変更できます。プレースホルダー全体の行頭文字を変更するときは、プレースホルダーの外枠をクリックしてから以下の手順で操作します。箇条書きの一部の行頭文字を変更するときは、変更したい箇条書きをクリックしておきましょう。

ワザ067を参考にプレースホルダーを選択しておく

1 [ホーム] タブをクリック **2** [箇条書き] のここをクリック

3 変更したい行頭文字にマウスポインターを合わせる

マウスポインターを合わせた記号はここにプレビューされる

4 そのままクリック

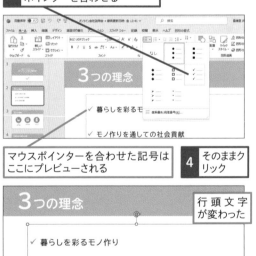

行頭文字が変わった

070

サンプル | 2021 | 2019 | 2016 | 365

お役立ち度 ★ ★ ☆

Q 行頭文字にアイコンを利用するには

動画で見る

A 保存済みのアイコンを「図」として利用します

[挿入] タブの [アイコン] ボタンから挿入したアイコンは、以下の操作で行頭文字として利用できます。必要に応じて、アイコンの色を変更してから保存するといいでしょう。なお、アイコンの位置が箇条書きよりも上側や下側に表示されてしまう場合は、「アイコンのサイズと配置を調整する」の操作3から7の操作で上下中央に配置します。

●アイコンを挿入する

設定したいアイコンをSVGファイルとして保存しておく

ワザ067を参考にプレースホルダーを選択しておく

1 [ホーム] タブをクリック

2 [箇条書き] のここをクリック

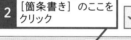

3 [箇条書きと段落番号] をクリック

[箇条書きと段落番号] ダイアログボックスが表示された

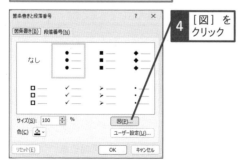

4 [図] をクリック

●アイコンのサイズと配置を調整する

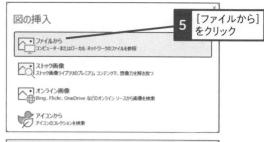

5 [ファイルから] をクリック

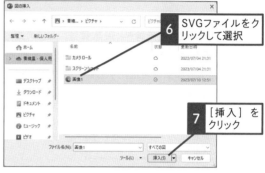

6 SVGファイルをクリックして選択

7 [挿入] をクリック

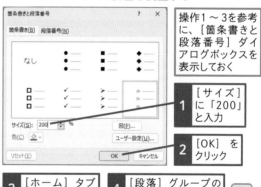

操作1〜3を参考に、[箇条書きと段落番号] ダイアログボックスを表示しておく

1 [サイズ] に「200」と入力

2 [OK] をクリック

3 [ホーム] タブをクリック

4 [段落] グループの [段落] をクリック

5 [体裁] タブをクリック

6 [文字の配置] のここをクリックして [中央揃え] を選択

7 [OK] をクリック

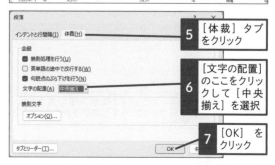

基礎と画面表示
資料作成の基本
文字入力と書式
スライドデザイン
図形
Smart Art
表とグラフ
画像と写真
動画とサウンド
スライドマスター
アニメーション
スライドショー
印刷と配布資料
管理
ファイル
共有と共同作業
連携
アプリ
実践テクプレゼン

071

サンプル

2021 2019 2016 365
お役立ち度 ★ ★ ☆

Q 行頭文字の大きさを
変更するには

A ［箇条書きと段落番号］画面で
設定します

箇条書きの行頭文字の大きさは後から変更できます。以下の操作で［箇条書きと段落番号］ダイアログボックスを開き、［サイズ］の数値を変更します。「100」より大きな数値を指定すると行頭文字が拡大し、「100」より小さな数値を指定すると行頭文字が縮小します。

ワザ067を参考にプレースホルダー全体を選択しておく

1 ［ホーム］タブをクリック

2 ［箇条書き］のここをクリック

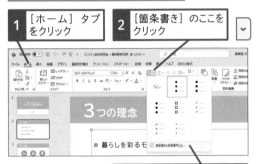

3 ［箇条書きと段落番号］をクリック

［箇条書きと段落番号］ダイアログボックスが表示された

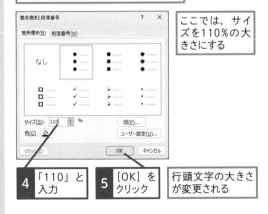

ここでは、サイズを110%の大きさにする

4 「110」と入力

5 ［OK］をクリック

行頭文字の大きさが変更される

関連 **069** 箇条書きの行頭文字を変更するには　▶ P.62

072

サンプル

2021 2019 2016 365
お役立ち度 ★ ★ ★

Q 文字数が違う項目を特定の
位置にそろえるには

A ルーラーを表示して「タブ」を
設定します

「タブ」とは、Tabキーを押したときに設定したタブ位置までカーソルを移動する機能のことです。Tabキーを何回か押せば文頭をそろえられますが、［左揃え］タブ、［中央揃え］タブ、［右揃え］タブ、［少数点］タブを利用すれば、プレースホルダー内の特定の位置に文字をそろえられます。

例えば、けた数をそろえて金額だけを右端にそろえるには、［右揃え］タブを設定します。設定したタブは、ルーラー上に表示され、タブマーカーをドラッグして後から位置を調整できます。タブを解除したいときは、ルーラー上のタブマーカーをルーラー以外の場所にドラッグしましょう。

ワザ018を参考にルーラーを表示し、プレースホルダーの文字をすべて選択しておく

1 ここが［右揃え］タブになるまで数回クリック

2 ルーラー上で、右端をそろえたい位置をクリック

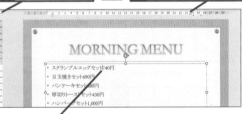

3 ここをクリック

4 Tabキーを押す

金額だけが右に配置された

Tabキーを押してほかの金額も右にそろえておく

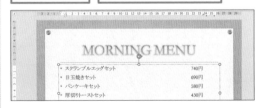

関連 **075** ルーラーを使って箇条書きの開始位置を変更するには　▶ P.66

073

2021 2019 2016 365
お役立ち度 ★ ★ ☆

Q 行間と段落前の間隔の違いは何？

A [Enter] キーで改行すると「段落」になります

行間とは、文字通り行と行の間の間隔のことで、前の行の文字の下側から次の行の文字の下側までの距離のことです。一方段落とは、[Enter] キーを押して改行してから次の [Enter] キーを押して改行するまでの文章の固まりのことです。段落は1行だけの場合もあれば、複数行で1段落の場合もあります。

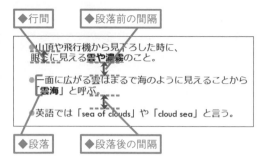

◆行間　◆段落前の間隔
◆段落　◆段落後の間隔

| 関連 074 | 行の間隔を変更するには | ▶ P.65 |

074

サンプル
2021 2019 2016 365
お役立ち度 ★ ★ ★

Q 行の間隔を変更するには

A [ホーム] タブの [行間] ボタンをクリックします

箇条書きの行数が少ないと、プレースホルダーの上下の余白が多くなります。箇条書きをバランスよく表示するには、行間を広げるといいでしょう。

1 プレースホルダーの枠線をクリック

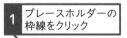
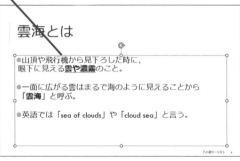

雲海とは

2 [ホーム] タブをクリック

3 [行間] をクリック

現在設定されている行間にチェックマークが付いていることもある

4 [2.0] をクリック

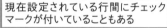

行間が広がった

| 関連 073 | 行間と段落前の間隔の違いは何？ | ▶ P.65 |

基礎と画面表示
資料作成の基本
文字入力と書式
スライドデザイン
図形
Smart Art
表とグラフ
画像と写真
動画とサウンド
スライドマスター
アニメーション
スライドショー
印刷と配布資料
ファイル管理
共有と共同作業
アプリ連携
プレゼン実践テク

075

サンプル　2021 2019 2016 365　お役立ち度 ★ ★ ★

Q ルーラーを使って箇条書きの開始位置を変更するには

A ルーラー上のインデントマーカーをドラッグします

箇条書きのレベルを変えずに開始位置だけを右にずらしたいときは、ルーラー上にあるインデントマーカーを使うといいでしょう。箇条書きの記号や番号などの開始位置を調整するときは、一番左側にある［先頭行のインデントマーカー］をドラッグします。箇条書きの文字の開始位置を調整するときは、［左インデントマーカー］の上側にある三角のマーカーをドラッグします。この場合は、箇条書きの記号や番号の位置は変わりません。箇条書きの記号や番号と文字の開始位置を同時に調整するときは、［左インデントマーカー］の四角い部分をドラッグしましょう。

> ワザ018を参考にルーラーを表示しておく

> 箇条書きの文字の先頭にカーソルを表示させておく

●先頭行の開始位置を調整する

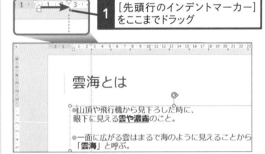

1 ［先頭行のインデントマーカー］をここまでドラッグ

> 先頭行の開始位置が変わった

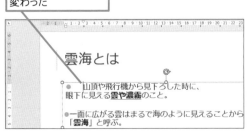

●箇条書きの文字の開始位置を調整する

1 ［左インデントマーカー］の三角の部分をここまでドラッグ

> 箇条書きの文字の開始位置が変わったが、行頭文字の位置は変わらない

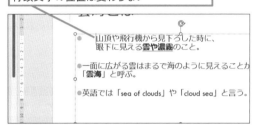

●先頭行と箇条書きの文字の開始位置を同時に調整する

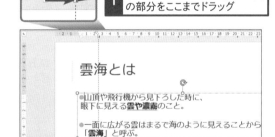

1 ［左インデントマーカー］の四角の部分をここまでドラッグ

> 先頭行と箇条書きの文字の位置と行頭文字の位置がまとめて変わった

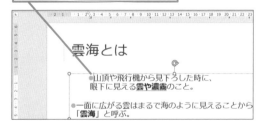

> 関連 072　文字数が違う項目を特定の位置にそろえるには ▶ P.64

基礎と画面表示

資料作成の基本

文字入力と書式

スライドデザイン

図形

Smart Art

表とグラフ

写真画像と

動画とサウンド

スライドマスター

アニメーション

スライドショー

印刷と配布資料

ファイル管理

共有と共同作業

アプリ連携

実践プレゼンテク

アウトライン入力

アウトライン機能を使うと、アイデアを効率的に整理できます。ここでは、アウトライン画面で文字やスライドを作成するときの疑問を解決します。

076

`2021` `2019` `2016` `365`
お役立ち度 ★ ★ ★

Q アウトライン画面はどんなときに使うの?

A プレゼンテーションの構成を練るときに使います

プレゼンテーションで重要なのは、スライドのデザインや配色ではなく発表する内容です。そのためには、いきなりスライドの作り込みを開始するのではなく、最初に発表する内容を整理してプレゼンテーション全体の骨格をしっかり作っておくことが必要です。アウトライン画面には文字しか表示されないため、内容に集中できます。まずは、タイトルだけを入力して全体の構成を作りましょう。思いついたキーワードをどんどん入力し、順番を入れ替えたり、削除したりしながら整理するといいでしょう。

◆アウトライン表示モード

🕐 ショートカットキー [アウトライン] タブ [スライド] タブとの切り替え
`Ctrl` + `Shift` + `Tab`

関連 077	アウトライン表示モードに切り替えるには	▶ P.67
関連 078	アウトライン画面の領域を広げるには	▶ P.68

077

`2021` `2019` `2016` `365`
お役立ち度 ★ ★ ★

Q アウトライン表示モードに切り替えるには

A [表示] タブの [アウトライン表示] ボタンをクリックします

アウトライン表示モードに切り替えるには、[表示] タブの [アウトライン表示] ボタンをクリックします。そうすると、画面の左側にアウトライン画面が現れます。アウトライン画面に入力した文字は、そのまま中央のスライドに反映されます。

1	[表示] タブをクリック	2	[アウトライン表示] をクリック

アウトライン表示モードに切り替わった

デザインや配色に気を取られることなく、文字の入力や結果に集中できる

関連 078	アウトライン画面の領域を広げるには	▶ P.68

基礎と画面表示
資料作成の基本
文字入力と書式
スライドデザイン
図形
Smart Art
表とグラフ
画像と写真
動画とサウンド
スライドマスター
アニメーション
スライドショー
印刷と配布資料
管理
ファイル
共有と共同作業
連携アプリ
実践テクプレゼン

078

2021 2019 2016 365
お役立ち度 ★ ★ ☆

Q アウトライン画面の領域を
広げるには

A アウトライン画面の右側の境界線を
右方向にドラッグします

プレゼンテーションの骨格作りをするときは、アウトライン画面の領域を広げたほうがスムーズに操作できます。スライドペインとの境界線にマウスポインターを合わせて右方向にドラッグすると、アウトラインの領域を自由に広げられます。

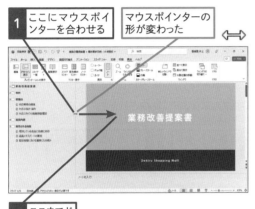

1 ここにマウスポインターを合わせる
マウスポインターの形が変わった
⟷

2 ここまでドラッグ

アウトラインの領域が広がった

関連 077 アウトライン表示モードに
切り替えるには ▶ P.67

079

サンプル 2021 2019 2016 365
お役立ち度 ★ ★ ★

Q アウトライン画面で
新規スライドを追加するには

A 文字の最後で Enter キーを
押します

アウトライン画面で文字を入力しているときに、わざわざマウスに持ち替えるのは面倒です。キー操作で新しいスライドを追加するには、行末で Enter キーを押します。すると、先頭にスライド番号が付いた新しいスライドが表示されます。新しいスライドが追加されないときはワザ081を参考に、レベルを調整しましょう。

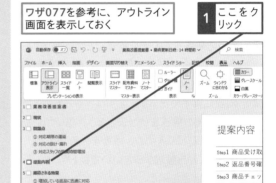

ワザ077を参考に、アウトライン画面を表示しておく

1 ここをクリック

行末にカーソルが表示された

2 Enter キーを押す

新しいスライドが挿入された

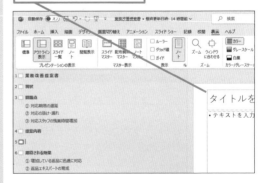

関連 080 アウトライン画面で段落を分けずに
改行するには ▶ P.69

080

Q アウトライン画面で段落を
分けずに改行するには

A Shift + Enter キーを押します

アウトライン画面で Enter キーを押すと、新しい段
落が作成されて、前の行と同じレベルの行頭文字が
表示されます。レベルを付けずに改行したいときは、
Shift + Enter キーを押します。すると、新しい行
には行頭文字が表示されず、段落を分けずに改行
できます。

> ワザ077を参考に、アウトライン画面
> を表示しておく

●箇条書きを追加する

1 ここをクリック

2 Enter キーを押す

> 同じレベルの箇条書きが追加された

●箇条書きの中で改行する

1 ここをクリック

2 Shift キーを押しながら
Enter キーを押す　｜　箇条書きの中で
改行された

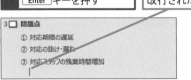

関連 アウトライン画面で文字の先頭位置を
080 変更するには　▶ P.69

081

Q アウトライン画面で文字の
先頭位置を変更するには

A Tab キーや Shift + Tab キーを
押します

アウトライン画面で Enter キーを押すと、直前の項
目のレベルが次の行にも引き継がれます。Tab キー
を押すと、1段階ずつレベルが下がり、文字の先頭
位置が右にずれます。Shift + Tab キーを押すと1
段階ずつレベルが上がり、文字の先頭位置が左に
ずれます。

関連 アウトライン画面で段落を分けずに
080 改行するには　▶ P.69

082

Q アウトライン画面でスライドの
タイトルだけを表示するには

A ［すべて折りたたみ］を
クリックします

プレゼンテーション全体の構成や発表の順番を考え
るときは、以下の手順でそれぞれのスライドのタイ
トルだけを表示すると分かりやすいでしょう。各ス
ライドの詳細を表示したいときは、［すべて展開］を
選びます。

> ワザ077を参考に、アウトライン
> 画面を表示しておく

1 ［アウトライン］タブ
の何もないところを右
クリック

2 ［折りたたみ］のこ
こにマウスポイン
ターを合わせる

3 ［すべて折り
たたみ］を
クリック

> アウトライン画面でスライドの
> タイトルのみが表示される

基礎と
画面表示

資料作成
の基本

文字入力
と書式

スライド
デザイン

図形

Smart
Art

表と
グラフ

画像と
写真

動画と
サウンド

スライド
マスター

アニメー
ション

スライド
ショー

印刷と
配布資料

ファイル
管理

共有と
共同作業

アプリ
連携

プレゼン
実践テク

基礎と画面表示
資料作成の基本
文字入力と書式
スライドデザイン
図形
Smart Art
表とグラフ
画像と写真
動画とサウンド
スライドマスター
アニメーション
スライドショー
印刷と配布資料
ファイル管理
共有と共同作業
連携アプリ
実践テクプレゼン

083

2021 2019 2016 365
お役立ち度 ★ ★ ★

Q アウトライン画面で特定のスライドの内容だけを表示するには

A 内容を表示したいスライドアイコンを右クリックします

アウトライン画面では、各スライドのタイトルだけを表示して全体の構成を推敲できます。また、スライド番号の右側のスライドアイコンを右クリックして[展開]を選ぶと、特定のスライドの内容だけを表示することもできます。スライドアイコンをダブルクリックしても内容を折りたたんだり展開したりできます。

ワザ077を参考に、アウトライン画面を表示しておく

1 [アウトライン] タブの何もないところを右クリック

2 [折りたたみ] にマウスポインターを合わせる

3 [すべて折りたたみ] をクリック

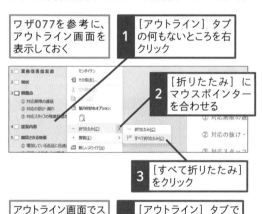

アウトライン画面でスライドのタイトルのみが表示される

4 [アウトライン] タブで表示したいスライドを右クリック

5 [展開] のここにマウスポインターを合わせる

6 [展開] をクリック

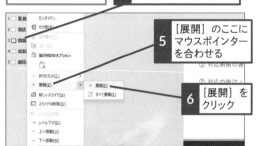

選択したスライドの内容だけが表示された

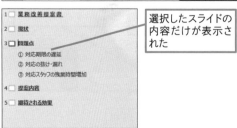

084

サンプル

2021 2019 2016 365
お役立ち度 ★ ★ ☆

Q アウトライン画面でスライドの順番を入れ替えるには

A スライドアイコンを移動先までドラッグします

プレゼンテーションの骨格を作っている途中で、スライドの順番を変更したくなることもあるでしょう。スライド番号の右側にあるスライドアイコンをクリックすると、そのスライドの下の階層も含めてまとめて選択できます。この状態で、スライドアイコンを移動先までドラッグすると、スライドの順番を入れ替えることができます。移動先に表示される目安の線を手がかりにドラッグするといいでしょう。

ワザ077を参考に、アウトライン画面を表示しておく

1 行頭にあるマークにマウスポインターを合わせる

マウスポインターの形が変わった

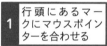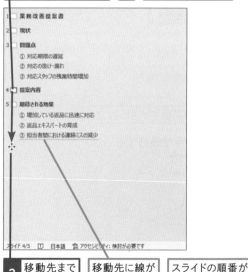

2 移動先までドラッグ

移動先に線が表示される

スライドの順番が変更される

関連046 スライドの順番を変更するには ▶ P.51

085

Q アウトライン画面でスライドを削除するには

A スライドアイコンを選択してから Delete キーを押します

アウトライン画面でスライドを削除するには、スライド番号の右側のスライドアイコンをクリックして選択してから Delete キーを押します。すると、そのスライドの下の階層の内容も含めてまとめて削除されます。このとき、Ctrl キーを押しながらスライドアイコンを順番にクリックすると、複数のスライドをまとめて削除することもできます。

> ワザ077を参考に、アウトライン画面を表示しておく

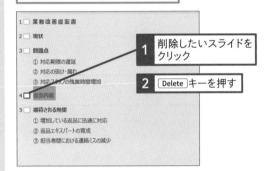

1 削除したいスライドをクリック

2 Delete キーを押す

> スライドを削除するかどうか確認するダイアログボックスが表示された

3 [はい] をクリック

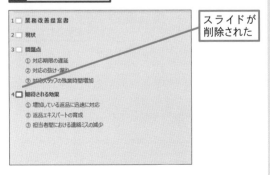

スライドが削除された

086

Q アウトライン画面をキーで操作するには

A 主なショートカットキーを覚えておくといいでしょう

アウトライン画面で操作するときは、キーボードから文字を入力するのが中心になります。途中でマウスに持ち変えなくても済むように、ショートカットキーを覚えておくと効率よく操作できます。

●アウトライン画面で便利なショートカットキー

キー操作	実行される機能
Tab ／ Alt + Shift + →	レベルを下げる
Shift + Tab ／ Alt + Shift + ←	レベルを上げる
Alt + Shift + ↑	スライドや箇条書きを1段階上に移動する
Alt + Shift + ↓	スライドや箇条書きを1段階下に移動する
Alt + Shift + 1	スライドのタイトルだけを表示する
Alt + Shift + A	すべての箇条書きを表示する
Alt + Shift + +	箇条書きを部分的に展開する
Alt + Shift + −	箇条書きを部分的に折りたたむ

●ショートカットキーを使ったレベルの変更

> ワザ077を参考に、アウトライン画面を表示しておく

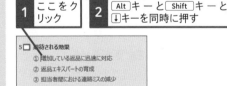

1 ここをクリック

2 Alt キーと Shift キーと ↓キーを同時に押す

箇条書きが下に移動した

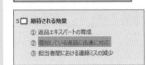

| 関連 084 | アウトライン画面でスライドの順番を入れ替えるには ▶ P.70 |

基礎と画面表示
資料作成の基本
文字入力と書式
スライドデザイン
図形
Smart Art
表とグラフ
写真と画像
動画とサウンド
スライドマスター
アニメーション
スライドショー
印刷と配布資料
ファイル管理
共有と共同作業
アプリ連携
プレゼン実践テク

文字サイズと色の編集

スライドに入力した文字を目立たせたり美しく見せたりするには、文字に書式を設定します。ここでは、文字のサイズや色に関する疑問を解決します。

087

Q 文字のサイズって決まりはあるの?

A プレゼンテーションの環境に合わせましょう

[Officeテーマ] が設定されたスライドでは、「タイトルスライド」や「セクション見出し」を除き、タイトルの文字には44ポイント、箇条書きの文字には28ポイントの文字サイズが設定されています。大きな会場で行うプレゼンテーションでは、28ポイント以下になると読みづらくなるので注意しましょう。

関連 130 統一感のあるデザインをすべてのスライドに設定するには ▶ P.92

088

Q 文字の一部を大きくして目立たせるには

A ドラッグして文字を選択します

特定の文字の文字サイズを変更するときは、ドラッグして文字を選択してから、[フォントサイズ] ボタンをクリックして変更します。

1 大きさを変更したい文字をドラッグ　　**2** ワザ089を参考に文字の大きさを変更

選択した文字だけ大きさが変更される

089

Q プレースホルダー内の文字サイズを一度に変更したい

A 最初にプレースホルダーを選択します

プレースホルダーにあるすべての文字のフォントサイズを変更するには、プレースホルダーの枠をクリックしてプレースホルダー全体を選択してからフォントサイズを選びます。

プレースホルダーの枠をクリックしてプレースホルダー全体を選択しておく

1 [ホーム] タブをクリック　　**2** [フォントサイズ] のここをクリック

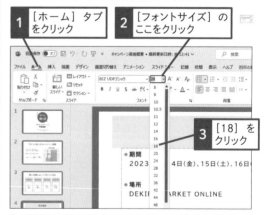

3 [18] をクリック

文字の大きさが変更された

関連 088 文字の一部を大きくして目立たせるには ▶ P.72

090

サンプル 　2021　2019　2016　365
お役立ち度 ★★☆

**Q 文字を1文字単位で
選べるようにするには**

**A ［PowerPointのオプション］画面
で設定します**

PowerPointの初期設定では、以下の例のように「登録を」の「録を」だけをドラッグしても、自動的に「登録を」が選択されます。これは、文字をドラッグすると単語単位で選択される設定になっているからです。［PowerPointのオプション］ダイアログボックスの［詳細設定］で、［文字列の選択時に、単語単位で選択する］のチェックマークをはずすと、単語単位の選択を解除できます。

会員登録を行え

> 1 「録」を選択したまま「を」までドラッグ

「登録を」が自動で選ばれた

会員登録を行え

ワザ020を参考に［PowerPointのオプション］ダイアログボックスを表示しておく

> 2 ［詳細設定］をクリック

> 3 ［文字列の選択時に、単語単位で選択する］をクリックしてチェックマークをはずす

> 4 ［OK］をクリック

1文字単位で選択できるようになる

関連
020 PowerPointの設定を変更したい　▶ P.40

091

サンプル 　2021　2019　2016　365
お役立ち度 ★★☆

**Q 離れた文字を同時に
選択するには**

A ［Ctrl］キーを活用しましょう

離れた文字を同時に選択したいときは、［Ctrl］キーを押しながらドラッグします。間違って選択したときは、最初から操作をやり直しましょう。

> 1 ［Ctrl］キーを押しながらドラッグ

●天候により中止する場合が

●実施の有無は前日の17時までにWebで告知します。

●標高が高いので暖かい服装でお越しください。

●運動靴やトレッキングシューズなど、歩きやすい靴でお越

離れた位置にある文字が選択できた

092

　2021　2019　2016　365
お役立ち度 ★★★

**Q スライドにある文字の
大きさをまとめて変更したい**

A スライドマスター画面で変更します

［スライドマスター］を使うとすべてのスライドにある文字のサイズをまとめて変更できます。スライドマスター画面で設定した書式は、自動的にすべてのスライドに反映されるため、スライドの書式を1枚ずつ変更する手間が省けます。また、新しいスライドを追加したときにも、スライドマスター画面で設定した書式が自動的に反映されます。
スライドマスターの操作については、第10章で詳しく解説しています。

関連
371 スライドマスターって何?　▶ P.210

基礎と画面表示
資料作成の基本
文字入力と書式
スライドデザイン
図形
Smart Art
表とグラフ
画像と写真
動画とサウンド
スライドマスター
アニメーション
スライドショー
印刷と配布資料
ファイル管理
共有と共同作業
アプリ連携
実践プレゼンテク

093

Q 画面で見ながら文字サイズを調整するには

A ［フォントサイズの拡大］ボタンを使いましょう

文字サイズは「ポイント」と呼ばれる単位で設定します。ポイントは、1ポイント当たり約0.3mmですが、サイズがイメージしにくいかもしれません。［ホーム］タブの［フォントサイズの拡大］ボタンや［フォントサイズの縮小］ボタンを使えば、画面で確認しながら文字のサイズを変更できます。

> プレースホルダーの枠をクリックしてプレースホルダー全体を選択しておく

1 ［ホーム］タブをクリック
2 ［フォントサイズの拡大］を1回クリック

> 文字の大きさが1段階大きくなった

ショートカットキー　フォントサイズの拡大
Ctrl + Shift + > / Ctrl +]

094

Q 伝えたいポイントを効果的に目立たせたい

A 暖色系の色を使うと効果的です

箇条書きの中でポイントとなる単語には、目立つ色を1色決めて、同じ色を設定すると効果的です。一般的に、暖色系の色は前面に出る色（進出色）、寒色系の色は奥まって見える色（後退色）とされています。そのため、目立たせたい文字には、暖色系の色を使うといいでしょう。なお、文字を目立たせる色を1色にすると効果が上がります。

●進出して見える色（暖色）

> 文字を目立たせるには、暖色系の色が効果的

●後退して見える色（寒色）

> 寒色系の色は、グラフなどに使うといい

◆色相環
対になる位置に存在する色を「補色」という

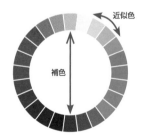

近似色

補色

📖 役立つ豆知識

スライド全体の色を意識する

スライドのデザインが暖色系の場合には、文字に暖色系の色を設定しても目立ちません。その場合には、スライドデザインに使われている色の補色を選びます。

基礎と
画面表示

資料作成
の基本

文字入力
と書式

スライド
デザイン

図形

Smart
Art

表と
グラフ

写真
画像と

動画と
サウンド

スライド
マスター

アニメー
ション

スライド
ショー

印刷と
配布資料

ファイル
管理

共有と
共同作業

アプリ
連携

プレゼン
実践テク

095

サンプル

2021 2019 2016 365

お役立ち度 ★★☆

Q 文字の背景を好きな色で塗りつぶすには

A プレースホルダーに色を付けます

タイトルや箇条書きの文字の背景に色を付けたいときは、[ホーム] タブの [図形の塗りつぶし] ボタンから色を選択します。そうすると、プレースホルダー全体に色が付きます。

プレースホルダーの枠をクリックしてプレースホルダー全体を選択しておく

1 [ホーム] タブをクリック

2 [図形の塗りつぶし] をクリック

3 塗りつぶす色をクリックして選択

選択した色でプレースホルダーが塗りつぶされた

096

2021 2019 2016 365

お役立ち度 ★★★

Q 一覧にない色を選択するには

A [色の設定] 画面で色を選びます

[フォントの色] の一覧に使いたい色がないときは、[その他の色] をクリックして表示される[色の設定] ダイアログボックスの[標準] タブから色を選びます。[ユーザー設定] タブでは、[標準] タブにない色も作れます。

色を変更したい文字か、プレースホルダー全体を選択しておく

1 [ホーム] タブをクリック

2 [フォントの色] のここをクリック

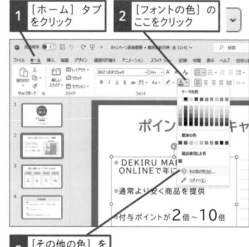

3 [その他の色] をクリック

[色の設定] ダイアログボックスが表示された

4 色をクリックして選択

5 [OK] をクリック

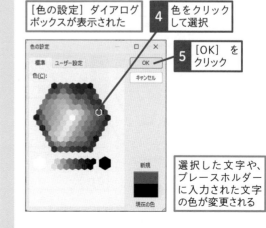

選択した文字や、プレースホルダーに入力された文字の色が変更される

基礎と
画面表示

資料作成
の基本

文字入力
と書式

スライド
デザイン

図形

Smart
Art

表と
グラフ

画像と
写真

動画と
サウンド

スライド
マスター

アニメー
ション

スライド
ショー

印刷と
配布資料

ファイル
管理

共有と
共同作業

アプリ
連携

プレゼン
実践テク

文字飾りとフォントの編集

太字や下線など、文字にはさまざまな飾りが付けられます。ここでは、文字の書式の中から文字飾りとフォントに関する疑問を解決します。

097

サンプル | 2021 | 2019 | 2016 | 365
お役立ち度 ★ ★ ★

Q 下線の種類や色を
設定するには

A ［フォント］画面で設定します

［ホーム］タブの［下線］ボタンでは、下線の色は設定できませんが、［フォント］ダイアログボックスの［下線の色］を使うと、下線の種類や色を設定できます。［ホーム］タブの［下線］ボタンを使った場合、文字に設定されている色の下線しか引けません。

1 ［ホーム］タブ
をクリック

2 ［フォント］を
クリック

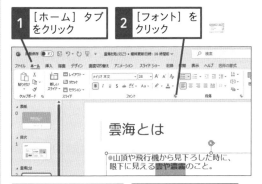

［フォント］ダイアログ
ボックスが表示された

3 ［フォント］タブを
クリック

4 ここをクリックして［下線の
スタイル］を選択

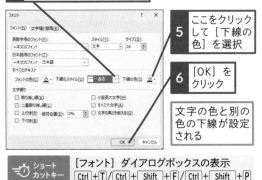

5 ここをクリック
して［下線の
色］を選択

6 ［OK］を
クリック

文字の色と別の
色の下線が設定
される

🖱️ ショート
カットキー

［フォント］ダイアログボックスの表示
Ctrl + T / Ctrl + Shift + F / Ctrl + Shift + P

098

2021 | 2019 | 2016 | 365
お役立ち度 ★ ★ ☆

Q さまざまな文字飾りを
使うには

A ［フォント］画面で設定します

［フォント］ダイアログボックスでは、［ホーム］タブにはない［二重取り消し線］や［下線のスタイル］などの文字飾りを設定できます。複数の文字飾りを組み合わせて設定できる項目もあります。

ワザ097を参考
に［フォント］ダ
イアログボックス
を表示しておく

ここで「取り消し
線」や「上付き」
など、さまざまな
文字飾りを設定
できる

099

2021 | 2019 | 2016 | 365
お役立ち度 ★ ★ ☆

Q プレゼンテーションに
向いているフォントとは

A スライドを画面に映すときは
「ゴシック体」がいいでしょう

スライドを大きな画面に映し出して発表するプレゼンテーションでは、遠くからでも文字が見やすいように、縦線と横線が同じ太さのゴシック体を使うことが多いようです。毛筆体で和の雰囲気を強調したり、ポップなフォントで楽しさを強調したりするなど、プレゼンテーションの内容によって、フォントを効果的に使うといいでしょう。

100

Q タイトルと箇条書きのフォントをまとめて変更するには

A フォントの組み合わせを変更します

[デザイン]タブの[バリエーション]グループにある[フォント]には、タイトル用と箇条書き用のフォントの組み合わせが何パターンも登録されています。この中から組み合わせを選ぶと、すべてのスライドのタイトルと箇条書きのフォントをまとめて変更できます。ただし、文字の一部だけ手動でフォントを変更した個所には設定が適用されません。

| 1 | [デザイン]タブをクリック |
| 2 | [バリエーション]をクリック |

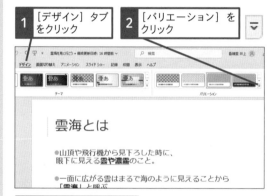

| 3 | [フォント]にマウスポインターを合わせる |

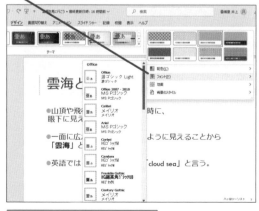

タイトルと箇条書きのフォントをまとめて変更できる

関連 103 フォントの種類を一括で置き換えるには ▶ P.79

101

Q オリジナルのフォントの組み合わせを登録するには

A [フォントのカスタマイズ]をクリックします

ワザ100の[フォント]に気に入った組み合わせがないときは、オリジナルの組み合わせを登録しましょう。[フォントのカスタマイズ]をクリックし、英数字用のフォントと日本語文字用のフォントを、それぞれタイトル用と箇条書き用に設定しましょう。この設定には名前を付けて登録することができ、次回以降は[フォント]の一覧に表示され、クリックするだけで利用できます。

| ワザ100を参考にフォントの一覧を表示しておく | 1 | [フォントのカスタマイズ]をクリック |

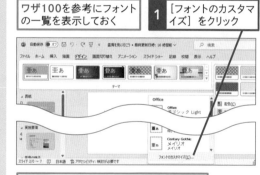

[新しいテーマのフォントパターンの作成]ダイアログボックスが表示された

| 2 | ここをクリックして好みのフォントを選択 |

| 3 | 名前を入力 |

| 4 | [保存]をクリック | オリジナルのフォントの組み合わせを登録できた |

関連 100 タイトルと箇条書きのフォントをまとめて変更するには ▶ P.77

基礎と画面表示
資料作成の基本
文字入力と書式
スライドデザイン
図形
Smart Art
表とグラフ
画像と写真
動画とサウンド
スライドマスター
アニメーション
スライドショー
印刷と配布資料
ファイル管理
共有と共同作業
アプリ連携
プレゼン実践テク

102

サンプル

`2021` `2019` `2016` `365`
お役立ち度 ★★☆

Q 文字を一括で置き換えるには

A [ホーム] タブの [置換] ボタンをクリックします

プレゼンテーションファイル内の特定の文字をすべて別の文字に変更したいときは、[ホーム] タブの [置換] ボタンをクリックします。[置換] ダイアログボックスの [置換] ボタンは、1個所ずつ確認しながら置換するときに使い、[すべて置換] ボタンは無条件にすべての文字を置換するときに使います。

> ここではプレゼンテーションファイル内の「エアー」をすべて「Air」に置き換える

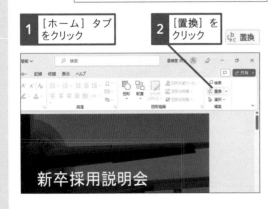

1 [ホーム] タブをクリック

2 [置換] をクリック

᠍ 置換

関連 **103** フォントの種類を一括で置き換えるには ▶ P.79

> [置換] ダイアログボックスが表示された

3 [検索する文字列] に「エアー」と入力

4 [置換後の文字列] に「Air」と入力

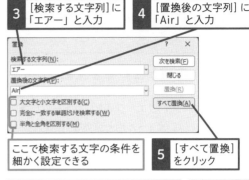

> ここで検索する文字の条件を細かく設定できる

5 [すべて置換] をクリック

6 [OK] をクリック

7 [閉じる] をクリック

> プレゼンテーションファイル内の「エアー」がすべて「Air」に置き換わった

ショートカットキー　置換の実行
`Ctrl` + `H`

2021 2019 2016 365
お役立ち度 ★★☆

サンプル
2021 2019 2016 365
お役立ち度 ★★☆

基礎と画面表示
資料作成の基本
文字入力と書式
スライドデザイン
図形
Smart Art
表とグラフ
写真画像と
動画とサウンド
スライドマスター
アニメーション
スライドショー
印刷と配布資料
ファイル管理
共有と共同作業
アプリ連携
実践プレゼンテク

103

Q フォントの種類を一括で置き換えるには

A ［フォントの置換］を実行します

フォントの種類によってスライドの印象は大きく変わります。異なるフォントが混ざっているとスライドにまとまりがなくなるので、一括で置き換えましょう。プレゼンテーションファイル内の特定のフォントを別のフォントに変更したいときは、［フォントの置換］機能を使います。この機能を使えば、フォントの変更漏れを防げます。

ここではスライドで使われている［游ゴシック］をすべて別のフォントに置き換える

1 ［ホーム］タブをクリック

2 ［置換］のここをクリック

3 ［フォントの置換］をクリック

［フォントの置換］ダイアログボックスが表示された

4 ［置換前のフォント］で［游ゴシック］を選択

フォントの置換
置換前のフォント(P)：
游ゴシック
置換後のフォント(W)：
メイリオ
置換(R)
閉じる(C)

5 ［置換後のフォント］をクリックして別のフォントを選択

6 ［置換］をクリック

［游ゴシック］がすべて別のフォントに置き換わった

フォントの置換
置換前のフォント(P)：
メイリオ
置換後のフォント(W)：
メイリオ
置換(R)
閉じる(C)

7 ［閉じる］をクリック

関連 100 タイトルと箇条書きのフォントをまとめて変更するには ▶ P.77

104

Q 文字を縦書きで入力するには

A 文字列の方向を［縦書き］に変更します

横書きで入力した文字を後から縦書きにするには、［ホーム］タブの［文字列の方向］ボタンから［縦書き］をクリックします。そうすると、選択したプレースホルダー内の文字がすべて縦書きになります。あるいは、［ホーム］タブの［レイアウト］ボタンをクリックし、［タイトルと縦書きテキスト］のレイアウトに変更しても、文字が縦書きになります。ただし、スライドに画像や図表が含まれている場合は、レイアウトが崩れてしまうので注意しましょう。

プレースホルダーの枠をクリックしてプレースホルダー全体を選択しておく

1 ［ホーム］タブをクリック

2 ［文字列の方向］をクリック

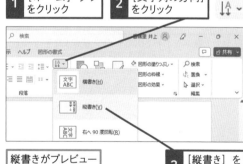

縦書きがプレビューされる

3 ［縦書き］をクリック

選択したプレースホルダー内の文字が縦書きで表示された

雲海とは

関連 105 縦書きの半角数字を縦に並べるには ▶ P.80

書式の編集とハイパーリンクのワザ

ここでは、文字に書式を設定するときに知っていると便利なワザやテクニックを紹介します。また、ハイパーリンクに関する疑問を解決します。

105

サンプル | 2021 2019 2016 365 | お役立ち度 ★★☆

Q 縦書きの半角数字を縦に並べるには

A 全角で数字を入力します

縦書きで半角数字を入力すると、2文字ずつ横に並んで配置されます。2けたならそのままでも問題ありませんが、3けた以上の数字になると不格好に見えてしまいます。これを避けるには、半角ではなく全角で数字を入力しましょう。同様に、半角アルファベットは横に90度回転した状態で表示されますが、全角文字で入力すると縦向きで表示されます。

●全角数字の入力

1	全角で数字を入力

「2023」の文字が1文字ずつ縦書きで表示された

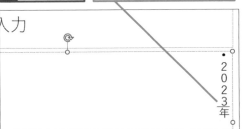

●半角数字の入力

1	半角で数字を入力

「2」と「0」、「2」と「3」が横に並んで表示された

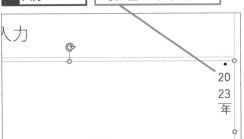

106

サンプル | 2021 2019 2016 365 | お役立ち度 ★★☆

動画で見る

Q 文字に設定した書式を一度に解除するには

A Ctrl + space キーを押します

文字に設定した複数の書式を1つずつ解除するのは面倒です。このようなときは、書式を解除したい文字を選択し、Ctrl + space キーを押すと、一度に複数の書式を解除できます。

1	書式を解除したい文字をドラッグして選択

2	Ctrl + space キーを押す

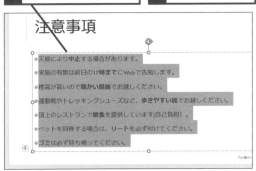

設定した書式がすべて解除され、デザイン標準の書式に戻った

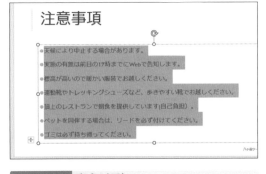

ショートカットキー	**書式の解除** Ctrl + space

107

Q ［ホーム］タブに切り替えずに
書式を変更するには

A ［ミニツールバー］を使いましょう

文字に書式を付けるたびに［ホーム］タブに切り替えるのは面倒です。このような場合は、文字を選択したときに表示されるミニツールバーを使うといいでしょう。ミニツールバーにはよく使われる書式のボタンが集まっており、現在表示されているタブに関係なく、いつでも書式を設定できます。

1 文字をドラッグ
して選択

●社名
　●できるエアー株式会社
●本社所在地
　●〒101-0051
　　東京都千代田区神田神保町X-X-X
●代表取締役社長
　●清水幸彦
●事業内容
　●航空機による旅客、貨物の輸送

ミニツールバー
が表示された

ここからフォントサイズなどを
変更できる

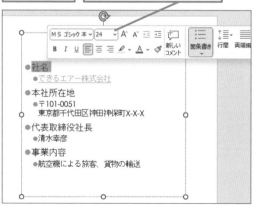

●社名
　●できるエアー株式会社
●本社所在地
　●〒101-0051
　　東京都千代田区神田神保町X-X-X
●代表取締役社長
　●清水幸彦
●事業内容
　●航空機による旅客、貨物の輸送

108

Q ノートペインの文字に
書式を設定するには

A ノート表示モードに切り替えます

ノートペインに入力した文字には［太字］や［斜線］や［下線］など、限られた書式しか設定できません。ただし、［表示］タブからノート表示モードに切り替えると、自由に書式を設定できます。ノート表示モードでは、図形や画像の挿入も可能です。

1 ［表示］タブ
をクリック

2 ［ノート］を
クリック

ノートペインに入力した文字に、
自由に書式を設定できる

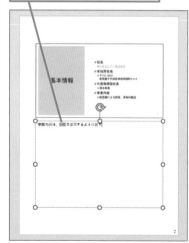

ショートカットキー	下付きに設定/解除 `Ctrl`+`;`
ショートカットキー	斜体に設定/解除 `Ctrl`+`I`
ショートカットキー	太字に設定/解除 `Ctrl`+`B`

関連476 発表用のメモを残しておきたい ▶ P.259

基礎と画面表示
資料作成の基本
文字入力と書式
スライドデザイン
図形
Smart Art
表とグラフ
画像と写真
動画とサウンド
スライドマスター
アニメーション
スライドショー
印刷と配布資料
ファイル管理
共有と共同作業
アプリ連携
プレゼン実践テク

基礎と画面表示

資料作成の基本

文字入力と書式

スライドデザイン

図形

SmartArt

表とグラフ

画像と写真

動画とサウンド

スライドマスター

アニメーション

スライドショー

印刷と配布資料

ファイル管理

共有と共同作業

連携アプリ

実践プレゼンテク

109

Q 同じ書式をほかの文字にも繰り返し設定するには

A [書式のコピー /貼り付け] 機能を使います

[ホーム] タブの[書式のコピー /貼り付け] ボタンは、コピー元に設定されている書式だけをコピーします。コピー元に複数の書式が設定されているときは、一度にまとめて書式を貼り付けられて便利です。同じ書式を別の文字に繰り返し設定するには、[書式のコピー /貼り付け] ボタンをダブルクリックして、貼り付け先を次々とクリックしましょう。作業が終わったら、Escキーを押すか、もう一度 [書式のコピー /貼り付け] ボタンをクリックして解除します。

文字列に設定した書式をほかの文字列にもコピーする

1 書式が設定されている文字をドラッグ

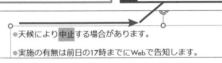

●天候により中止する場合があります。

●実施の有無は前日の17時までにWebで告知します。

2 [ホーム] タブをクリック

3 [書式のコピー /貼り付け] をクリック

マウスポインターの形が変わった

4 書式を貼り付けたい文字をドラッグ

●天候により中止する場合があります。

●実施の有無は前日の17時までにWebで告知します。

書式がほかの文字にコピーされた

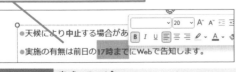

●天候により中止する場合があ

●実施の有無は前日の17時までにWebで告知します。

ショートカットキー	書式のみコピー Ctrl + Shift + C
ショートカットキー	書式のみ貼り付け Ctrl + Shift + V

110

Q URLに設定されたハイパーリンクを解除するには

A [オートコレクトのオプション] ボタンをクリックします

スライドにメールアドレスやWebページのURLを入力すると、[入力オートフォーマット] 機能が働き、自動的にハイパーリンクが設定されます。スライドショーでハイパーリンクが設定されたURLをクリックすると、メールソフトやブラウザーが起動します。ハイパーリンクが設定されないようにするには、[オートコレクトのオプション] ボタンの一覧から[ハイパーリンクを自動的に作成しない] をクリックします。自動でハイパーリンクになる設定はそのままで、入力したURLに設定されたハイパーリンクを解除するには、[ハイパーリンクを元に戻す] をクリックします。

ここでは、URLやメールアドレスを入力しても、自動でハイパーリンクが設定されないようにする

1 [オートコレクトのオプション] スマートタグをクリック

2 [ハイパーリンクを自動的に作成しない] をクリック

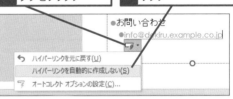

●お問い合わせ
●info@dekiru.example.co.jp

↶ ハイパーリンクを元に戻す(U)
ハイパーリンクを自動的に作成しない(S)
オートコレクト オプションの設定(C)...

機能をオフにせず、通常の文字に戻すには、[ハイパーリンクを元に戻す] をクリックする

設定が解除され、URLやメールアドレスと見なされる文字列を入力してもハイパーリンクが設定されなくなった

●代表取締役社長
●清水幸彦
●事業内容
●航空機による旅客、貨物の輸送
●お問い合わせ
●info@dekiru.example.co.jp

関連
111 ハイパーリンクで自動的に設定される色を変更するには ▶ P.83

基礎と
画面表示

資料作成
の基本

文字入力
と書式

スライド
デザイン

図形

Smart
Art

表と
グラフ

画像と
写真

動画と
サウンド

スライド
マスター

アニメー
ション

スライド
ショー

印刷と
配布資料

ファイル
管理

共有と
共同作業

アプリ
連携

プレゼン
実践テク

111

サンプル

2021 2019 2016 365

お役立ち度 ★ ★ ★

Q ハイパーリンクで自動的に設定される色を変更するには

A [新しい配色パターンの作成] 画面で変更します

ハイパーリンクが設定された文字には、自動的にほかの文字とは違う色が付きます。ハイパーリンクの文字をほかの文字と同じ色にそろえたいときは、[新しい配色パターンの作成] ダイアログボックスで、[ハイパーリンク] の色を変更しましょう。また、ハイパーリンクをクリックした後の文字色を変更したいときは、[表示済みのハイパーリンク] の色を変更します。

ハイパーリンクの文字の色を黒に変更する

1 [デザイン] タブをクリック

2 [バリエーション] をクリック

3 [配色] にマウスポインターを合わせる

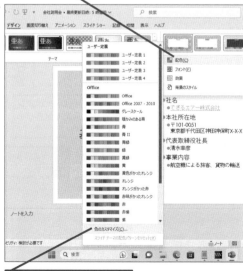

4 [色のカスタマイズ] をクリック

[テーマの新しい配色パターンの作成] ダイアログボックスが表示された

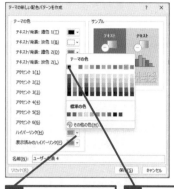

5 [ハイパーリンク] のここをクリック

6 [黒、背景1] をクリック

7 [保存] をクリック

ハイパーリンクの色が黒に変わった

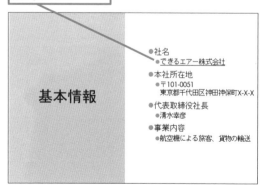

基本情報

●社名
　●できるエアー株式会社
●本社所在地
　●〒101-0051
　　東京都千代田区神田神保町X-X-X
●代表取締役社長
　●清水幸彦
●事業内容
　●航空機による旅客、貨物の輸送

関連 110 URLに設定されたハイパーリンクを解除するには ▶ P.82

基礎と画面表示
資料作成の基本
文字入力と書式
スライドデザイン
図形
Smart Art
表とグラフ
画像と写真
動画とサウンド
スライドマスター
アニメーション
スライドショー
印刷と配布資料
ファイル管理
共有と共同作業
アプリ連携
プレゼン実践テク

ワードアートの挿入

ワードアートとは特殊効果付きのデザインされた文字のことです。キャッチフレーズや商品名など、注目したい単語をワードアートで作成すると効果的です。

112

2021 2019 2016 365
お役立ち度 ★ ★ ★

Q 目立つ見出しを作成するには

A ［ワードアート］機能を使いましょう

特殊効果の付いた華やかな文字を作成したいときは、［ワードアート］がお薦めです。ワードアートでデザインを選択し、元になる文字を入力するだけで簡単に飾り文字が出来上がります。デザインが気に入らなかったときは、［図形の書式］タブにある［ワードアートのスタイル］の一覧から何度でもデザインを変更できます。なお、ワードアートで作成した文字は図形として扱われるため、アウトライン画面には表示されません。また、スペルチェックの対象にもなりません。

ワードアートを挿入したいスライドを表示しておく

| 1 ［挿入］タブをクリック | 2 ［ワードアート］をクリック | ワードアート |

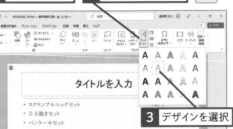

3 デザインを選択

ワードアートを入力できるプレースホルダーが表示された

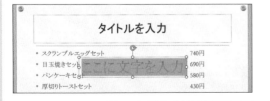

113

サンプル

2021 2019 2016 365
お役立ち度 ★ ★ ☆

Q ワードアートを変形させるには

A ［文字の効果］から［変形］をクリックします

ワードアートの文字は最初は横書きで表示されますが、後から斜めや波型などの形に変形できます。［図形の書式］タブにある［文字の効果］ボタンの［変形］から、変更後の形をクリックします。

| ワザ112を参考にワードアートを挿入しておく | ワードアートのプレースホルダーを選択しておく |

| 1 ［図形の書式］タブをクリック | 2 ［文字の効果］をクリック | |

| 3 ［変形］にマウスポインターを合わせる | 4 設定したいデザインにマウスポインターを合わせる |

| マウスポインターを合わせたデザインのプレビューが表示される | 5 そのままクリック |

ワードアートの形が変わった

Q ワードアートの色を変更するには

A ［文字の塗りつぶし］ボタンをクリックします

ワードアートのデザインはそのままで、色だけを変更できます。ワードアートの文字の色を変更するには、［図形の書式］タブにある［文字の塗りつぶし］ボタンから目的の色をクリックします。また、［文字の輪郭］ボタンを使うと、ワードアートの文字の輪郭色を変更できます。［図形の塗りつぶし］ボタンや［図形の枠線］ボタンを使うと、ワードアートのプレースホルダーに色が付いてしまうので注意しましょう。

ワードアートの配色を変更する

1　変更したいワードアートのプレースホルダーをクリック

2　［図形の書式］タブをクリック　　3　［文字の塗りつぶし］のここをクリック

4　変更したい色をクリック

ワードアートの色が変わる

関連 096　一覧にない色を選択するには　▶ P.75

Q ワードアートを区切りのいいところで改行したい

A Enter キーで改行します

複数行にわたるワードアートの文字を作成したいときは、元になる文字を Enter キーで改行します。改行するとデザインも変更されるので、文字を入力する段階で改行をしておくといいでしょう。

ワザ112を参考にワードアートを作成しておく

1　改行したい部分で Enter キーを押す

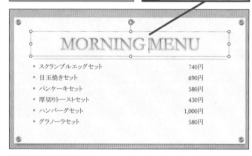

ワードアートを改行できた

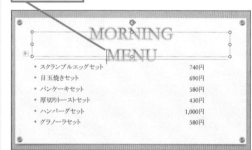

関連 113　ワードアートを変形させるには　▶ P.84

関連 114　ワードアートの色を変更するには　▶ P.85

基礎と画面表示
資料作成の基本
文字入力と書式
スライドデザイン
図形
Smart Art
表とグラフ
画像と写真
動画とサウンド
スライドマスター
アニメーション
スライドショー
印刷と配布資料
ファイル管理
共有と共同作業
アプリ連携
プレゼン実践テク

左側ナビゲーション:
基礎と画面表示
資料作成の基本
文字入力と書式
スライドデザイン
図形
Smart Art
表とグラフ
画像と写真
動画とサウンド
スライドマスター
アニメーション
スライドショー
印刷と配布資料
ファイル管理
共有と共同作業
アプリ連携
プレゼン実践テク

116

サンプル　2021 2019 2016 365
お役立ち度 ★★☆

Q 縦書きのワードアートを使うには

A 後から［縦書き］に変更します

［ワードアートの挿入］で作成したワードアートの文字は最初は横書きですが、［ホーム］タブの［文字列の方向］ボタンから［縦書き］をクリックすると、後から縦書きのデザインに変更できます。

ワザ112を参考にワードアートを作成しておく

1 縦書きにしたいワードアートをクリック

2 ［ホーム］タブをクリック

3 ［文字列の方向］をクリック

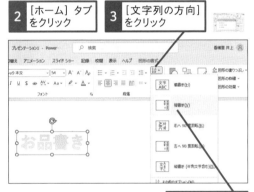

4 ［縦書き］をクリック

ワードアートが縦書きで表示された

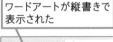

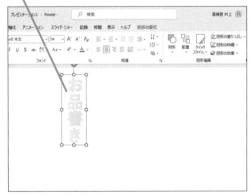

関連 112　目立つ見出しを作成するには　▶ P.84

117

動画で見る

サンプル　2021 2019 2016 365
お役立ち度 ★★☆

Q 入力済みの文字をワードアートに変換するには

A ［ワードアートのスタイル］からデザインを選びます

プレースホルダーや図形内に入力した文字を後からワードアートに変換できます。対象となる文字列を選択し、［図形の書式］タブの［ワードアートのスタイル］の一覧からワードアートのデザインを選択して適用します。

1 ワードアートにしたい文字をドラッグして選択

2 ［図形の書式］タブをクリック

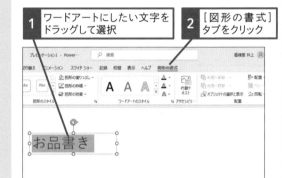

3 ［ワードアートのスタイル］をクリック

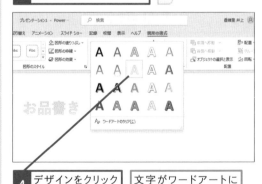

4 デザインをクリックして選択

文字がワードアートに変換される

関連 113　ワードアートを変形させるには　▶ P.84

関連 114　ワードアートの色を変更するには　▶ P.85

スライドのデザインワザ

基礎と画面表示

資料作成の基本

文字入力と書式

スライドデザイン

図形

SmartArt

表とグラフ

画像と写真

動画とサウンド

スライドマスター

アニメーション

スライドショー

印刷と配布資料

ファイル管理

共有と共同作業

連携アプリ

実践プレゼンテク

スライドのレイアウト

文字や表やグラフなどをバランスよく配置するには、スライド全体のレイアウトが重要です。ここでは、スライドのレイアウトに関する疑問を解決します。

118

2021 2019 2016 365
お役立ち度 ★★☆

Q スライドのレイアウトで気を付けることは何？

A 適度な空白を作るようにしましょう

1枚のスライドにたくさんの情報を詰め込むと、聞き手は発表者の説明を聞くより、スライドを読むことに集中してしまいます。スライドは適度な空白を作り、内容を読みやすくしましょう。1枚のスライドに入れる内容は、1つのテーマだけに絞ることが大切です。

119

2021 2019 2016 365
お役立ち度 ★★★

Q レイアウトは用意されているものしか使えないの？

A スライドマスター画面を使います

最初から用意されているレイアウト以外に、オリジナルのレイアウトを作成することができます。オリジナルのレイアウトを作成・保存すると、[ホーム]タブの[レイアウト]ボタンの一覧に表示され、クリックするだけで適用できます。オリジナルのレイアウトを作る操作はワザ383で詳しく解説しています。

関連383 オリジナルのレイアウトを作成するには ▶ P.215

120

サンプル
2021 2019 2016 365
お役立ち度 ★★☆

Q プレースホルダーの位置を微調整するには

A キーボードの方向キーを使います

プレースホルダーの外枠にマウスポインターを合わせてドラッグすると、プレースホルダーを移動できます。位置を微調整したいときは、プレースホルダーの枠をクリックして選択してから、キーボードの方向キーを押しましょう。

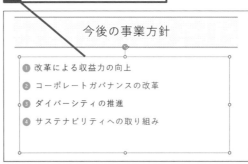

1 プレースホルダーの枠をクリック

今後の事業方針
① 改革による収益力の向上
② コーポレートガバナンスの改革
③ ダイバーシティの推進
④ サステナビリティへの取り組み

2 →キーを押す ／ プレースホルダーが少し右に移動した

←↑↓キーを押しても、同様に少し移動する

関連121 プレースホルダーの大きさを変更するには ▶ P.88

121

サンプル ｜2021｜2019｜2016｜365｜
お役立ち度 ★★☆

Q プレースホルダーの大きさを
変更するには

A 枠の周囲にあるハンドルをドラッグ
します

プレースホルダーの大きさは自由に変更できます。
文字数や設定したいフォントサイズに応じてプレー
スホルダーの大きさを変更するといいでしょう。

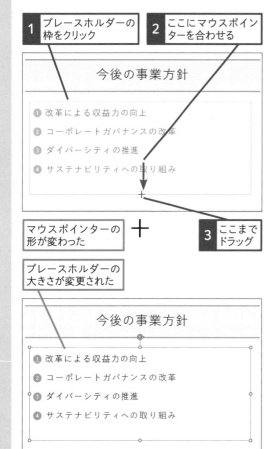

プレースホルダーを大きくした分、文字を入力したり
文字のサイズを大きくしたりすることもできる

関連 プレースホルダーの位置を
120 微調整するには ▶ P.87

122

サンプル ｜2021｜2019｜2016｜365｜
お役立ち度 ★★☆

Q プレースホルダーに
枠線を付けるには

A ［図形の枠線］ボタンから色を
選択します

プレースホルダー内をクリックしたときに表示され
る外枠は、スライドショーや印刷時には表示されま
せん。プレースホルダーに枠線を付けたいときは、
外枠をクリックしてプレースホルダー全体を選択し、
［ホーム］タブの［図形の枠線］ボタンから色を選択
します。このボタンから線の太さや種類も設定でき
ます。

プレースホルダーの枠をクリックして
選択しておく

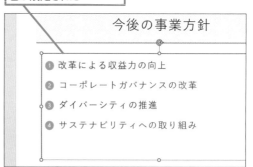

プレースホルダーの枠に
色が設定された

関連 プレースホルダーの大きさを
121 変更するには ▶ P.88

123

2021 | 2019 | 2016 | 365
お役立ち度 ★★☆

Q どのサイズでスライドを作成すればいいの?

A スライドショーを実行するパソコンに合わせましょう

PowerPointのスライドは、初期設定ではワイドサイズで表示されますが、ワザ125の操作で後から標準サイズに変更することもできます。最終的にスライドショーを実行するパソコンのディスプレイのサイズに合わせて選びましょう。

初期設定ではワイド画面対応サイズ（16：9）で表示される

関連 125 スライドの縦横比を変更するには　▶ P.89

124

2021 | 2019 | 2016 | 365
お役立ち度 ★★☆

Q 横向きと縦向きのスライドを混在できないの?

A 別々に作成したスライドをハイパーリンクで関連付けます

1つのプレゼンテーションファイルに、横向きと縦向きのスライドは混在できません。ただし、別のファイルとして保存したスライドとの関連付けを設定すると、1つのファイルのように見せることができます。関連付けは、ワザ110で紹介したハイパーリンクで設定できますが、文字や図形、画像などにもハイパーリンクを設定できることを覚えておきましょう。

125

2021 | 2019 | 2016 | 365
お役立ち度 ★★★

Q スライドの縦横比を変更するには

A ［デザイン］タブの［スライドのサイズ］ボタンをクリックします

ワイド画面のディスプレイが主流になり、PowerPointのスライドも初期設定ではワイド画面対応のサイズ（16：9）で表示されます。スライドを標準サイズ（4：3）に変更するには、［デザイン］タブの［スライドのサイズ］ボタンをクリックしましょう。スライドショーを実行する画面のサイズや印刷などの用途に合わせて、スライドを作る前にサイズを変更しておくといいでしょう。なお、スライドのサイズは、数値も指定できます。

● ［標準］か［ワイド画面］を選択する

1 ［デザイン］タブをクリック
2 ［スライドのサイズ］をクリック

スライドを映す機器や、印刷の用途に応じて［標準（4:3）］か［ワイド画面（16:9）］を選択する

● 縦横のサイズを自由に変更する

ワザ126を参考に［スライドのサイズ］ダイアログボックスを表示しておく

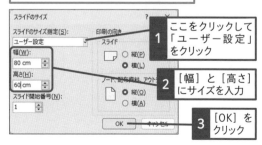

1 ここをクリックして「ユーザー設定」をクリック
2 ［幅］と［高さ］にサイズを入力
3 ［OK］をクリック

関連 126 A4用紙やはがきサイズのスライドを作成するには　▶ P.90

基礎と画面表示

資料作成の基本

文字入力と書式

スライドデザイン

図形

SmartArt

表とグラフ

画像と写真

動画とサウンド

スライドマスター

アニメーション

スライドショー

印刷と配布資料

ファイル管理

共有と共同作業

アプリ連携

実践テクプレゼン

126

2021 2019 2016 365
お役立ち度 ★ ★ ★

Q A4用紙やはがきサイズの
スライドを作成するには

A スライドのサイズの一覧から
指定します

PowerPointは、プレゼン資料を作るだけでなく、ポスターやはがきなどの印刷物も作成できます。用紙を基準にしたスライドサイズにするときは、[スライドのサイズ]ダイアログボックスでスライドのサイズを指定します。スライドの作成後にサイズを変更すると、プレースホルダーの再調整が必要になる場合があるので、文字や表を入れる前に設定しておきましょう。

ここではスライドをA4サイズに変更する

1 [デザイン]タブをクリック

2 [スライドのサイズ]をクリック

3 [ユーザー設定のスライドサイズ]をクリック

ここでは、A4用紙のサイズに変更する

4 [スライドのサイズ指定]のここをクリックして[A4 210×297mm]を選択

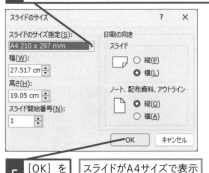

5 [OK]をクリック

スライドがA4サイズで表示される

127

2021 2019 2016 365
お役立ち度 ★ ★ ☆

Q スライドを縦方向で使うには

A [印刷の向き]を[縦]に
変更します

ポスターやはがきなどを作るときには、スライドを縦に使うこともあるでしょう。スライドの向きは、以下の操作で[スライドのサイズ]ダイアログボックスを開いて、[印刷の向き]を変更します。ただし、スライドを縦方向に変更すると、スライドショーの実行時も縦方向で表示されます。パソコンやプロジェクターの画面は横長が一般的ですが、縦方向のスライドの場合、スライドショーの実行時に黒い画面が左右に表示されます。

ワザ126を参考に[スライドのサイズ]ダイアログボックスを表示しておく

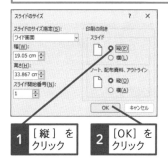

1 [縦]をクリック

2 [OK]をクリック

[Microsoft PowerPoint]ダイアログボックスが表示された

コンテンツに合わせてサイズを調整できる

3 [サイズに合わせて調整]をクリック

すべてのスライドが縦方向になる

関連
125 スライドの縦横比を変更するには ▶ P.89

128

**Q プレースホルダーを
削除するには**

**A プレースホルダーを選択してから
[Delete]キーを押します**

文字などのデータが入力されていないプレースホルダーは、プレースホルダーの外枠をクリックしてから[Delete]キーを押して削除しましょう。プレースホルダーに文字などのデータが入力されているときは、プレースホルダー内のデータは削除されますが、プレースホルダー自体は残ったままとなります。再度プレースホルダーを選択して[Delete]キーを押して、削除してください。

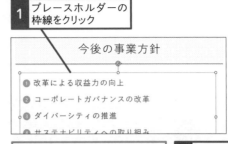

1 プレースホルダーの枠線をクリック

今後の事業方針

① 改革による収益力の向上
② コーポレートガバナンスの改革
③ ダイバーシティの推進
④ サステナビリティへの取り組み

プレースホルダーの枠線表示が点線から実線に変わったことを確認しておく

2 [Delete]キーを押す

プレースホルダーが削除される

129

**Q 削除したプレースホルダーを
復活させるには**

**A スライドのレイアウトを
設定し直します**

ワザ128の操作で削除したプレースホルダーをもう一度表示したいときは、[ホーム]タブの[レイアウト]ボタンから削除したスライドと同じレイアウトをクリックします。

間違えて必要なプレースホルダーを削除してしまった

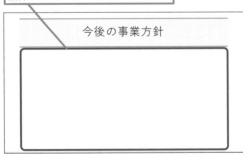

今後の事業方針

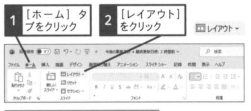

1 [ホーム]タブをクリック
2 [レイアウト]をクリック

現在適用されているレイアウトが灰色で表示される

3 灰色で表示されたレイアウトをクリック

削除したプレースホルダーが再表示された

今後の事業方針

・テキストを入力

関連 128 プレースホルダーを削除するには ▶ P.91

右端のサイドタブ：
基礎と画面表示／資料作成の基本／文字入力と書式／スライドデザイン／図形／Smart Art／表とグラフ／写真と画像／動画とサウンド／スライドマスター／アニメーション／スライドショー／印刷と配布資料／ファイル管理／共有と共同作業／アプリ連携／実践プレゼンテク

基礎と画面表示

資料作成の基本

文字入力と書式

デザイン スライド

図形

Smart Art

表とグラフ

画像と写真

動画とサウンド

スライドマスター

アニメーション

スライドショー

印刷と配布資料

ファイル管理

共有と共同作業

連携アプリ

プレゼン実践テク

スライドのテーマ

プレゼンテーションの印象は、スライドのデザインに大きく左右されます。ここでは、スライドのデザインを気軽に変更できる、「テーマ」に関する疑問を解決します。

130

サンプル
2021 2019 2016 365
お役立ち度 ★★★

Q 統一感のあるデザインをすべてのスライドに設定するには

A [テーマ]を適用しましょう

PowerPointには、デザイナーが考えたスライド用のデザインが豊富に用意されています。[デザイン]タブの[テーマ]の一覧からデザインをクリックするだけで、すべてのスライドに同じデザインが適用できます。基本的に、テーマはどのタイミングで設定しても構いませんが、フォントの変更で文字のレイアウトを微調整したほうがいいケースもあります。テーマは何度でも変更ができますが、プレゼンテーションの主題や目的に合わせたデザインを選ぶようにしましょう。

1 [デザイン]タブをクリック　2 [テーマ]をクリック

[テーマ]の一覧が表示された

3 テーマにマウスポインターを合わせる

4 そのままクリック

マウスポインターを合わせたテーマのデザインがスライドペインに表示される

選択したテーマがすべてのスライドに適用された

関連 139 白紙のテーマに戻すには ▶ P.95

131

2021 2019 2016 365
お役立ち度 ★★★

Q [テーマ]って何?

A PowerPointに用意されているスライドのデザインです

[テーマ]は、スライドの色や模様をはじめ、文字の色やフォント、図形の色、罫線の色などの組み合わせがまとめて登録されている書式機能です。必ず使う必要はありませんが、発表するプレゼンテーションの内容に合わせて、テーマを設定するといいでしょう。

関連 138 テーマの色はどうやって選べばいいの? ▶ P.95

132

2021 2019 2016 365

お役立ち度 ★ ★ ☆

Q テーマに応じて文字の色が変わった！

A テーマは文字の色もセットになったデザインです

テーマに登録されているのは背景の色や模様だけではありません。テーマに適した文字の色やフォント、図形やグラフの色などの書式もセットになっています。そのため、テーマを変更すると、そのテーマとセットになっている書式もすべて変更されます。ただし、手動で設定した書式については、テーマを変更してもそのまま残ります。テーマによって文字の色が変わらな

いようにするには、[フォントの色] ボタンの一覧にある [標準の色] か [その他の色] にある色を文字に設定しましょう。

テーマによって文字の書式も変わる

| 関連 096 | 一覧にない色を選択するには | ▶ P.75 |

133

2021 2019 2016 365

お役立ち度 ★ ★ ☆

Q 特定のスライドだけ別のテーマを適用するには

A ［選択したスライドに適用］をクリックします

以下の手順で操作すれば、1つのプレゼンテーションに複数のテーマを混在できます。ただし、スライドのテーマは大きな面積を占める分、印象に強く残ります。そのため、テーマが途中で変わると内容よりもテーマに注目が集まる危険性があります。一般的に、1つのプレゼンテーションは1つのテーマでまとめたほうがすっきりします。

ワザ130を参考に [テーマ] の一覧を表示しておく

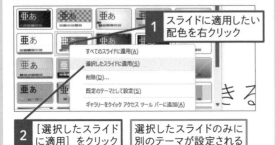

1 スライドに適用したい配色を右クリック

2 ［選択したスライドに適用］をクリック

選択したスライドのみに別のテーマが設定される

134

2021 2019 2016 365

お役立ち度 ★ ★ ☆

Q スライドの色合いだけを変更するには

A テーマの配色を変更します

スライドのデザインは気に入っているが、色合いがスライドの内容に合わないときは、テーマの配色を変更してみましょう。配色の一覧からクリックするだけで、文字や図形、グラフの色などをまとめて変更できます。ワザ143の操作で、オリジナルの配色を作成することもできます。

1 [デザイン] タブをクリック

2 ［バリエーション］をクリック

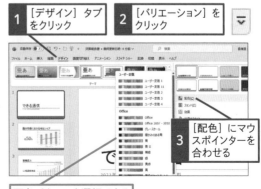

3 ［配色］にマウスポインターを合わせる

配色パターンを選択できる

基礎と画面表示

資料作成の基本

文字入力と書式

スライドデザイン

図形

SmartArt

表とグラフ

画像と写真

動画とサウンド

スライドマスター

アニメーション

スライドショー

印刷と配布資料

ファイル管理

共有と共同作業

連携アプリ

プレゼン実践テク

135

サンプル　2021 2019 2016 365
お役立ち度 ★★☆

Q 特定のスライドだけ配色を変更するには

A [選択したスライドに適用] をクリックします

ワザ134の操作で配色を変更すると、すべてのスライドの配色が変わります。特定のスライドの配色を変更するときは、最初にスライドを選択しておきます。利用したい配色を右クリックし、[選択したスライドに適用] をクリックしましょう。

選択したスライドのみに別の配色を設定する

1 配色を変更したいスライドをクリック
2 [デザイン] タブをクリック
3 [バリエーション] をクリック

4 [配色] にマウスポインターを合わせる

5 スライドに適用したい配色を右クリック
6 [選択したスライドに適用] をクリック

選択したスライドのみに別の配色を設定できた

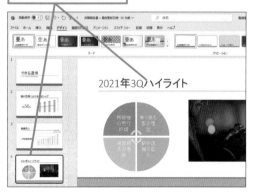

136

サンプル　2021 2019 2016 365
お役立ち度 ★★☆

Q ほかの人とスライドのデザインが被ってしまった

A [バリエーション] を変更してみましょう

テーマによっては、基本のデザインはそのままで、模様や絵柄だけが違うバリエーションが用意されています。バリエーションを変更するだけで、スライドの雰囲気ががらりと変わります。

1 [デザイン] タブをクリック
2 [バリエーション] から適用したいバリエーションをクリック

バリエーションが適用される

137

2021 2019 2016 365
お役立ち度 ★★★

Q テーマが設定されたスライドで一部の色を変更するには

A スライドマスター画面で変更します

PowerPointに用意されているテーマは、複数の図形が組み合わされて構成されていますが、クリックしても選択できないようになっています。図形の色を部分的に変更したいときは、スライドマスター画面に切り替えます。スライドマスター画面の [レイアウト] から変更したい図形をクリックして選択し、[図形の塗りつぶし] ボタンから色を選択しましょう。スライドマスターの操作は、第10章で詳しく解説しています。

138

Q テーマの色はどうやって選べばいいの？

A スライドの内容に合わせましょう

テーマを選ぶときは、スライドの内容と合っているかどうかが一番重要です。色の持つ心理的効果や、あるものからイメージする共通の色を使うと効果があります。また、コーポレートカラーがあるときは、積極的に利用すると印象に残りやすくなります。

●色の心理効果

色	プラスの効果	マイナスの効果
青	知的、信頼、平和といったイメージがあり、精神を安定させたり、集中力を促進させる効果がある。世界中で最も好まれる色でもある	保守的でありきたりなイメージがある
緑	くつろぎ、安息といったイメージがあり、ストレスを減少させたり、緊張を緩和する効果がある	未熟のイメージや催眠作用がある
紫	上品、神秘的なイメージがある	不幸な気分や不安を増大させる
黄	希望や幸福といったイメージと共に、黒と組み合わせることで注意や警告を促すこともある	子どもっぽいイメージに見られがち
赤	エネルギー、情熱といったイメージで、人を元気づけ、より活発にさせる効果がある	使い過ぎると、怒りやストレスといったマイナスのイメージが強くなり圧迫感を感じる

139

Q 白紙のテーマに戻すには

A ［Officeテーマ］を適用します

いろいろなテーマを試してみた結果、最初の白紙のテーマに戻したいことがあります。［テーマ］の一覧から［Officeテーマ］をクリックすると、白紙のテーマに戻ります。

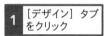
1 ［デザイン］タブをクリック

2 ［テーマ］をクリック

3 ［Officeテーマ］をクリック

白紙のデザインに戻る

140

動画で見る

Q スライドのデザインが自動で作れるって本当？

A ［デザイナー］機能を使えば可能です

Microsoft 365のPowerPointに搭載されている［デザイナー］機能を使うと、スライドの内容に応じて適切なデザインの候補を提示してくれます。デザインの候補は不定期で更新されるので、どんどん新しいデザインが追加されています。デザインに迷ったときは試してみましょう。

1 ［デザイン］タブをクリック

2 ［デザイナー］をクリック

デザインの候補が表示されるのでクリックして選択する

141

2021 2019 2016 **365**
お役立ち度 ★ ★ ☆

Q 新しいプレゼンテーションのデザインアイデアを提案して欲しい

A スライドの内容に応じてデザインの候補が表示されます

最初にデザインを決めてからスライドを作成する場合は、表紙となるタイトルスライドにキーワードとなる文字を入力してから、[デザイン] タブの [デザイナー] ボタンをクリックします。すると、キーワードに応じたデザインの候補が表示されます。このとき、日本語と英語では提示されるデザインが異なります。言語を変更してお気に入りのデザインを見つけた後に、改めてタイトルを入力し直すといいでしょう。

> スライド内で使われている言語によって、提案されるデザインが異なる

◆日本語が使われているスライドで表示されるデザイン案

◆同じスライドを英語にしたスライドのデザイン案

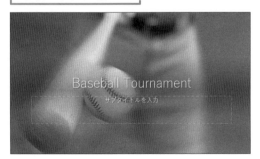

関連 **140** スライドのデザインが自動で作れるって本当? ▶ P.95

142

サンプル
2021 2019 2016 **365**
お役立ち度 ★ ★ ☆

Q 作成済みのスライドのデザインを提案して欲しい

A スライドを選択してから [デザイナー] ボタンをクリックします

作成済みのスライドのデザイン候補を提示してもらう場合は、最初にデザインを変更したいスライドを選択しておきます。すると、スライドの内容を判断して、適切なデザインやレイアウトの候補が表示されます。[テーマ] のように、すべてのスライドに同じデザインが適用されるわけではないので、1枚ずつ [デザイナー] の一覧から選択する操作が必要です。

> ワザ140を参考に、[デザイナー] を起動しておく

> アニメーションが設定されているデザインにはアイコンが付く

1 ここをドラッグして下にスクロール

2 デザインを選択してクリック

> 選択したデザインが適用された

関連 **140** スライドのデザインが自動で作れるって本当? ▶ P.95

基礎と画面表示

資料作成の基本

文字入力と書式

スライドデザイン

図形

Smart Art

表とグラフ

画像と写真

動画とサウンド

スライドマスター

アニメーション

スライドショー

印刷と配布資料

ファイル管理

共有と共同作業

アプリ連携

プレゼン実践テク

143

Q テーマ用に新しい 配色パターンを登録したい

A ［テーマの新しい配色パターンを 作成］画面で登録します

気に入った配色がないときは、自分で配色を作成するといいでしょう。変更できる項目は、［テーマの新しい配色パターンの作成］ダイアログボックスに表示される12カ所です。変更したい項目の色を変更してオリジナルの配色を作成します。

ワザ134を参考に、配色の一覧を表示しておく

1 ［色のカスタマイズ］をクリック

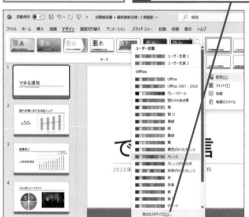

［テーマの新しい配色パターンを作成］ダイアログボックスが表示された

2 ここをクリックして色を選択

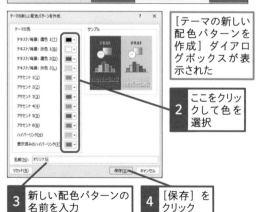

3 新しい配色パターンの名前を入力

4 ［保存］をクリック

新しい配色パターンを登録できた

関連156 色を多用しても大丈夫? ▶ P.104

144

Q 新しいスライドの作成時に 設定されるテーマを変更するには

A ［既定のテーマとして設定］を クリックします

PowerPointを起動して新しいプレゼンテーションファイルを開くと、［Officeテーマ］が設定済みの白紙のスライドが表示されます。プレゼンテーションファイルの作成時に適用されるテーマを違うものにしたいときは、以下の手順で変更できます。元の白紙のスライドに戻したいときは、［テーマ］の一覧から［Officeテーマ］を右クリックし、［既定のテーマとして設定］をクリックしましょう。

1 ［デザイン］タブをクリック

2 ［テーマ］をクリック

3 よく使うテーマを右クリック

4 ［既定のテーマとして設定］をクリック

よく使うテーマを既定のテーマとして設定できた

次回以降、プレゼンテーションファイルを新規作成した際は、このテーマが自動的に適用される

関連143 テーマ用に新しい配色パターンを登録したい ▶ P.97

基礎と画面表示
資料作成の基本
文字入力と書式
スライドデザイン
図形
SmartArt
表とグラフ
画像と写真
動画とサウンド
スライドマスター
アニメーション
スライドショー
印刷と配布資料
ファイル管理
共有と共同作業
連携アプリ
実践プレゼンテク

145

2021 2019 2016 365
お役立ち度 ★ ★ ★

Q インターネット上にあるテーマを入手するには

A マイクロソフトのWebページから無料でダウンロードできます

マイクロソフトのWebページには、PowerPoint用の新しいテーマが次々と追加されています。プレゼンテーション用のデザインを使うときには、[ファイル] タブの [新規] をクリックし、検索ボックスの下にある「プレゼンテーション」のリンクをクリックします。気に入ったデザインが見つかったら、[作成] ボタンをクリックしてダウンロードしましょう。テーマによっては、最初から複数枚のスライドが用意されている場合もあります。操作2の画面にある検索ボックスにキーワードを入力して、テーマを検索することもできます。

1 [ファイル] タブをクリック　**2** [新規] をクリック

3 [プレゼンテーション] をクリック

| 4 | 適用するテーマをクリック |

Webから入手できるテーマの一覧が表示された

5 [作成] をクリック

選択したテーマで新しいプレゼンテーションファイルが作成される

| 関連 130 | 統一感のあるデザインをすべてのスライドに設定するには | ▶ P.92 |

146

2021 2019 2016 365
お役立ち度 ★ ★ ☆

Q インターネット上にあるテーマを使っても大丈夫?

A 料金や規約をしっかり確認しましょう

マイクロソフトのもの以外にも、Web上にはPowerPoint用のテンプレートが公開されており、パソコンにダウンロードして使えます。これらは無料で使えるものや有料のもの、会員登録が必要なものなどさまざまですので、Webページに掲載されている規約をよく読んでから利用しましょう。また、使用しているPowerPointのバージョンに対応しているかどうかもしっかりチェックするといいでしょう。

スライドの背景

スライドの背景には、グラデーションや模様などを自由に設定できます。またスライド全体に写真を表示することもできます。ここでは、スライドの背景に関する疑問を解決します。

基礎と
画面表示

の基本
資料作成

と書式
文字入力

スライド
デザイン

図形

Smart
Art

グラフ
表と

写真
画像と

サウンド
動画と

マスター
スライド

ション
アニメー

ショー
スライド

配布資料
印刷と

管理
ファイル

共同作業
共有と

連携
アプリ

実践テク
プレゼン

147

サンプル

2021 2019 2016 365
お役立ち度 ★★★

Q スライドの背景に木目などの模様を付けるには

A PowerPointに用意されている [テクスチャ] を設定します

背景の [塗りつぶし] に [テクスチャ] を設定すると、スライドのデザインはそのままで、背景に大理石や木目などの模様を付けられます。すべてのスライドの背景を変更したいときは [すべてに適用] ボタンをクリックしましょう。背景全体に模様が付かないときは、操作4のように [背景グラフィックを表示しない] をクリックします。

スライドの背景の模様を設定する

| 1 [デザイン] タブをクリック | 2 [背景の書式設定] をクリック |

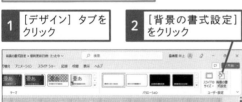

[背景の書式設定] 作業ウィンドウが表示された

3 [塗りつぶし（図またはテクスチャ）] のここをクリック

新製品の販売戦略
営業部・大山剛志

4 [背景グラフィックを表示しない] をクリック

5 ここをクリック

6 背景に設定したいテクスチャを選択

7 [すべてに適用] をクリック

148

サンプル

2021 2019 2016 365
お役立ち度 ★★☆

Q 背景に付けた模様を半透明にしたい

A 透明度の数値を大きくします

ワザ147を参考にして背景に [テクスチャ] を設定すると、文字の種類によっては読みづらくなる場合があります。文字の大きさやフォントの種類を変更したくない場合は、テクスチャの透明度を調整してみましょ

う。透明度の％が上がるほどテクスチャの色が薄くなっていき、100％で完全に見えなくなります。

ワザ147を参考にスライドの背景にテクスチャを設定しておく

新製品の販売戦略
営業部・大山剛志

1 [透明度] のスライダーを右にドラッグ

テクスチャの色が薄くなった

149

サンプル

2021 | 2019 | 2016 | 365
お役立ち度 ★★☆

Q スライドの背景を単色で
塗りつぶすには

A ［塗りつぶし（単色）］を選んで
色を指定します

スライドの背景を1色で塗りつぶすには、以下の操作で［背景の書式設定］作業ウィンドウを開き、塗りつぶしたい色を選択します。背景の色を変えた結果、文字が読みづらくなった場合は、背景の色を薄くしたり文字の色を変更したりするなどの調整が必要です。

ワザ147を参考に、［背景の書式設定］作業ウィンドウを表示しておく

1 ［塗りつぶし（単色）］をクリック

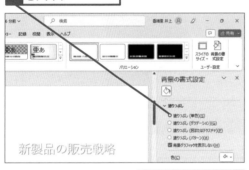

2 ［塗りつぶしの色］をクリック

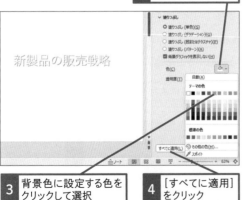

3 背景色に設定する色をクリックして選択

4 ［すべてに適用］をクリック

関連 147 スライドの背景に木目などの模様を付けるには ▶ P.99

150

サンプル

2021 | 2019 | 2016 | 365
お役立ち度 ★★☆

Q 特定のスライドだけ
背景色を変更するには

A ［選択したスライドに適用］を
クリックします

スライドの枚数が多いときに、表紙のスライドや話の転換となるスライドの背景色を変更すると、スライドの印象を強められます。スライドのデザインはそのままで背景の色だけを変更するには、［背景のスタイル］機能を使いましょう。変更後の背景色をクリックすると、すべてのスライドの背景色が変わります。特定のスライドの背景色だけを変更したいときは、背景色を右クリックし、［選択したスライドに適用］をクリックします。なお、一覧に目的の背景色が表示されないときは、［背景の書式設定］をクリックしてください。

1 配色を変更したいスライドをクリック

2 ［デザイン］タブをクリック

3 ［バリエーション］の［その他］をクリック

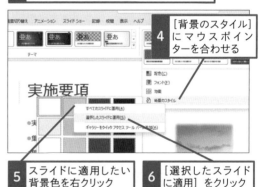

4 ［背景のスタイル］にマウスポインターを合わせる

5 スライドに適用したい背景色を右クリック

6 ［選択したスライドに適用］をクリック

選択したスライドのみに別の色が設定された

関連 156 色を多用しても大丈夫？ ▶ P.104

151

Q スライドの背景に 写真を敷くには

A ［塗りつぶし（図またはテクスチャ）］を選んで写真を指定します

表紙のスライドにプレゼンテーション全体を象徴する画像を表示すると、プレゼンテーションを印象的に開始できます。スライドの大きさに合わせて画像をぴったり表示するには、［背景の書式設定］作業ウィンドウで、スライドの背景に使う画像を指定します。画像を表示した結果、スライドの文字が読みづらくなったときは、プレースホルダーを移動したり、画像の色や文字の色を変更するなどして調整しましょう。ただし、すべてのスライドの背景に画像を表示すると、プレゼンテーションの内容や焦点がぼやけてしまう可能性があります。2枚目以降のスライドは、文字の読みやすさを第一に考えましょう。

1 ［デザイン］タブをクリック

2 ［背景の書式設定］をクリック

［背景の書式設定］作業ウィンドウが表示された

3 ［塗りつぶし（図またはテクスチャ）］をクリック

4 ［挿入する］をクリック

5 ［ファイルから］をクリック

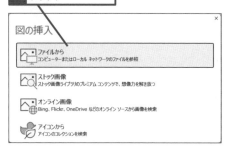

［図の挿入］ダイアログボックスが表示された

ここでは、［ピクチャ］フォルダーにある画像を挿入する

6 挿入する画像をクリック

7 ［挿入］をクリック

選択した画像が背景に設定された

関連 147 スライドの背景に木目などの模様を付けるには ▶ P.99

関連 149 スライドの背景を単色で塗りつぶすには ▶ P.100

関連 152 スライドの背景にグラデーションを表示するには ▶ P.102

基礎と画面表示
資料作成の基本
文字入力と書式
スライドデザイン
図形
SmartArt
表とグラフ
画像と写真
動画とサウンド
スライドマスター
アニメーション
スライドショー
印刷と配布資料
ファイル管理
共有と共同作業
アプリ連携
プレゼン実践テク

基礎と
画面表示

資料作成
の基本

文字入力
と書式

スライド
デザイン

図形

Smart
Art

表と
グラフ

画像と
写真

動画と
サウンド

スライド
マスター

アニメー
ション

スライド
ショー

印刷と
配布資料

ファイル
管理

共有と
共同作業

連携
アプリ

実践
テク
プレゼン

152

サンプル

2021 2019 2016 365

お役立ち度 ★ ★ ☆

Q スライドの背景にグラデーションを表示するには

A 用意されているグラデーションを使います

スライドの背景の[塗りつぶし]を[塗りつぶし(グラデーション)]に変更すると、色の濃淡のグラデーションを表示できます。最初は、スライドに適用しているテーマに合わせて自動的にグラデーションが表示されますが、[既定のグラデーション]には、色やグラデーションの方向が異なるパターンが用意されており、クリックするだけで好みのグラデーションに変更できます。

1 [デザイン]タブをクリック

2 [背景の書式設定]をクリック

[背景の書式設定]作業ウィンドウが表示された

3 [塗りつぶし(グラデーション)]をクリック

4 [既定のグラデーション]をクリック

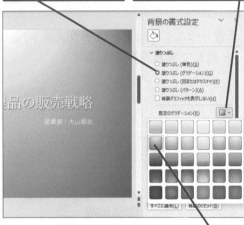

5 [上スポットライト(アクセント1)]をクリック

6 [すべてに適用]をクリック

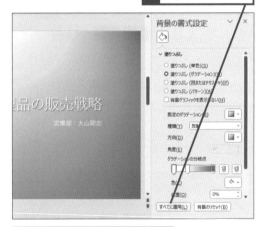

スライドの背景にグラデーションが設定された

関連 153	グラデーションの種類や方向を変更するには	► P.103
関連 154	2色のグラデーションを作るには	► P.103
関連 155	もっと複雑なグラデーションを作るには	► P.104
関連 175	2色のグラデーションを図形に設定したい	► P.112

153

Q グラデーションの種類や方向
を変更するには

A ［背景の書式設定］作業ウィンドウ
で変更します

ワザ152で設定したグラデーションの種類や方向
は、後から［背景の書式設定］作業ウィンドウを使っ
て自由に変更できます。

> ワザ152を参考に、スライドの背景
> にグラデーションを設定しておく

●グラデーションの種類を変更する

> **1** ここをクリックして、種類を選択

> グラデーションの種類が
> 変更された

●グラデーション方向を変更する

> **1** ここをクリックして、方向を選択

> グラデーションの方向が
> 変更された

154

Q 2色のグラデーションを
作るには

A グラデーションの［色］を
追加します

最初は1色のみのグラデーションですが、2色のグラ
デーションも作成できます。それには、［背景の書
式設定］作業ウィンドウの［色］の一覧から2色め
の色を追加します。

> ワザ152を参考に［背景の書式設定］
> 作業ウィンドウを表示しておく

> **1** ［塗りつぶし（グラデー
> ション）］をクリック

> **2** ［分岐点1/3］を
> クリック

> **3** ［色］のここをクリックし
> て、色を選択

> **4** ［すべてに適用］をクリック

> 2色のグラデーションを
> 作ることができた

基礎と
画面表示

資料作成
の基本

文字入力
と書式

スライド
デザイン

図形

Smart
Art

表と
グラフ

画像と
写真

動画と
サウンド

スライド
マスター

アニメー
ション

スライド
ショー

印刷と
配布資料

ファイル
管理

共有と
共同作業

連携
アプリ

プレゼン
実践テク

基礎と画面表示
資料作成の基本
文字入力と書式
スライドデザイン
図形
Smart Art
表とグラフ
画像と写真
動画とサウンド
スライドマスター
アニメーション
スライドショー
印刷と配布資料
ファイル管理
共有と共同作業
連携アプリ
実践プレゼンテク

155

サンプル｜2021｜2019｜2016｜365
お役立ち度 ★ ★ ☆

Q もっと複雑なグラデーションを作るには

A グラデーションの分岐点ごとに色を設定します

初期設定ではグラデーションの分岐点が4つ用意されており、分岐点ごとに異なる色を設定して複雑なグラデーションを作成できます。さらに[グラデーションの分岐点を追加します]ボタンをクリックすると分岐点が作成され、5つ目以上の分岐点もそれぞれ色を設定できます。

ワザ154を参考に、2色のグラデーションを作成しておく

1 [分岐点2/3]をクリック

2 [色]のここをクリック

3 色をクリック

4 [すべてに適用]をクリック

複雑なグラデーションを作ることができた

新製品の販売戦略
営業部：大山剛志

156

2021｜2019｜2016｜365
お役立ち度 ★ ★ ☆

Q 色を多用しても大丈夫?

A 3～5色以内にまとめましょう

スライドに使われている色の数が多過ぎると、重要なポイントがぼやけてしまいます。背景の色を含めて全部で3～5色以内でまとめるようにしましょう。

注意事項

色の数が多過ぎるとポイントが分かりにくくなる

●天候により中止する場合があります。
●実施の有無は前日の17時までにWebで告知します。
●標高が高いので暖かい服装でお越しください。
●運動靴やトレッキングシューズなど、歩きやすい靴でお越しください。
●頂上のレストランで朝食を提供しています(自己負担)。
●ペットを同伴する場合は、リードを必ず付けてください。
●ゴミは必ず持ち帰ってください。

関連 138 テーマの色はどうやって選べばいいの? ▶ P.95

157

2021｜2019｜2016｜365
お役立ち度 ★ ★ ☆

Q 聞き手の印象に残る配色とは

A 強調する箇所に同じ色を付けると効果的です

スライドの配色は、そのときの思い付きで色を付けるのではなく、あらかじめルールを決めておくと統一感が生まれます。例えば、スライドの中で強調する箇所を常に同じ色とすることで、聞き手の印象に残りやすくなります。

注意事項

強調したいキーワードは、同じ色を設定するといい

●天候により中止する場合があります。
●実施の有無は前日の17時までにWebで告知します。
●標高が高いので暖かい服装でお越しください。
●運動靴やトレッキングシューズなど、歩きやすい靴でお越しください。
●頂上のレストランで朝食を提供しています(自己負担)。
●ペットを同伴する場合は、リードを必ず付けてください。
●ゴミは必ず持ち帰ってください。

基礎と
画面表示

資料作成
の基本

文字入力
と書式

スライド
デザイン

図形

Smart
Art

表と
グラフ

画像と
写真

動画と
サウンド

スライド
マスター

アニメー
ション

スライド
ショー

印刷と
配布資料

ファイル
管理

共有と
共同作業

アプリ
連携

プレゼン
実践テク

第5章 図形の便利ワザ

図形の描画

四角形や吹き出しなどの図形を利用すれば、スライドにワンポイントを設定したり説明を補足したりすることができます。ここでは、図形の描画や編集についての疑問を解決します。

158

2021 2019 2016 365
お役立ち度 ★ ★ ★

Q 真ん丸な円を描くには

A Shift キーを押しながら
ドラッグします

[楕円] ボタンを使って真ん丸な円を描画するには、 Shift キーを押しながらドラッグします。 Shift キーを使うと、円だけでなく、正方形や正三角形など、辺の長さが等しい図形を描画できます。

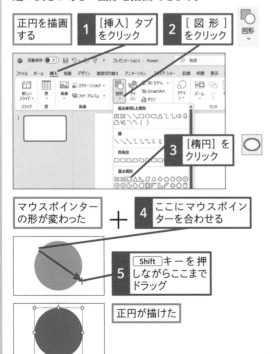

正円を描画する

1 [挿入] タブをクリック

2 [図形] をクリック

3 [楕円] をクリック

マウスポインターの形が変わった

4 ここにマウスポインターを合わせる

5 Shift キーを押しながらここまでドラッグ

正円が描けた

159

2021 2019 2016 365
お役立ち度 ★ ★ ☆

Q 同じ図形を続けて描きたい

A 描画モードをロックします

同じ図形を何度も連続して描画するときは、図形を右クリックしてから [描画モードのロック] をクリックしましょう。何度も図形を選択することなく、連続で同じ図形を描画できます。ロックを解除するときは、もう一度同じボタンをクリックするか、 Esc キーを押しましょう。

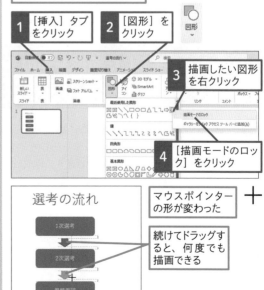

連続して同じ図形を描画する

1 [挿入] タブをクリック

2 [図形] をクリック

3 描画したい図形を右クリック

4 [描画モードのロック] をクリック

マウスポインターの形が変わった

続けてドラッグすると、何度でも描画できる

基礎と画面表示
資料作成の基本
文字入力と書式
スライドデザイン
図形
SmartArt
表とグラフ
写真画像と
サウンド動画と
スライドマスター
アニメーションショー
スライドショー
印刷と配布資料
管理ファイル
共有と共同作業
連携アプリ
実践プレゼンテク

160

2021 2019 2016 365
お役立ち度 ★★☆

Q 円を中心から描くには

A Ctrl キーを押しながらドラッグします

PowerPointやOfficeでは、通常は図形の端になる部分からドラッグして図形を描画します。図形の中心から描画するには、Ctrl キーを押しながらドラッグしましょう。Ctrl キーを使えば、円だけでなくほかの図形も中心から描画できます。また、Shift + Ctrl キーを押しながらドラッグすると、円の中心から真ん丸な円を描画できます。

ワザ158を参考に［楕円］を選択しておく

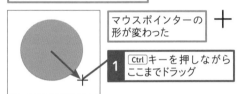

マウスポインターの形が変わった

1 Ctrl キーを押しながらここまでドラッグ

関連 158 真ん丸な円を描くには ▶ P.105

161

2021 2019 2016 365
お役立ち度 ★★★

Q 水平・垂直な線を描くには

A Shift キーを押しながらドラッグします

［線］ボタンや［線矢印］ボタンを使ってスライドに水平線を引くには、Shift キーを押しながら左右にドラッグしましょう。同様に、上下にドラッグすれば垂直線を引けます。

水平な線を描画する

1 ［挿入］タブをクリック

2 ［図形］をクリック

3 ［線］をクリック

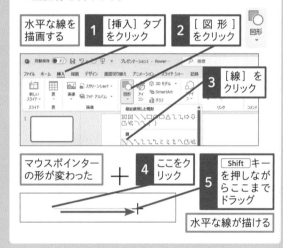

マウスポインターの形が変わった

4 ここをクリック

5 Shift キーを押しながらここまでドラッグ

水平な線が描ける

162

サンプル
2021 2019 2016 365
お役立ち度 ★★☆

Q 間違って挿入した図形を別の図形に変更したい

A ［図形の変更］機能を使いましょう

描画した図形は、後から形を変更できます。作成した図形を選択し［図形の書式］タブにある［図形の編集］ボタンをクリックし、［図形の変更］の一覧から変更後の図形をクリックします。色やスタイル、グラデーションなど、複数の書式を設定した場合、別の図形を挿入し直して書式を再設定するのは面倒です。しかし、この方法なら選択した図形の書式をそのまま別の図形に適用できるのが便利です。なお、直線や矢印など、

後から形を変更できない図形もあります。

図形をクリックして選択しておく

1 ［図形の書式］タブをクリック

2 ［図形の編集］をクリック

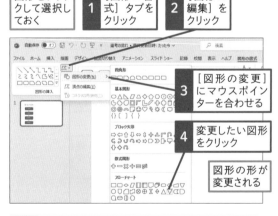

3 ［図形の変更］にマウスポインターを合わせる

4 変更したい図形をクリック

図形の形が変更される

関連 173 図形の色を変更するには ▶ P.111

163

Q 2つの図形を線でつなぐには

A コネクタの図形を使いましょう

2つの図形を線でつなぎたいときは［コネクタ：カギ線］や［コネクタ：カギ線矢印］などのコネクタの図形を使うと便利です。コネクタは図形と一体化されるため、つないだ後に図形を移動すると、コネクタも一緒に移動します。

図形と図形をつなげる線を
描画する

1 ［挿入］タブをクリック

2 ［図形］をクリック

3 ［コネクタ：カギ線］をクリック

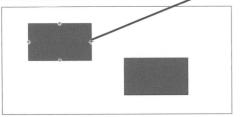

マウスポインターの形が変わった **＋**

4 始点となる図形の端にマウスポインターを合わせる

5 終点となる図形の端までドラッグ

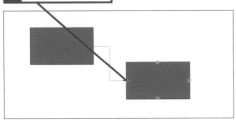

2つの図形が線でつながる

164

Q 図形の中に文字を入力したい

A 図形を選択してから文字を入力します

図形が選択されている状態でキーボードから文字を入力すると、図形の中央に文字を入力できます。すでに文字が入っている図形の場合は、図形をダブルクリックするとカーソルが表示され、内容を編集できます。なお、図形内の文字を縦書きにするときは、文字の入力後に図形を選択し、［ホーム］タブの［文字列の方向］ボタンから［縦書き］をクリックします。

ワザ158を参考に、図形を挿入しておく

1 図形をクリック

2 そのままキーボードから文字を入力

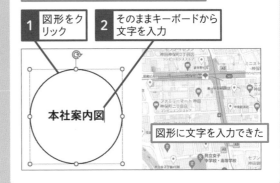

本社案内図

図形に文字を入力できた

165

Q 図形にテキストボックスを重ねてはいけないの?

A 移動やサイズ変更が煩雑になるので避けましょう

図形の中にテキストボックスの図形を重ねて描画してから文字を入力する人を見かけます。間違いではありませんが、図形を移動したりサイズを変更したりするときに、2つの図形を別々に操作する手間がかかります。ワザ164の操作で直接図形の中に文字を入力したほうが効率的です。

基礎と画面表示
資料作成の基本
文字入力と書式
スライドデザイン
図形
Smart Art
表とグラフ
画像と写真
動画とサウンド
スライドマスター
アニメーション
スライドショー
印刷と配布資料
ファイル管理
共有と共同作業
連携アプリ
実践プレゼンテク

166

2021 2019 2016 365
お役立ち度 ★ ★ ★

Q 図形の外に文字が あふれてしまう

A 図形の設定を確認しましょう

初期設定では、図形の中に長い文字を入力すると、図形の幅に合わせて文字が折り返されます。図形から文字があふれてしまったときは、[図形の書式設定]作業ウィンドウの[テキストボックス]の項目で、[図形内でテキストを折り返す]にチェックマークが付いているかどうかを確認しましょう。

> 図形からはみ出した文字を 図形内に表示する

> 文字がはみ出した図形 を選択しておく

1 [図形の書式]タブ をクリック

2 [図形の書式設定]をクリック

3 [文字のオプション]を クリック

4 [テキスト ボックス]をクリック

5 [図形内でテキストを折り返す]をクリックしてチェックマークを付ける

> 文字が図形の幅に 合わせて折り返して 表示された

167

2021 2019 2016 365
お役立ち度 ★ ★ ☆

Q 図形の大きさと文字の長さを ぴったり合わせたい

A 図形の設定を変更します

入力した文字の長さに図形のサイズをそろえるには、[図形の書式設定]作業ウィンドウの[テキストボックス]の項目で、[テキストに合わせて図形のサイズを調整する]をクリックします。そうすると、後から文字数が増減しても、文字の長さに合わせて図形が自動的に拡大縮小します。反対に、図形のサイズを変えずにすべての文字を収めたいときは[はみ出す場合だけ自動調整する]をクリックしましょう。文字のサイズが自動で縮小します。

> 入力した文字の長さに合わせて 図形を調整する

> ワザ166を参考に、図形を選択して、[図形の書式設定]作業ウィンドウを表示しておく

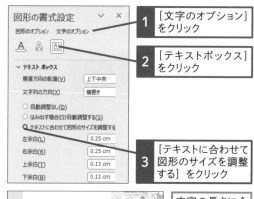

1 [文字のオプション]をクリック

2 [テキストボックス]をクリック

3 [テキストに合わせて図形のサイズを調整する]をクリック

> 文字の長さに合わせて図形が調整された

168

2021 2019 2016 365
お役立ち度 ★ ★ ★

Q 図形に入力した文字の方向を変更するには

A ［文字列の方向］を変更します

図形に入力した文字は横書きです。［ホーム］タブの［文字列の方向］から［縦書き］を選ぶと、後から図形内の文字を縦書きに変更できます。

169

2021 2019 2016 365
お役立ち度 ★ ★ ★

Q 複数の図形を同時に選択するには

A ［Shift］キーを押しながら順番にクリックします

複数の図形を同時に移動したり、書式を設定したりするには、あらかじめ対象となる図形を選択しておきます。それには、2つ目以降の図形を［Shift］キーを押しながら順番にクリックします。選択された図形には、それぞれハンドルが表示されます。

170

2021 2019 2016 365
お役立ち度 ★ ★ ☆

Q 見えていない図形を選択するには

A ［Tab］キーを使えば選択できます

ワザ200のように図形の順序を入れ替えていると、背面に移動した図形を選択できなくなることがあります。マウスのクリック操作で選択できないときは、［Tab］キーを使いましょう。［Tab］キーを押すごとに順番に図形を選択できます。あるいは、ワザ202の操作で［選択］作業ウィンドウを表示して、一覧から選択したい図形をクリックしてもいいでしょう。

171

サンプル
2021 2019 2016 365
お役立ち度 ★ ★ ☆

Q もっと簡単に複数の図形を選択するには

A ［オブジェクトの選択］機能を使います

スライド上のすべての図形を選択したいときなど、たくさんの図形を一度に選択するには、ワザ169のほうよりも、［オブジェクトの選択］機能を使ったほうが簡単です。［ホーム］タブの［選択］ボタンから［オブジェクトの選択］をクリックし、図形全体を囲むようにドラッグしましょう。

スライドにある複数の図形を選択する

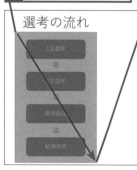

1 ［ホーム］タブをクリック

2 ［選択］をクリック

3 ［オブジェクトの選択］をクリック

4 ここにマウスポインターを合わせる

5 複数の図形を囲むようにドラッグ

選考の流れ

一度に複数の図形が選択される

関連 195 図形の端をきれいにそろえるには　▶P.120

基礎と
画面表示

資料作成
の基本

文字入力
と書式

スライド
デザイン

図形

Smart
Art

表と
グラフ

画像と
写真

動画と
サウンド

スライド
マスター

アニメー
ション

スライド
ショー

印刷と
配布資料

ファイル
管理

共有と
共同作業

アプリ
連携

プレゼン
実践テク

172

サンプル　| 2021 | 2019 | 2016 | 365 |
お役立ち度 ★ ★ ★

Q オブジェクトの一覧から
図形を選択するには

動画で見る

A [選択] 作業ウィンドウを表示します

複数の図形を重ねて描画すると、思うように目的の図形を選択できないことがあります。ワザ170のように[Tab]キーで選択する方法もありますが、以下の操作で[選択]作業ウィンドウを表示すると、スライド内のすべての図形が一覧表示され、クリックするだけで選択できます。

画像が重ねているため、円の下に
配置された四角形を選択できない

| 1 | [ホーム] タブを
クリック |
| 2 | [選択] を
クリック |

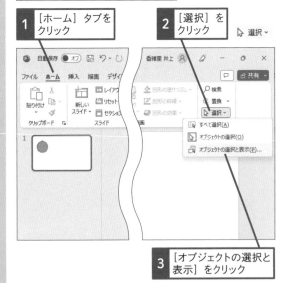

| 3 | [オブジェクトの選択と
表示] をクリック |

ショート
カットキー　次のオブジェクトを選択
[Tab]

[選択] 作業ウィンドウが
表示された

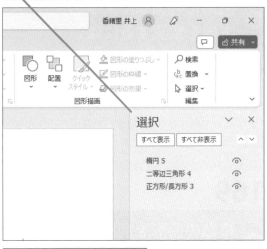

スライドの前面に配置されいる
ものから順に表示される

| ここでは円の下に配置された
四角形を選択する | | 4 | [正方形/長方形 3]
をクリック |

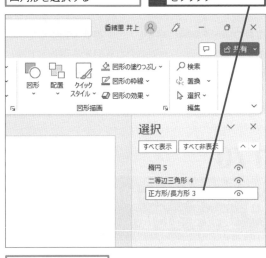

円の下に配置された
四角形が選択された

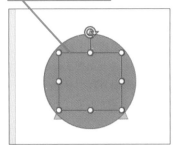

図形の編集

図形を描画すると、最初はPowerPointが自動で色を付けますが、後から自由に変更できます。
ここでは、図形の色や角度、形を変更するときの疑問を解決します。

基礎と画面表示

資料作成の基本

文字入力と書式

スライドデザイン

図形

Smart Art

表とグラフ

画像と写真

動画とサウンド

スライドマスター

アニメーション

スライドショー

印刷と配布資料

ファイル管理

共有と共同作業

アプリ連携

プレゼン実践テク

173

2021 2019 2016 365
お役立ち度 ★★★

Q 図形の色を変更するには

A [図形の塗りつぶし] ボタンから色を選びます

図形を描画した直後は、スライドに適用されているテーマに合わせて自動的に色が付きます。図形の塗りつぶしの色を変更するには、[図形の塗りつぶし]ボタンをクリックしてから変更後の色を選びましょう。図形の枠線の色を変更するときは[図形の書式]タブにある[図形の枠線]ボタンをクリックします。なお、[標準の色]にある色を選ぶと、テーマに連動して色が変わらなくなります。

●図形の塗りつぶしの色を変更する

1 [図形の書式] タブをクリック
2 [図形の塗りつぶし] をクリック

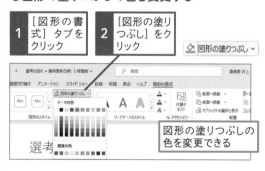

図形の塗りつぶしの色を変更できる

●図形の枠線を変更する

1 [図形の書式] タブをクリック
2 [図形の枠線] をクリック

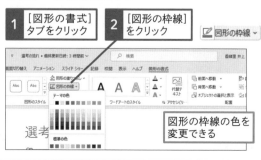

図形の枠線の色を変更できる

174

2021 2019 2016 365
お役立ち度 ★★★

Q 図形の塗りつぶしや枠線の色をまとめて変更するには

A [図形のスタイル] 機能を使いましょう

描画した図形にはスライドに適用しているテーマに合わせて自動的に色が付きます。図形の色や枠線の色などは後から個別に変更できますが、[図形のスタイル]の一覧にある書式をクリックすると、複数の書式を一度に設定できます。

書式を変える図形を選択しておく

1 [図形の書式] タブをクリック
2 [クイックスタイル] をクリック

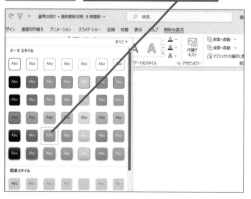

マウスポインターを合わせた書式がプレビューされる

図形の書式を変更できる

3 変更したい書式にマウスポインターを合わせる

基礎と
画面表示
資料作成
の基本
文字入力
と書式
スライド
デザイン
図形
Smart
Art
表と
グラフ
画像と
写真
動画と
サウンド
スライド
マスター
アニメー
ション
スライド
ショー
印刷と
配布資料
ファイル
管理
共有と
共同作業
アプリ
連携
プレゼン
実践テク

175

サンプル | 2021 | 2019 | 2016 | 365
お役立ち度 ★ ★ ☆

Q 2色のグラデーションを図形に設定したい

A 2つ目の分岐点の色を変更します

[図形の書式設定] 作業ウィンドウの [塗りつぶし] の項目で、[グラデーションの分岐点] ごとに異なる色を指定すると、複数の色を使ったグラデーションを作成できます。グラデーションの混ざり具合は [グラデーションの分岐点] のスライダーをドラッグして調整します。[グラデーションの分岐点を追加します] ボタンをクリックして分岐点を追加すれば、さらに多くの色を使ったグラデーションも作成できます。

> ワザ166を参考に、[図形の書式設定] 作業ウィンドウを表示しておく

1 [塗りつぶし (グラデーション)] をクリック

2 [分岐点1/4] をクリック

3 [色] のここをクリックして色を選択

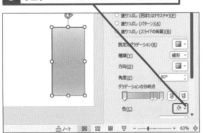

> [グラデーションの分岐点を追加します] をクリックして、グラデーションに使う色をさらに増やせる

> 2色のグラデーションを作れる

176

サンプル | 2021 | 2019 | 2016 | 365
お役立ち度 ★ ★ ★

Q 後ろの色が透けて見えるようにしたい！

A 図形の [透明度] の数値を大きくします

スライドに図形を描画すると、スライドの模様が隠れてしまいます。また、図形の上に別の図形を描画すると、下側になった図形は隠れてしまいます。下側の図形を透けて見えるようにするには、[透明度] を変更しましょう。[透明度] の数値が大きいほど、透明度が増します。図形の一部が重なっているときに透明度を調整すると、微妙なニュアンスの色合いを作り出せます。背面にある図形を前面に移動する方法については、ワザ200を参照してください。

> 前面の図形を選択しておく

> ワザ166を参考に、[図形の書式設定] 作業ウィンドウを表示しておく

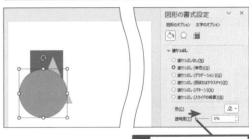

1 [透明度] のここを右にドラッグ

> 前面の図形が透けて背面の図形が見えるようになった

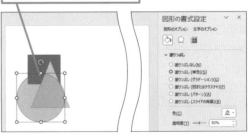

関連 200 図形で文字が隠れてしまった！　▶ P.123

177

Q 図形のまわりにある 矢印付きのハンドルは何？

A ［回転ハンドル］です

図形を選択すると、まわりに何種類かのハンドルが
表示され、それぞれドラッグすると図形の形や大き
さを変更できます。矢印付きのハンドルは図形を任
意の角度に回転するための［回転ハンドル］です。
ただし、［直線］や［矢印］のように、回転ハンドル
が表示されない図形もあります。

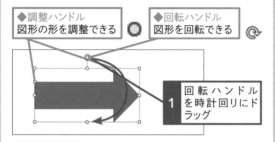

◆調整ハンドル
図形の形を調整できる

◆回転ハンドル
図形を回転できる

1 回転ハンドル
を時計回りにド
ラッグ

図形の角度が変わる

関連 182	吹き出し口の位置はどうやって 変えるの?	▶ P.114
関連 312	画像を好きな場所に移動するには	▶ P.181

178

Q 図形を上下逆さまにするには

A ［上下反転］機能を使いましょう

図形を上下逆さまにしたいときは、ワザ180を参考に
［オブジェクトの回転］ボタンから［上下反転］をク
リックします。なお、［左右反転］をクリックすると、
図形の左右を入れ替えられます。

関連 180	図形を90度ぴったりに回転するには	▶ P.114

179

Q 図形の縦横比を保持したまま サイズを変えたい

A Shift キーを押しながら 四隅のハンドルをドラッグします

図形の回りには8個の白いハンドルが表示され、こ
れらのハンドルをドラッグしてサイズを変更できま
す。元の図形の縦横比を変えずにサイズ拡大・縮小
するときは、Shift キーを押しながら四隅にあるハ
ンドルのいずれかをドラッグします。

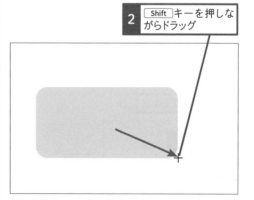

サイズを変える図形を
選択しておく

1 ハンドルにマウスポイ
ンターを合わせる

マウスポインターの
形が変わった

2 Shift キーを押しな
がらドラッグ

縦横比を保持したまま
サイズを変更できる

関連 191	スライドにグリッド線を表示するには	▶ P.119

基礎と
画面表示

資料作成
の基本

文字入力
と書式

スライド
デザイン

図形

Smart
Art

表と
グラフ

画像と
写真

動画と
サウンド

スライド
マスター

アニメー
ション

スライド
ショー

印刷と
配布資料

ファイル
管理

共有と
共同作業

連携
アプリ

プレゼン
実践
テク

180

サンプル　| 2021 | 2019 | 2016 | 365 |
お役立ち度 ★★☆

Q 図形を90度ぴったりに回転するには

A [右へ90度回転]や
[左へ90度回転]をクリックします

図形を正確に90度回転するには、[オブジェクトの回転]ボタンから[右へ90度回転]や[左へ90度回転]をクリックします。なお、図形を選択してから Alt キーを押しながら→キーや←キーを押すと、15度ずつ右や左に回転できます。

ワザ158を参考に、図形を挿入しておく

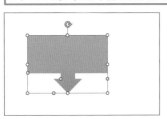

1 [図形の書式]タブをクリック
2 [回転]をクリック

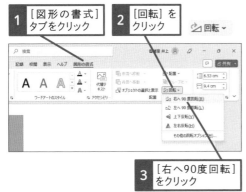

3 [右へ90度回転]をクリック

図形が右に90度回転した

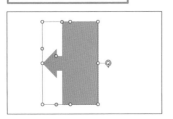

関連 178 図形を上下逆さまにするには ► P.113

181

サンプル　| 2021 | 2019 | 2016 | 365 |
お役立ち度 ★★☆

Q 角丸四角形の角をもっと丸くしたい

A [調整ハンドル]をドラッグします

四隅に丸みがある図形に[四角形：角を丸くする]があります。もともと角に丸みがありますが、さらに丸みを持たせるには、調整ハンドルを右にドラッグしましょう。調整ハンドルについては、ワザ177でも紹介していますが、丸みの調整のほか、図形の一部を変形したり、辺の大きさや長さの変更などを実行したりすることができます。

1 調整ハンドルにマウスポインターを合わせる　｜　マウスポインターの形が変わった

2 右にドラッグ

182

サンプル　| 2021 | 2019 | 2016 | 365 |
お役立ち度 ★★☆

Q 吹き出し口の位置はどうやって変えるの？

A [調整ハンドル]をドラッグします

吹き出しの図形では、吹き出し口がどこを指しているかが重要です。吹き出しの図形に表示される調整ハンドルをドラッグすると、吹き出し口の位置を自由に変更できます。

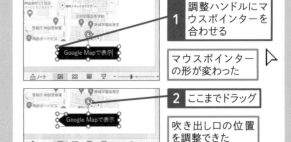

1 調整ハンドルにマウスポインターを合わせる

マウスポインターの形が変わった

2 ここまでドラッグ

吹き出し口の位置を調整できた

183

Q 図形を部分的に変更したい

A 図形を保存してから分解します

[スマイル] の図形の口の部分だけを取るなど、図形の一部を変更するには、最初に図形に名前を付けて [Windowsメタファイル] の図として保存します。次に、保存した図形を開いて [グループ解除] の操作を行うと、図形を部品ごとに分解できます。その後、不要な部品をクリックして削除したり、部品ごとに色を変更するといった変更が可能になります。

ワザ158を参考に、図形を挿入しておく

1 図形を右クリック

2 [図として保存] をクリック

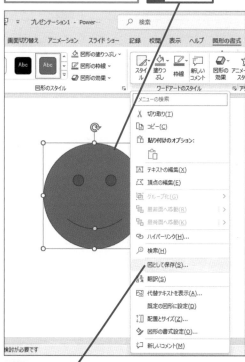

[図として保存] ダイアログボックスが表示された

3 保存場所を選択

4 ファイル名を入力

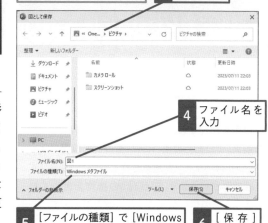

5 [ファイルの種類] で [Windowsメタファイル] を選択

6 [保存] をクリック

画像を拡大してもデータが劣化しないWindowsメタファイルで図形が保存された

7 ワザ297を参考に保存した図をスライドに挿入

8 [図の形式] タブをクリック

9 [グループ化] をクリック

10 [グループ解除] をクリック

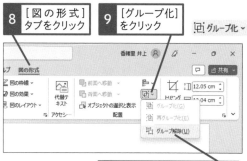

描画オブジェクトに変換するかどうか確認する画面が表示された

11 [はい] をクリック

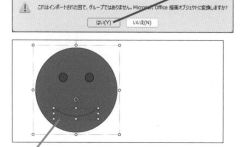

図形が部分ごとに変更できるようになる

基礎と画面表示

資料作成の基本

文字入力と書式

スライドデザイン

図形

Smart Art

表とグラフ

画像と写真

動画とサウンド

スライドマスター

アニメーション

スライドショー

印刷と配布資料

ファイル管理

共有と共同作業

連携アプリ

実践テクプレゼン

左端縦書きタブ：
基礎と画面表示
資料作成の基本
文字入力と書式
スライドデザイン
図形
SmartArt
表とグラフ
画像と写真
動画とサウンド
スライドマスター
アニメーション
スライドショー
印刷と配布資料
ファイル管理
共有と共同作業
アプリ連携
プレゼン実践テク

184

2021 2019 2016 365
お役立ち度 ★★☆

Q 図形に影を付けるには

A [図形の効果]から[影]をクリックします

図形に影を付けると、立体的に見せられます。[図形の効果]の[影]の項目には、影が付く位置によっていくつかのパターンが用意されており、クリックするだけで影が付きます。ワザ185の操作を実行すれば、後から影の位置や長さなども調整できます。

影を付けたい図形を選択しておく

1 [図形の書式]タブをクリック

2 [図形の効果]をクリック

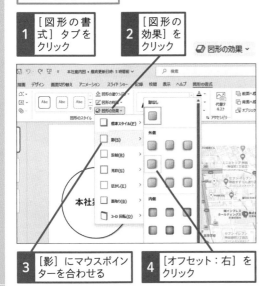

3 [影]にマウスポインターを合わせる

4 [オフセット：右]をクリック

図形に影が付いて立体的になった

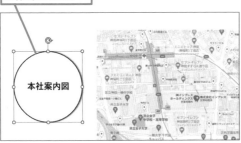

関連 **185** 図形の影の位置を少しだけずらすには　▶ P.116

185

2021 2019 2016 365
お役立ち度 ★★☆

Q 図形の影の位置を少しだけずらすには

A 影の[角度]や[距離]を調整します

描画した図形には、[図形の効果]ボタンから[影]を付けられます。影の位置を微調整したいときは、[影のオプション]をクリックして[図形の書式設定]作業ウィンドウを開きます。[影]の項目で、[角度]や[距離]などを設定すると、設定した内容がそのままスライド上の図形に反映されます。実際の図形の様子を見ながら設定するといいでしょう。

ワザ166を参考に、[図形の書式設定]作業ウィンドウを表示しておく

1 [効果]をクリック

ここで[図形の効果]を細かく調整できる

2 [影]のここをクリック

3 [距離]に「9」と入力

影が調整される

関連 **184** 図形に影を付けるには　▶ P.116

基礎と
画面表示

資料作成
の基本

文字入力
と書式

スライド
デザイン

図形

Smart
Art

表と
グラフ

画像と
写真

動画と
サウンド

スライド
マスター

アニメー
ション

スライド
ショー

印刷
配布資料

ファイル
管理

共有と
共同作業

アプリ
連携

実践
プレゼンテク

図形の配置

複数の図形の端がそろっていると整然とした印象になります。ここでは、スライドに図形を配置するときのテクニックや図形の順序を変更する操作を解説します。

186

サンプル　2021 2019 2016 365
お役立ち度 ★★☆

Q スライドの中心に図形を配置するには

A 上下左右の中央に配置します

図形をスライドの中心に配置するには、[左右中央揃え]と[上下中央揃え]を合わせて設定します。[スライドに合わせて配置]にチェックマークが付いていると、スライドの幅と高さに対してそれぞれ中央に配置されます。

1 [図形の書式]タブをクリック

2 [配置]をクリック

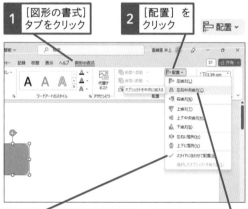

3 [スライドに合わせて配置]にチェックマークが付いていることを確認

4 [左右中央揃え]をクリック

[スライドに合わせて配置]にチェックマークが付いていない場合は、クリックしてチェックマークを付ける

図形がスライドの左右中央に表示される

同様の手順で[上下中央揃え]を設定すれば、スライドの中心に図形が配置される

関連
195　図形の端をきれいにそろえるには　▶ P.120

187

2021 2019 2016 365
お役立ち度 ★★★

Q スライドにガイドを表示するには

A [表示]タブの[ガイド]をオンにします

以下の操作でスライドにガイドを表示すると、縦横に1本ずつのガイド線が表示されます。これは、図形などを配置するときの目安となる線です。

1 [表示]タブをクリック

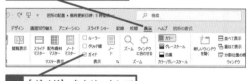

2 [ガイド]をクリックしてチェックマークを付ける

中央に縦横線1本ずつガイドが表示された

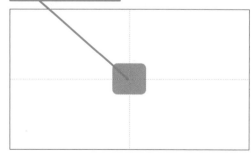

[ガイド]をクリックしてチェックマークをはずすとガイドが非表示になる

関連
188　ガイドの線を追加するには　▶ P.118

関連
189　追加したガイドを消すには　▶ P.118

基礎と画面表示
資料作成の基本
文字入力と書式
スライドデザイン
図形
SmartArt
表とグラフ
画像と写真
動画とサウンド
スライドマスター
アニメーション
スライドショー
印刷と配布資料
ファイル管理
共有と共同作業
アプリ連携
プレゼン実践テク

188

2021 2019 2016 365
お役立ち度 ★★☆

Q ガイドの線を追加するには

A Ctrl キーを押しながらガイドをドラッグします

ワザ187で解説した［ガイド］は、図形の上端や左端など、特定の位置をそろえるときの目安になります。最初に表示されるガイドは縦横の2本だけですが、Ctrl キーを押しながらこの線をドラッグすると、ガイドを何本でもコピーできます。また、ガイドをドラッグして移動することもできます。

1 Ctrl キーを押しながらガイドの線をドラッグ

ガイドがスライド上に追加された

関連 219 追加したガイドを消すには ▶ P.127

189

サンプル
2021 2019 2016 365
お役立ち度 ★★☆

Q 追加したガイドを消すには

A ガイドをスライドの外へドラッグします

不要なガイドは、スライドの外までドラッグして見えないようにしておきましょう。すべてのガイドを非表示にするには、ワザ187を参考に［ガイド］のチェックマークをはずします。

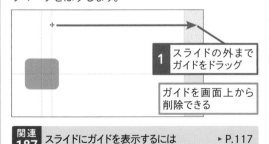

1 スライドの外までガイドをドラッグ

ガイドを画面上から削除できる

関連 187 スライドにガイドを表示するには ▶ P.117

190

サンプル
2021 2019 2016 365
お役立ち度 ★★☆

Q 図形をドラッグしたときに表示される赤い点線は何？

A 図形の配置をサポートする「スマートガイド」です

図形をドラッグしたときに表示される赤い点線は、「スマートガイド」と呼ばれる線です。これは、図形の配置を手助けしてくれる線で、移動先やコピー先の目安になります。例えば、図形をほかの図形の上下左右の端近辺にドラッグすると、スマートガイドが表示されます。スマートガイドが表示された場所に配置すると、ドラッグ操作だけで複数の図形の端をきれいにそろえられます。

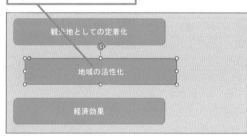

左端を上の図形にそろえて配置したい

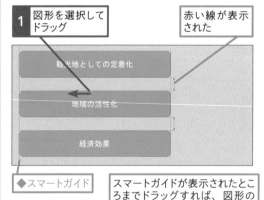

1 図形を選択してドラッグ

赤い線が表示された

◆スマートガイド

スマートガイドが表示されたところまでドラッグすれば、図形の端をそろえられる

関連 195 図形の端をきれいにそろえるには ▶ P.120

関連 197 図形をきれいに整列させるには ▶ P.121

191

Q スライドにグリッド線を表示するには

A ［表示］タブの［グリッド線］をオンにします

スライドに方眼紙のようなマス目があると、図形を描画したり配置したりするときの目安になります。グリッド線を表示するには、［表示］タブの［グリッド線］にチェックマークを付けましょう。［表示］タブの［表示］グループにある［グリッドの設定］ボタンをクリックすると表示される［グリッドとガイド］ダイアログボックスで、グリッドの間隔を変更できます。

●グリッド線を表示する

| 1 | ［表示］タブをクリック |
| 2 | ［グリッド線］をクリックしてチェックマークを付ける |

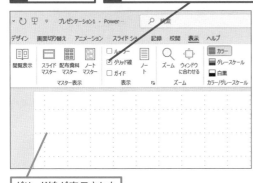

グリッド線が表示された

●グリッドの間隔を変更する

ワザ192を参考に、［グリッドとガイド］ダイアログボックスを表示する

グリッドの間隔は0.1 ～ 5.08cmの間で設定できる

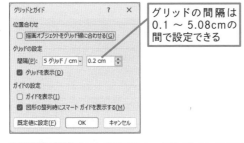

ショートカットキー　グリッド線の表示/非表示
Shift + F9

192

Q 図形をグリッド線に合わせるには

A ［描画オブジェクトをグリッド線に合わせる］をオンにします

以下の手順で［描画オブジェクトをグリッド線に合わせる］にチェックマークを付けると、図形をドラッグしたときにグリッド線に沿うように配置されます。一方、［描画オブジェクトをグリッド線に合わせる］のチェックマークをはずすと、グリッド線を無視して任意の位置に配置できます。

ワザ191を参考にグリッド線を表示しておく

| 1 | ［表示］タブをクリック |

| 2 | ［グリッドの設定］をクリック |

［グリッドとガイド］ダイアログボックスが表示された

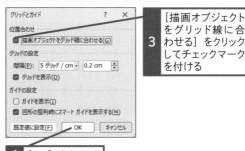

| 3 | ［描画オブジェクトをグリッド線に合わせる］をクリックしてチェックマークを付ける |

| 4 | ［OK］をクリック |

図形をドラッグしたとき、グリッド線ぴったりに配置されるようになる

関連 191　スライドにグリッド線を表示するには　▶ P.119

基礎と画面表示
資料作成の基本
文字入力と書式
スライドデザイン
図形
Smart Art
表とグラフ
画像と写真
動画とサウンド
スライドマスター
アニメーション
スライドショー
印刷と配布資料
ファイル管理
共有と共同作業
アプリ連携
プレゼン実践テク

基礎と画面表示
資料作成の基本
文字入力と書式
スライドデザイン
図形
SmartArt
表とグラフ
画像と写真
動画とサウンド
スライドマスター
アニメーション
スライドショー
印刷と配布資料
ファイル管理
共有と共同作業
連携アプリ
実践プレゼンテク

193

Q 図形を素早くコピーしたい

A Ctrl キーを押しながらドラッグします

同じ図形を何度も描画するときは、図形をコピーして使いまわすと便利です。図形をクリックして選択し、Ctrl キーを押しながらコピー先までドラッグします。このとき、コピー先に赤や灰色の点線が表示される場合があります。これは「スマートガイド」と呼ばれるガイドライン機能で、図形を配置する目安となります。

1 Ctrl キーを押しながらここまでドラッグ

同じ図形が文字ごとコピーされる

194

サンプル 2021 2019 2016 365
お役立ち度 ★ ★ ★

Q 図形を真下にコピーするには

A Ctrl キーと Shift キーを押しながらドラッグします

Ctrl キーを押しながら図形をドラッグすると、任意の位置にコピーできます。このとき、Shift キーを押しながらドラッグすると、図形を真横や真下や真上に移動できます。図形を真横や真下や真上にコピーするときは、Ctrl + Shift キーを押しながらドラッグしましょう。

1 図形をクリック

2 Ctrl + Shift キーを押しながらここまでドラッグ

同じ図形が文字ごと真下にコピーされる

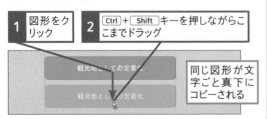

195

サンプル 2021 2019 2016 365
お役立ち度 ★ ★ ★

Q 図形の端をきれいにそろえるには

A ［配置］機能を使いましょう

図形をドラッグして移動すると、図形の位置がなかなかきれいにそろいません。複数の図形の上下左右いずれかの基準で端をそろえるには、図形をすべて選択し、そろえる基準の位置を指定します。

ここでは図形の左端の位置を一番左に寄っている図形にそろえる

1 Shift キーを押しながら端をそろえたい図形をクリック

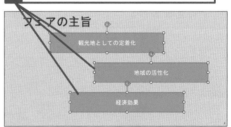

2 ［図形の書式］タブをクリック

3 ［配置］をクリック

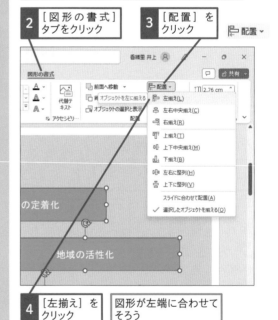

4 ［左揃え］をクリック

図形が左端に合わせてそろう

関連 186 スライドの中心に図形を配置するには ▶ P.117

基礎と
画面表示
資料作成
の基本
文字入力
と書式
スライド
デザイン
図形
Smart
Art
表と
グラフ
画像と
写真
動画と
サウンド
スライド
マスター
アニメー
ション
スライド
ショー
印刷
配布資料
ファイル
管理
共有と
共同作業
アプリ
連携
プレゼン
実践テク

196

サンプル | 2021 | 2019 | 2016 | 365
お役立ち度 ★★☆

Q 図形がスライドの端にそろってしまうのはなぜ？

A ［スライドに合わせて配置］が選択されているためです

ワザ195の操作で配置を変更したときに、図形がスライドの端にそろってしまうことがあります。これはスライドの大きさに対して左揃えや上揃えを行う設定になっているためです。以下の操作で［選択したオブジェクトを揃える］を選択すると、選択した図形の中で配置を変更できます。

図形の端をそろえたら、スライドの端にそろってしまった

1 Shift キーを押しながら図形をクリック

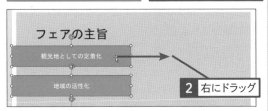

2 右にドラッグ

3 ［図形の書式］タブをクリック

4 ［配置］をクリック

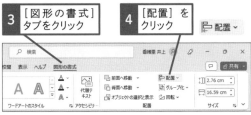

［スライドに合わせて配置］にチェックマークが付いている

5 ［選択したオブジェクトを揃える］をクリック

選択した図形の中で、もっとも端にある図形に位置がそろうようになる

197

サンプル | 2021 | 2019 | 2016 | 365
お役立ち度 ★★★

Q 図形をきれいに整列させるには

A ［左右に整列］や［上下に整列］をクリックします

複数の図形の間隔が均等にそろっていると、それだけできちんとした印象になります。横方向の図形の間隔をそろえるときは［配置］ボタンから［左右に整列］をクリックし、縦方向の間隔をそろえるときは［上下に整列］をクリックします。

1 Shift キーを押しながら整列したい図形をクリック

2 ［図形の書式］タブをクリック

3 ［配置］をクリック

4 ［上下に整列］をクリック

複数の図形で上下間隔がすべて均等になった

関連 195 図形の端をきれいにそろえるには　▶ P.120

198

Q 図形を結合してオリジナルの図形を作るには

動画で見る

A ［図形の結合］機能を使います

［図形の結合］機能を使うと、複数の図形を組み合わせた1つのオリジナル図形を作成できます。［図形の結合］には、[接合］[型抜き/合成]［切り出し]［重なり抽出]［単純型抜き]の5種類があり、どのように結合するかで完成する図形が異なります。それぞれのメニューにマウスポインターを合わせて、結果を確認するといいでしょう。

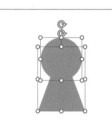

1 Shift キーを押しながら結合したい図形をクリック

2 ［図形の書式］タブをクリック

3 ［図形の結合］をクリック

4 ［接合］をクリック

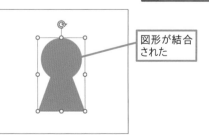

図形が結合された

関連 169 複数の図形を同時に選択するには ▶ P.109

199

Q 5種類の図形の結合の違いは何？

A 図形の完成形に合わせて結合方法を選びます

［図形の結合］機能は、複数の図形を組み合わせてオリジナルの図形を作るときに使います。［接合］はシンプルに複数の図形を合体します。［型抜き/合成]は、重なっている部分を型抜きして空白にします。［切り出し］は、重なっている部分を境に図形が分解されます。［重なり抽出]は重なっている部分だけを残します。［単純型抜き]は、最初に選択した図形が後から選択した図形の形で型抜きされます。なお、図形の色が異なる場合は、最初に選択した図形の色に統一されます。

2つの図形を結合する

◆接合
2つの図形を合体させる

◆型抜き/合成
接合して、重なっている部分を空白にする

◆切り出し
重なっている部分を境に図形を分解する

◆重なり抽出
重なっている部分だけを残す

◆単純型抜き
最初に選択した図形から、後から選択した図形を型抜きする

200

サンプル 　2021 2019 2016 365　お役立ち度 ★ ★ ★

Q 図形で文字が隠れてしまった!

A 図形の重なりの順序を変更します

図形は描画した順番に上に表示されますが、後から重なり方を変更できます。[最前面へ移動] ボタンや [最背面へ移動] ボタンは、図形を一番前面や背面に変更します。1段階ずつ重なりを変更したいときは、[前面へ移動] ボタンや [背面へ移動] ボタンを使いましょう。図形と文字が重なって表示されたときも、同様の操作で順序を変更できます。

図形の重なりの順序を変更する

1 最後に描画した図形をクリック

2 [図形の書式] タブをクリック　　**3** [背面へ移動] のここをクリック

4 [最背面へ移動] をクリック

図形の重なりの順番が変更され、隠れていた文字が表示された

関連 **176** 後ろの色が透けて見えるようにしたい! ▶ P.112

201

サンプル 　2021 2019 2016 365　お役立ち度 ★ ★ ☆

Q 図形の位置を微調整するには

A Alt キーを押しながらドラッグします

図形を Alt キーを押しながらドラッグすると、通常の移動よりも細かく移動できます。あるいは、図形を選択してから上下左右の方向キーを押しても細かく移動できます。

●ドラッグによる移動

ドラッグすると通常の精度で移動する

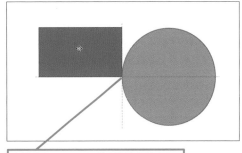

自動的にスマートガイドが表示され、図形がスマートガイドに吸着する

● Alt +ドラッグによる移動

Alt キーを押しながらドラッグすると高い精度で移動する

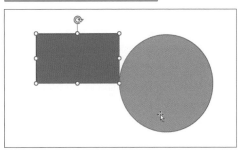

スマートガイドは表示されない

関連 **197** 図形をきれいに整列させるには ▶ P.121

基礎と
画面表示
資料作成
の基本
文字入力
と書式
スライド
デザイン
図形
Smart
Art
表と
グラフ
画像と
写真
動画と
サウンド
スライド
マスター
アニメー
ション
スライド
ショー
印刷と
配布資料
ファイル
管理
共有と
共同作業
アプリ
連携
プレゼン
実践テク

図形編集のテクニック

複数の図形をグループ化して1つにまとめたり、作成した図形を保存したりするなど、ここでは、図形を編集する時に知っていると便利なテクニックを解説します。

202

2021 2019 2016 365
お役立ち度 ★ ★ ★

Q 図形を一時的に
見えなくしたい

A ［選択］画面で図形を
非表示にします

スライドにたくさんの図形があるときは、編集していない図形を一時的に隠して作業するといいでしょう。［選択］作業ウィンドウを表示して、非表示にしたい図形の目のアイコンをクリックしましょう。クリックするたびに表示と非表示が切り替えられます。

作業に必要のない図形
を一時的に非表示にする

1 図形を
クリック

2 ［図形の書式］
をクリック

3 ［オブジェクトの選択と
表示］をクリック

［選択］作業ウィンドウ
が表示された

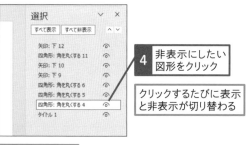

4 非表示にしたい
図形をクリック

クリックするたびに表示
と非表示が切り替わる

選択した図形が
非表示になる

関連
170 見えていない図形を選択するには　▶ P.109

203

サンプル

2021 2019 2016 365
お役立ち度 ★ ★ ☆

Q 図形の色をスライドの色に
ぴったり合わせたい！

A ［スポイト］機能を使います

図形の色を変更するときに、［図形の塗りつぶし］ボタンをクリックしたときに表示される色ではなく、スライドに挿入した写真やロゴ画像、描画済みの図形などと同じ色にしたい場合があります。［スポイト］機能を使うと、スライド上にある色をマウスでクリックするだけで、まったく同じ色で図形を塗りつぶせます。

色を変更する図形を選択しておく

1 ［図形の書
式］タブをク
リック

2 ［図形の塗り
つぶし］をク
リック

図形の塗りつぶし ˅

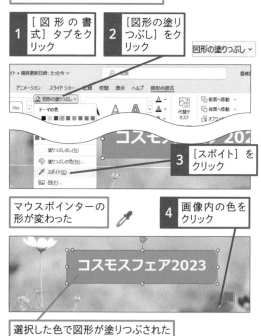

3 ［スポイト］を
クリック

マウスポインターの
形が変わった

4 画像内の色を
クリック

選択した色で図形が塗りつぶされた

関連
329 文字を画像と同じ色にするには　▶ P.189

204

Q 矢印の形を変更するには

A ［始点矢印の種類］や［終点矢印の種類］を変更します

矢印の形は、とがった形や丸い形などに後から変更できます。［図形の書式設定］作業ウィンドウの[始点矢印の種類]［始点矢印のサイズ］［終点矢印の種類］［終点矢印のサイズ］の各項目で、変更後の矢印の形やサイズを指定しましょう。

> ワザ161を参考に、操作3で［線矢印］を選択して矢印を挿入しておく

> ワザ166を参考に、［図形の書式設定］作業ウィンドウを表示しておく

1 ［終点矢印の種類］のここをクリック

2 変更したいデザインをクリック

> 矢印の形が変わった

205

Q 極太の線を描くには

A ［図形の書式設定］画面で太さを変更します

図形の枠線の太さは後から変更できますが、［図形の枠線］ボタンの［太さ］から選択できる線の太さは6ptが最大です。もっと太い極太の線を描きたいときは、［図形の書式設定］作業ウィンドウを使います。［線のスタイル］の［幅］には、0pt～1584ptまでの太さを指定できます。

> ワザ161を参考に、操作3で［線］を選択して直線を挿入しておく

> ワザ166を参考に、［図形の書式設定］作業ウィンドウを表示しておく

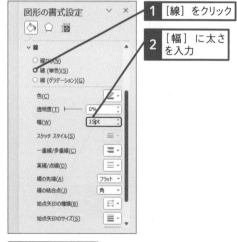

1 ［線］をクリック

2 ［幅］に太さを入力

> 極太の線が描けた

関連 206 実線を点線に変更したい　　▶P.126

基礎と画面表示
資料作成の基本
文字入力と書式
スライドデザイン
図形
Smart Art
表とグラフ
画像と写真
動画とサウンド
スライドマスター
アニメーション
スライドショー
印刷と配布資料
ファイル管理
共有と共同作業
アプリ連携
実践プレゼンテク

基礎と
画面表示

資料作成
の基本

文字入力
と書式

スライド
デザイン

図形

Smart
Art

表と
グラフ

画像と
写真

動画と
サウンド

スライド
マスター

アニメー
ション

スライド
ショー

印刷と
配布資料

ファイル
管理

共有と
共同作業

アプリ
連携

プレゼン
実践テク

206

2021 2019 2016 365
お役立ち度 ★ ★ ☆

Q 実線を点線に変更したい

A ［図形の枠線］ボタンから［実線/点線］をクリックします

線の種類には、実線のほかにも破線や点線などがあります。［図形の枠線］ボタンをクリックした時に表示される［実線/点線］から変更後の種類を選びます。

ここでは実線を点線に変更する

ワザ161を参考に、操作3で［線］を選択して直線を挿入しておく

1 直線をクリック

2 ［図形の書式］タブをクリック

3 ［図形の枠線］をクリック

図形の枠線 ▾

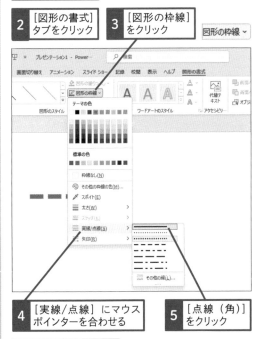

4 ［実線/点線］にマウスポインターを合わせる

5 ［点線（角）］をクリック

実線が点線に変わった

関連 207 線を二重線にするには ▶ P.126

207

2021 2019 2016 365
お役立ち度 ★ ★ ☆

Q 線を二重線にするには

A ［図形の書式設定］画面で［一重線/多重線］を指定します

［図形の書式設定］作業ウィンドウを使うと、一重の線を多重線に変更できます。多重線には［二重線］［太線+細線］［細線+太線］［三重線］があり、クリックするだけで変更できます。ただし、元の線の太さが細いと多重線が分かりづらいので、ある程度の太さに変更して使うといいでしょう。

直線をクリックして選択し、ワザ166を参考に、［図形の書式設定］作業ウィンドウを表示しておく

1 ［一重線/多重線］のここをクリック

2 ［二重線］をクリック

線が二重線に変わった

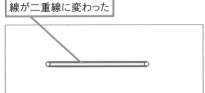

関連 205 極太の線を描くには ▶ P.125

基礎と
画面表示

の資料作成
基本

と書式入力
文字

デザイン
スライド

図形

Smart
Art

グラフ
表と

写真
画像と

サウンド
動画と

マスター
スライド

ション
アニメ

ショー
スライド

配布資料
印刷と

管理
ファイル

共同作業
共有と

連携
アプリ

実践テク
プレゼン

208

サンプル

2021 2019 2016 365
お役立ち度 ★★☆

Q 手書きのような線を描くには

A ［スケッチ］機能を使います

図形の枠線を手書き風の線にするには、以下の操作で［スケッチ］の中にある［曲線］や［フリーハンド］を設定します。手書き風の線にすることで、ドラフト（下書き）感を演出する効果があります。ただし、［線］や［線矢印］など、スケッチを設定できない図形もあります。

手書きのような線にする図形を
クリックして選択しておく

1 ［図形の書式］タブをクリック

2 ［図形の枠線］をクリック

図形の枠線 ～

3 ［スケッチ］にマウスポインターを合わせる

4 ［曲線］をクリック

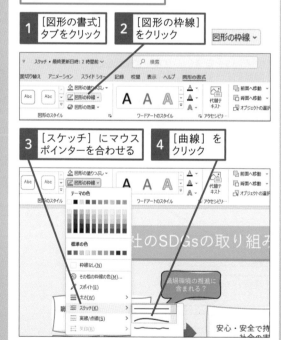

選択した図形の線が手書きのようになった

関連 205 極太の線を描くには ▶ P.125

209

サンプル

2021 2019 2016 365
お役立ち度 ★★☆

Q 図形の表面に凹凸を付けたい

A ［図形の効果］ボタンから［面取り］をクリックします

図形を立体的に見せる方法はいくつかありますが、［面取り］の効果を使うと、図形表面の凹凸感を演出できます。［面取り］を解除するには、一覧から［面取りなし］をクリックしましょう。

立体的にする図形をクリックして
選択しておく

1 ［図形の書式］タブをクリック

2 ［図形の効果］をクリック

図形の効果 ～

3 ［面取り］にマウスポインターを合わせる

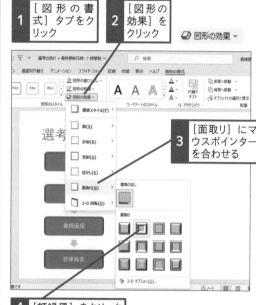

4 ［額縁風］をクリック

図形が立体的になった

関連 185 図形の影の位置を少しだけずらすには ▶ P.116

210

サンプル　2021 2019 2016 365　お役立ち度 ★★☆

Q 図形に3-Dのような奥行き感を付けたい

A [図形の効果]ボタンから[3-D回転]をクリックします

地図を作成するときには、目印の建物や目的地の建物を立体的な図形で描画すると効果的です。建物の高さを表現するには、まず、[図形の効果]ボタンから[3-D回転]の[不等角投影2（上）]を選びます。次に[図形の書式設定]作業ウィンドウの[3-D書式]の項目で、[奥行き]を設定します。

図形をクリックして選択しておく

1 [図形の書式]タブをクリック

2 [図形の効果]をクリック

3 [3-D回転]をクリック

4 [不等角投影2（上）]をクリックして選択

ワザ166を参考に、[図形の書式設定]作業ウィンドウを表示しておく

5 [効果]をクリック

6 [3-D書式]をクリック

7 [奥行き]の[サイズ]をクリックして立体の高さを調整する

地図などで使うと目印や目的地として目立たせることができる

211

サンプル　2021 2019 2016 365　お役立ち度 ★★★

Q 複数の図形をグループ化するには

A 複数の図形を選択して[グループ化]ボタンをクリックします

複数の図形を組み合わせて作成した地図やオリジナルのイラストなどは、グループ化してまとめることができます。グループ化した図形は、移動やサイズ変更をまとめて実行できるので便利です。グループ化した図形の色やサイズを個別に変更するときは、図形をクリックして目的の図形だけにハンドルが付いた状態で操作します。なお、グループ化したい図形をすべて選択した状態で Ctrl + G キーを押してもグループ化できます。

ワザ169を参考に、グループ化したい図形をすべて選択しておく

1 [図形の書式]タブをクリック

2 [グループ化]をクリック

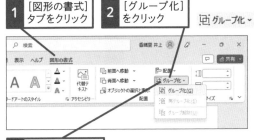

3 [グループ化]をクリック

選択していた図形が1つにまとめられた

ショートカットキー　グループ化 Ctrl + G

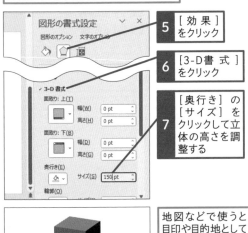

212

Q いつも同じ色で 図形を描くには

A 図形の色を既定値に設定します

社内で使う図形の色が決まっているというように、常に同じ色の図形を描画する場合は、その図形の色を［既定の図形に設定］すると便利です。図形の枠線の色や太さもまとめて設定できます。図形を描くたびに色を変更する操作が省略できるので、作業を効率化できます。

図形を挿入し、書式を変更しておく

1 図形を右クリック

2 ［既定の図形に設定］をクリック

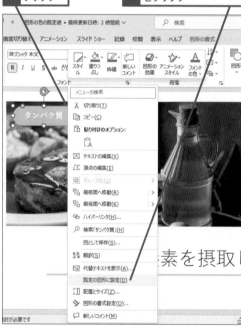

図形を挿入すると、以降は登録した書式で表示される

| 関連 159 | 同じ図形を続けて描きたい | ▶ P.105 |
| 関連 173 | 図形の色を変更するには | ▶ P.111 |

213

Q 作った図形を画像として 保存するには

A 図形を右クリックして［図として保存］をクリックします

グループ化した図形は図として保存し、何度も使い回すことができます。ただし、［Windowsメタファイル］と［拡張Windowsメタファイル］以外のファイル形式で保存したときは、図形として再編集ができません。

ワザ211を参考に、画像として保存する図形をグループ化しておく

1 図形を右クリック

2 ［図として保存］をクリック

［図として保存］ダイアログボックスが表示された

3 保存場所を選択

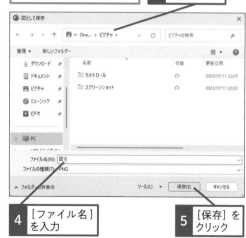

4 ［ファイル名］を入力

5 ［保存］をクリック

図形が画像ファイルとして保存される

基礎と画面表示
資料作成の基本
文字入力と書式
スライドデザイン
図形
Smart Art
表とグラフ
画像と写真
動画とサウンド
スライドマスター
アニメーション
スライドショー
印刷と配布資料
ファイル管理
共有と共同作業
アプリ連携
プレゼン実践テク

第6章 SmartArtと ペン入力の快適ワザ

SmartArtの利用

「SmartArt」を使うと、組織図やフローチャートなどの図表を簡単に作成できます。ここでは、SmartArtを使って図表を作成するときの疑問を解決します。

214

2021 2019 2016 365
お役立ち度 ★ ★ ★

Q SmartArtとは

A 組織図やベン図などの図表を 簡単に作成する機能です

短時間で情報を正確に伝えたいプレゼンテーションでは、瞬時に概要を伝えられる図表は欠かせません。

●SmartArtで作成できる主な図表

◆組織図
会社の組織やグループのメンバー構成を表す

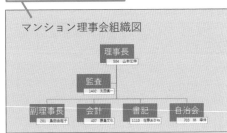
マンション理事会組織図

◆手順
ワークフローの進行や、一連のステップなどを示す

パスポート申請手続き

文章で説明するよりも、図形に文字を入力し、図形の配置や大きさなどで概要を表したほうが分かりやすいからです。図形を1つ1つ組み合わせても図表は作成できますが、SmartArtを使うと、一覧から選ぶだけで以下の例のようにデザイン性の高い図表を作成できます。また、ワザ228のように入力済みの文字を後から図表に変換することもできます。

●SmartArtの種類

図表の種類は8つに分類される

ここにプレビューと説明が表示される

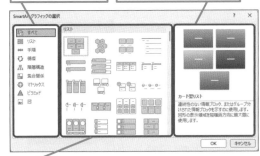

ここにそれぞれの種類の図表が表示される

SmartArtには80種類以上の図表が用意されている

関連 215	組織図を作成するには	▶ P.131
関連 217	SmartArtの図表に図形を追加するには	▶ P.132
関連 221	図表の種類を変更するには	▶ P.134
関連 224	フローチャートを作成するには	▶ P.135
関連 228	入力済みの文字を図表に変更したい	▶ P.138

215

Q 組織図を作成するには

A [階層構造] のカテゴリーから 選びましょう

会社の組織やプロジェクトのメンバー構成などは、組織図で表すと分かりやすくなります。SmartArtには [階層構造] のカテゴリーに組織図のパターンが登録されています。[SmartArtグラフィックの選択] ダイアログボックスの [階層構造] グループから目的の組織図を選択しましょう。

組織図を挿入したいスライドを表示しておく

1 [挿入] タブ をクリック　　**2** [SmartArt] をクリック

[SmartArtグラフィックの選択] ダイアログボックスが表示された

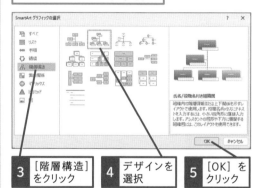

3 [階層構造] をクリック　　**4** デザインを選択　　**5** [OK] を クリック

組織図が挿入された

ここに文字を入力すると図形に反映される　　図形にも直接文字を入力できる

216

Q テキストウィンドウを 非表示にするには

A テキストウィンドウの [閉じる] ボタンをクリックします

図表に文字を入力する方法は2つあります。1つは図形の中に直接文字を入力する方法で、もう1つはテキストウィンドウに文字を入力する方法です。図形の中に直接文字を入力する際など、テキストウィンドウが邪魔に感じるときは、[閉じる] ボタンをクリックして非表示にしましょう。閉じたテキストウィンドウは、(◁) をクリックすると再び表示できます。

SmartArtをクリックしてプレースホルダーを表示させておく

1 [閉じる] を クリック

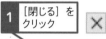

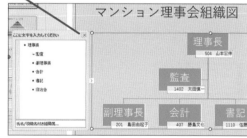

テキストウィンドウが非表示になった

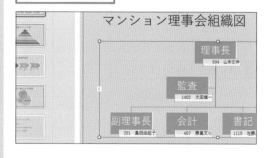

関連 220　形や構成はそのままで 図表のデザインを変更したい　　▶ P.133

関連 226　図表の中でレベル分けをするには　　▶ P.137

SmartArtの利用　**できる**　131

基礎と画面表示
資料作成の基本
文字入力と書式
スライドデザイン
図形
SmartArt
表とグラフ
写真と画像
動画とサウンド
スライドマスター
アニメーション
スライドショー
印刷と配布資料
ファイル管理
共有と共同作業
アプリ連携
プレゼン実践テク

基礎と
画面表示
資料作成
の基本
文字入力
と書式
スライド
デザイン
図形
Smart
Art
表と
グラフ
画像と
写真
動画と
サウンド
スライド
マスター
アニメー
ション
スライド
ショー
印刷と
配布資料
ファイル
管理
共有と
共同作業
アプリ
連携
プレゼン
実践テク

217

Q SmartArtの図表に図形を追加するには

A ［図形の追加］ボタンをクリックします

スライドに挿入したSmartArtの図表に図形を追加するには、以下の手順で追加します。追加したい項目の前か後の図形を選択してから操作するのがポイントです。

ワザ215を参考に組織図を作成しておく

1 追加したい項目の前の図形をクリック
2 ［SmartArtのデザイン］タブをクリック

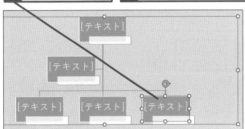

3 ［図形の追加］のここをクリック

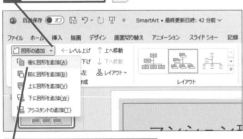

4 ［後に図形を追加］をクリック

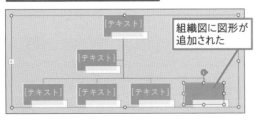

組織図に図形が追加された

関連
218 図表内の不要な図形を削除するには ▶ P.132

218

Q 図表内の不要な図形を削除するには

A Delete キーを押して削除します

スライドに挿入したSmartArtの図表に不要な図形があるときは、削除したい図形を選択して Delete キーを押します。図形が削除されると、残りの図形のサイズが自動的に変わります。

ワザ215を参考に組織図を作成しておく

1 削除したい図形をクリック
2 Delete キーを押す

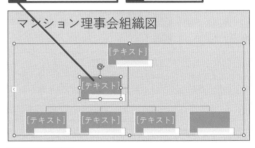

図形が削除された

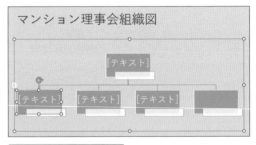

残りの図形のサイズが自動的に変更された

関連
220 形や構成はそのままで図表のデザインを変更したい ▶ P.133

関連
221 図表の種類を変更するには ▶ P.134

関連
222 図表の色だけを変更するには ▶ P.134

基礎と画面表示	
資料作成の基本	
文字入力と書式	
スライドデザイン	
図形	
Smart Art	
表とグラフ	
画像と写真	
動画とサウンド	
スライドマスター	
アニメーション	
スライドショー	
印刷と配布資料	
ファイル管理	
共有と共同作業	
アプリ連携	
プレゼン実践テク	

219

サンプル　2021 2019 2016 365　お役立ち度 ★★☆

Q 組織図の図形のレイアウトを変更するには

A ［組織図のレイアウト］ボタンをクリックします

組織図の図形を縦方向に並べるか横方向に並べるかは、[組織図レイアウト] ボタンから変更できます。

1 レイアウトを変更する項目をクリック

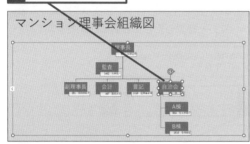

2 [SmartArtのデザイン] タブをクリック

3 [レイアウト] をクリック

4 [標準] をクリック

レイアウトが［標準］に変わった

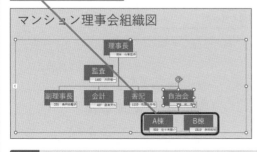

関連 220	形や構成はそのままで図表のデザインを変更したい	▶ P.133

220

サンプル　2021 2019 2016 365　お役立ち度 ★★☆

Q 形や構成はそのままで図表のデザインを変更したい

A ［SmartArtのスタイル］の一覧から選択します

SmartArtで図表を作成すると、最初は標準のデザインで表示されますが、後からデザインを変更できます。[SmartArtのデザイン] タブにある[SmartArtのスタイル] の機能を使うと、図表の色はそのままでデザインだけを変更できます。

ワザ215を参考に組織図を作成しておく

1 [SmartArtのデザイン] タブをクリック

2 [クイックスタイル] をクリック

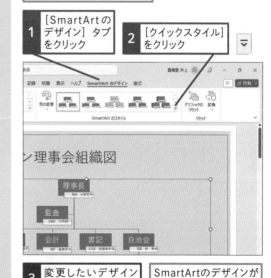

3 変更したいデザインをクリック

SmartArtのデザインが変わる

Q 図表の種類を変更するには

A レイアウトグループから変更後の図表を選択します

SmartArtを使って作成した図表は、[SmartArtのデザイン] タブの [その他] から違うレイアウトに変更できます。それ以外の図表に変更したいときは[その他のレイアウト] をクリックしましょう。図表の種類を変えても、図表内の文字やデザインはそのまま引き継がれます。

> SmartArtの図表をクリックして選択しておく

1 [SmartArtのデザイン] タブをクリック

2 [レイアウトの変更] をクリック

> [組織図] の違うデザインのレイアウトが表示された

> [その他のレイアウト] をクリックすると、すべてのレイアウトが表示される

関連 **226** 図表の中でレベル分けをするには ▶ P.137

関連 **227** 図表内の図形の順序を変更するには ▶ P.137

Q 図表の色だけを変更するには

A [色の変更] ボタンをクリックします

SmartArtの図表のデザインを変えずに色だけを変更したいときは、[SmartArtのデザイン] タブの [色の変更] ボタンをクリックし、一覧から色を選びます。なお、ワザ130の操作でスライド全体のテーマを変更すると、[色の変更] ボタンを使って設定した色は [テーマ] と連動した色に自動的に変わります。

> SmartArtの図表をクリックして選択しておく

1 [SmartArtのデザイン] タブをクリック

2 [色の変更] をクリック

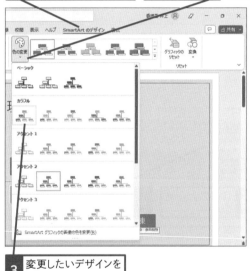

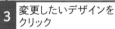

3 変更したいデザインをクリック

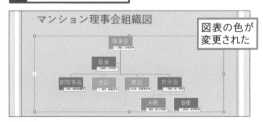

> 図表の色が変更された

関連 **220** 形や構成はそのままで
図表のデザインを変更したい ▶ P.133

223

2021 2019 2016 365
お役立ち度 ★★☆

Q 図表を立体的に 見せるには

動画で見る

A SmartArtのスタイルから 3Dのデザインを選びます

[SmartArtのデザイン] タブのSmartArtのスタイルの一覧には、3Dのデザインがいくつも用意されており、クリックするだけで図形が立体的になります。マウスポインターを移動すると、デザインを適用した結果がプレビューされるので、文字が読みやすいデザインを選びましょう。

ワザ220を参考に、SmartArtのデザイン一覧を表示しておく

> 1 [ブロック] をクリック

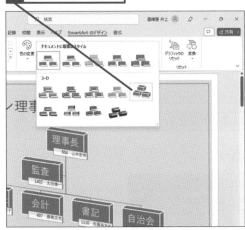

図表が立体的になった

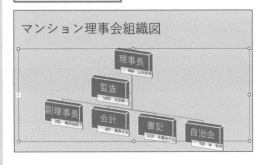

| 関連 220 | 形や構成はそのままで 図表のデザインを変更したい | ▶ P.133 |

224

2021 2019 2016 365
お役立ち度 ★★★

Q フローチャートを 作成するには

A [手順] のカテゴリーから 選びましょう

作業の流れや順序などを表すフローチャートを作成したいときは、SmartArtの [手順] カテゴリーにある図表を使いましょう。操作2で図表をクリックすると右側に説明文が表示されるので、目的と一致する図表かどうかを確認できます。

ワザ215を参考に [SmartArtグラフィックの選択] ダイアログボックスを表示しておく

> 1 [手順] をクリック

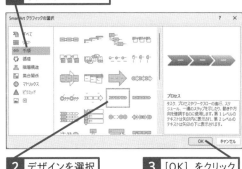

| 2 デザインを選択 | | 3 [OK] をクリック |

フローチャートが作成された

関連 215	組織図を作成するには	▶ P.131
関連 217	SmartArtの図表に図形を 追加するには	▶ P.132
関連 218	図表内の不要な図形を削除するには	▶ P.132

基礎と
画面表示

資料作成
の基本

文字入力
と書式

スライド
デザイン

図形

Smart
Art

表と
グラフ

画像と
写真

動画と
サウンド

スライド
マスター

アニメー
ション

スライド
ショー

印刷と
配布資料

ファイル
管理

共有と
共同作業

アプリ
連携

プレゼン
実践テク

225

サンプル　2021 2019 2016 365
お役立ち度 ★ ★ ☆

Q 写真入りの図表を作成するには

動画で見る

A [図]のカテゴリーを選びましょう

図表に写真が添えられていると、内容をよりイメージしやすくなります。写真入りの図表を作成するときは、[図]のカテゴリーから図表を選ぶといいでしょう。表

ワザ215を参考に[SmartArtグラフィックの選択]ダイアログボックスを表示しておく

1 [図]をクリック

2 [スナップショット画像リスト]をクリック

3 [OK]をクリック

図表に画像を配置する

4 画像のアイコンをクリック

示された図表内にある画像のアイコンをクリックすると、保存済みの写真を選択できます。

[図の挿入]ダイアログボックスが表示された

5 [ファイルから]をクリック

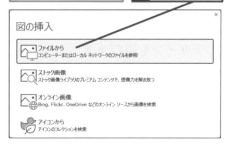

6 保存場所を選択

7 画像をクリック

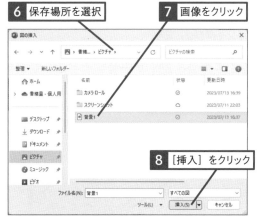

8 [挿入]をクリック

図表に画像が配置された

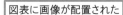

関連 215 組織図を作成するには ▶ P.131

⚡ステップアップ

階層構造をピラミッド状の図表で表現したい！

SmartArtには、ワザ215で説明した組織図以外にも、箇条書きの項目を表す[リスト]、プロセスを表す[手順]、循環するサイクルを表す[循環]、項目同士の関係を表す[集合関係]、構成要素を表す[マトリックス]、

三角形で階層関係を表す[ピラミッド]など、何種類ものカテゴリーがあります。階層構造を三角形で表したいときは、[ピラミッド]のカテゴリーから目的の図表をクリックして作成します。

226

サンプル　2021 2019 2016 365　お役立ち度 ★★★

Q 図表の中でレベル分けをするには

A テキストウィンドウ内で Tab キーを押します

SmartArtの図形の中で文字に階層を付けるには、［テキスト］ウィンドウで階層を付けたい行を選んで Tab キーを押します。そうすると、行全体が右にずれて文字のサイズが変わり、前の行の下の階層に入ります。Tab キーを押すごとに、次々と階層を設定できますが、あまり階層が深いと内容を理解しづらくなります。2～3階層くらいにとどめておくといいでしょう。

1 SmartArtをクリック

2 ここをクリック

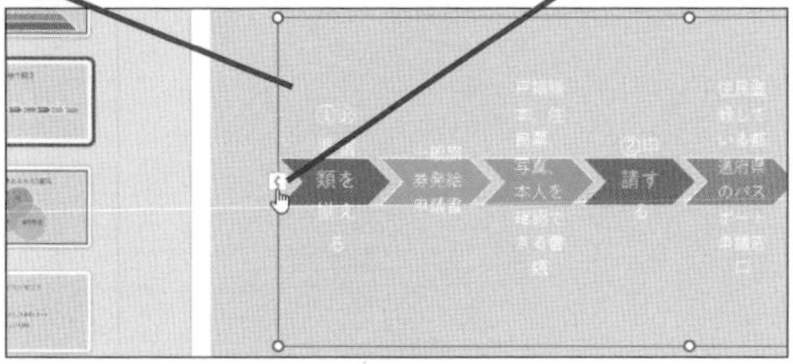

テキストウィンドウが表示された

3 レベルを変更する項目をクリック

4 Tab キーを押す

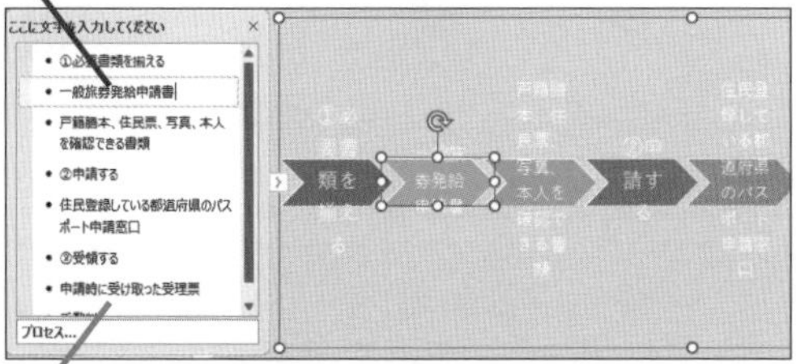

◆テキストウィンドウ

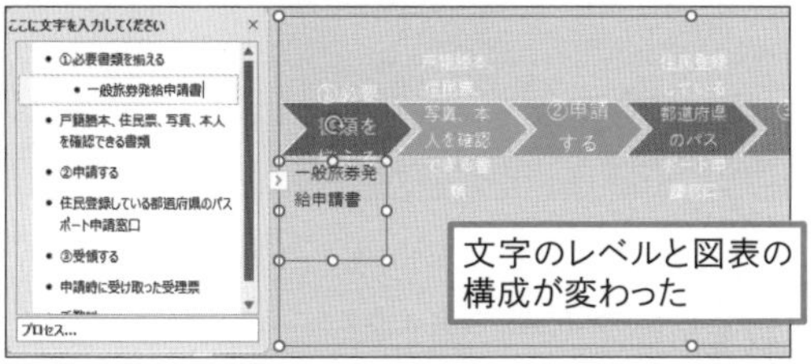

文字のレベルと図表の構成が変わった

227

サンプル　2021 2019 2016 365　お役立ち度 ★★☆

Q 図表内の図形の順序を変更するには

A ［下へ移動］や［上へ移動］ボタンをクリックします

図表内で移動したい図形を選択し、［SmartArtのデザイン］タブの［上へ移動］ボタンや［下へ移動］ボタンをクリックすると、図表内の図形の順番を後から変更できます。このとき、下の階層の文字があるときは一緒に移動します。

1 移動する図形をクリックして選択

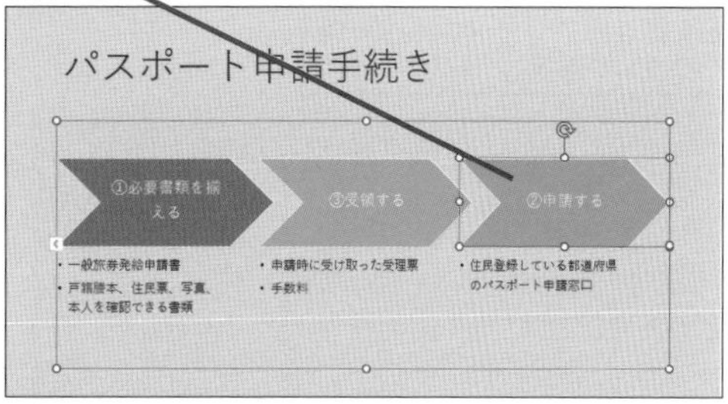

2 ［SmartArtのデザイン］タブをクリック

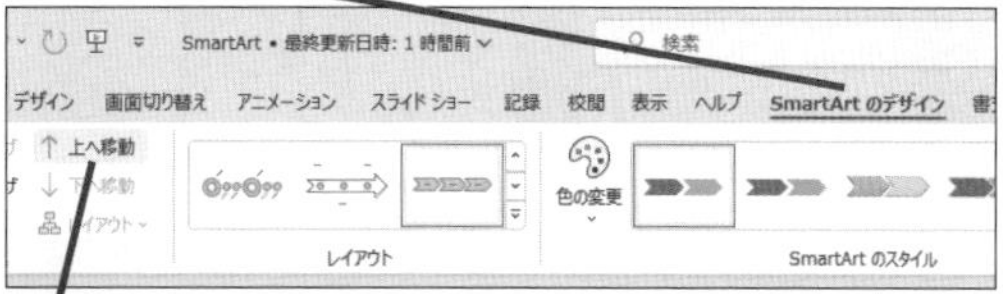

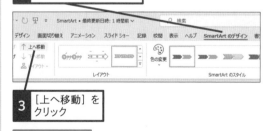

3 ［上へ移動］をクリック

図形が移動した

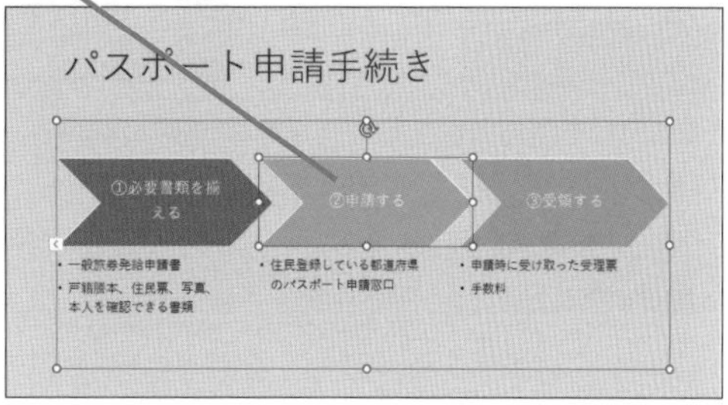

228

サンプル 2021 2019 2016 365
お役立ち度 ★ ★ ★

Q 入力済みの文字を図表に変更したい

A ［SmartArtグラフィックに変換］ボタンをクリックします

スライドを見直す段階で、入力済みの文字を図表に変更したいと思うこともあるでしょう。文字をわざわざ削除して図表を作り直さなくても、以下の手順で簡単に図表に変換できます。反対に、図表内の文字を箇条書きに変換するには、図表を選択してから［SmartArtのデザイン］タブの［変換］ボタンをクリックし、［テキストに変換］をクリックします。

箇条書きのプレースホルダーをクリックして選択しておく

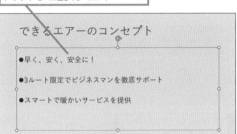

1 ［ホーム］タブをクリック
2 ［SmartArtグラフィックに変換］をクリック

3 デザインを選択

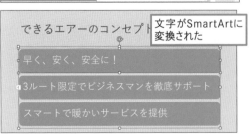

文字がSmartArtに変換された

229

サンプル 2021 2019 2016 365
お役立ち度 ★ ★ ☆

Q 図表内にある一部の図形を大きくしたい

A ［拡大］ボタンをクリックします

図表を構成する図形の大きさには意味があります。図形の大きさによって重要度の違いを表現できるからです。図表内の特定の図形の大きさを変更するには、その図形をクリックして選択し、［SmartArtのデザイン］タブの［拡大］ボタンや［縮小］ボタンをクリックします。クリックするごとに、選択した図形だけが1段階ずつ拡大縮小します。

拡大する図形をクリックして選択しておく

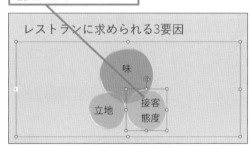

1 ［書式］タブをクリック
2 ［拡大］を5回クリック

選択した図形が拡大された

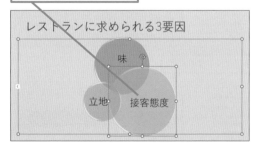

関連 176 後ろの色が透けて見えるようにしたい！ ▶ P.112

ペン入力の活用

[描画] タブの [ペン] の機能を使うと、マウスでドラッグしたり画面を直接タッチしたりして、スライド上に文字や絵を描けます。ここでは、ペンの操作に関する疑問を解決します。

230

サンプル

2021 2019 2016 365
お役立ち度 ★★★

Q スライドに手書きの文字を入れるには

A [描画] タブの [ペン] の機能を使いましょう

[描画] タブの [ペン] の機能を使うと、スライド上をマウスでドラッグして手書きの文字を描画できます。タッチ対応のディスプレイが接続されているときは、直接指で画面をドラッグして文字を書くこともできます。キーボードから入力した文字ばかりのスライドに手書きの文字があると、柔らかな印象が生まれます。なお、PowerPoint 2016では、[校閲] タブの [インクの開始] ボタンをクリックしてからペンを利用します。

ここでは [ペン] で手書きの文字を書き込む

1 [描画] タブをクリック

2 ペンをクリックして選択

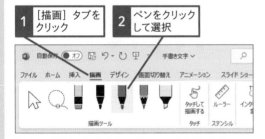

3 ここをクリック

4 [3.5mm] をクリック

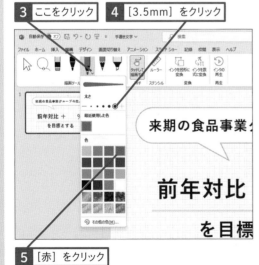

5 [赤] をクリック

6 マウスをドラッグして文字を書き込む

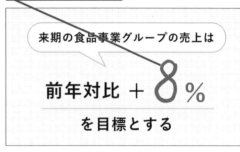

手書きの文字が書き込めた

●PowerPoint 2016で手書きの文字を入れる

1 [校閲] タブをクリック

2 [インクの開始] をクリック

[インクツール] の [ペン] タブが表示される

ペンの種類を選択し、スライドにマウスでドラッグすると手書きの文字が入力できる

関連 232 ペンの種類や太さを変更するには ▶ P.140

関連 234 ペンで書き込んだ内容を文字に変換するには ▶ P.141

関連 235 ペンで書き込んだ内容を図に変換するには ▶ P.142

基礎と画面表示
資料作成の基本
文字入力と書式
スライドデザイン
図形
Smart Art
表とグラフ
画像と写真
動画とサウンド
スライドマスター
アニメーション
スライドショー
印刷と配布資料
ファイル管理
共有と共同作業
アプリ連携
プレゼン実践テク

左側縦タブ：
基礎と画面表示
資料作成の基本
文字入力と書式
スライドデザイン
図形
Smart Art
表とグラフ
画像と写真
動画とサウンド
スライドマスター
アニメーション
スライドショー
印刷と配布資料
ファイル管理
共有と共同作業
アプリ連携
実践テク プレゼン

231

Q [描画] タブが表示されない！

A オプション画面から表示できます

タッチ対応のディスプレイが接続されていないときは、最初は [描画] タブが表示されません。以下の操作で、手動で表示しましょう。

ワザ020を参考に、[PowerPointのオプション] ダイアログボックスを表示しておく

1 [リボンのユーザー設定] をクリック

2 [描画] をクリックしてチェックマークを付ける

3 [OK] をクリック

[描画] がタブに追加された

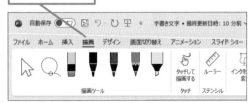

| 関連 020 | PowerPointの設定を変更したい | ▶ P.40 |

| 関連 230 | スライドに手書きの文字を入れるには | ▶ P.139 |

232

Q ペンの種類や太さを変更するには

A 使いたいペンをクリックして色や太さを変更します

ペンには「鉛筆」「ペン」「蛍光ペン」の3種類があり、ペンの一覧にはよく使うペンが表示されています。ペンの一覧から使いたいペンをクリックするとメニューが表示され、太さや色を選択できます。[ペンの追加] ボタンをクリックしてペンを追加することもできます。

[蛍光ペン] に変更する

1 [蛍光ペン] をクリック

2 ここをクリック 　 ここで線の太さを変更できる

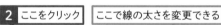

3 変更したい太さをクリック

ペンの太さが変更される

| 関連 230 | スライドに手書きの文字を入れるには | ▶ P.139 |

| 関連 231 | [描画] タブが表示されない！ | ▶ P.140 |

| 関連 233 | ペンで書き込んだ内容の一部を消去するには | ▶ P.141 |

233

Q ペンで書き込んだ内容の一部を消去するには

A ［消しゴム］機能を使います

［消しゴム］機能を使うと、ペンで書き込んだ内容をクリックしたりドラッグしたりして消去できます。消しゴムには「消しゴム（ストローク）」「消しゴム（ポイント）」「セグメント消しゴム」の3種類が用意されており、それぞれの消し方や消去範囲は以下の表の通りです。

1 ［描画］タブをクリック

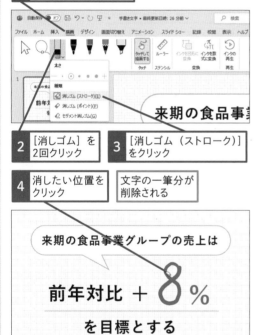

2 ［消しゴム］を
2回クリック

3 ［消しゴム（ストローク）］
をクリック

4 消したい位置を
クリック

文字の一筆分が
削除される

●消しゴムの種類

アイコン	名称	機能
	消しゴム（ストローク）	一筆ごとに消去される
	消しゴム（ポイント）	マウスでドラッグした箇所が消去される
	セグメント消しゴム	マウスでクリックした1セグメント（交差した部分）が消去される

234

Q ペンで書き込んだ内容を文字に変換するには

A ［インクをテキストに変換］をクリックします

ペンを使って入力した手書きの文字を選択して［インクをテキストに変換］ボタンをクリックすると、文字に変換できます。変換した文字はキーボードから入力した文字と同じように、さまざまな書式を設定できます。なお、この機能はMicrosoft 365のみで利用できます。

手書きの文字を入力しておく

1 ［選択］をクリック | **2** 文字をクリック

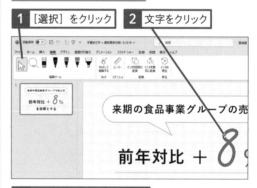

3 ［インクをテキストに変換］
をクリック

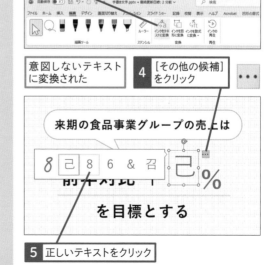

意図しないテキスト
に変換された

4 ［その他の候補］
をクリック

5 正しいテキストをクリック

（右側タブ）
基礎と画面表示 / 資料作成の基本 / 文字入力と書式 / スライドデザイン / 図形 / SmartArt / 表とグラフ / 画像と写真 / 動画とサウンド / スライドマスター / アニメーション / スライドショー / 印刷と配布資料 / ファイル管理 / 共有と共同作業 / 連携アプリ / 実践プレゼンテク

235

Q ペンで書き込んだ内容を 図に変換するには

A ［インクを図形に変換］を クリックします

ペンを使って入力した図形を選択して［インクを図形に変換］ボタンをクリックすると、図形に変換できます。変換した図形は「挿入」タブの「図形」ボタンから描画した図形と同じように、さまざまな書式を設定できます。

手書きの図形を書き込んでおく

1 ［選択］をクリック

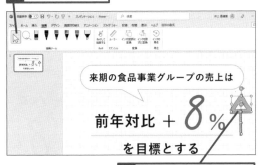

2 書き込んだ図形をクリック

3 ［インクを図形に変換］を クリック

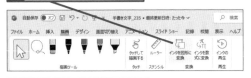

手書きの図形が矢印の図形に 変換された

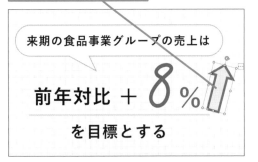

236

Q ペンで書き込んだ内容を 書いた通りに再生するには

A ［インクの再生］をクリックします

ペンを使って入力した文字や図形を選択して［インクの再生］ボタンをクリックすると、書いた順番の通りに再生できます。アニメーション機能を使わなくても、キーワードをじわじわと表示したり、手順を追った説明を順番に表示したり、イラストが完成する過程を分かりやすく表現できます。

ワザ230を参考に、スライドに 手書きの文字を入力しておく

1 ［描画］タブの［インクの再生］ をクリック

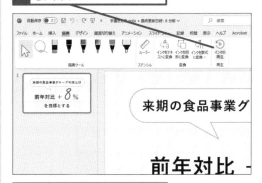

シークバーや［巻き戻し］［再生］ ［早送り］の画面が表示される

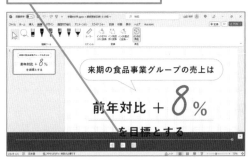

手書きの文字が書いた通りに 再生された

関連 232 ペンの種類や太さを変更するには　▶ P.140

基礎と画面表示

資料作成の基本

文字入力と書式

スライドデザイン

図形

SmartArt

表とグラフ

画像と写真

動画とサウンド

スライドマスター

アニメーション

スライドショー

印刷配布資料

ファイル管理

共有と共同作業

連携アプリ

プレゼン実践テク

第7章 表・グラフ作成の便利ワザ

表の作成

文字や数値の情報をたくさん見せたいときは、表にまとめると分かりやすくなります。ここでは、表の作成や編集、書式設定などに関する疑問を解決します。

237

2021 2019 2016 365
お役立ち度 ★★★

Q スライド上に表を作成するには

A ［表の挿入］アイコンをクリックします

Excelなどの表計算ソフトを使わずに、PowerPointだけでも表を作成できます。文字の情報を罫線で区切って表にまとめると、情報が整理され、見ただけで内容が分かりやすくなります。［タイトルとコンテンツ］や［タイトル付きのコンテンツ］など「コンテンツ」が含まれたレイアウトを利用すれば、スライドに表示され

表を挿入するスライドを表示しておく

1 ［表の挿入］をクリック

るアイコンをクリックし、［表の挿入］ダイアログボックスで行数と列数を指定するだけで簡単に表を作成できます。

［表の挿入］ダイアログボックスが表示された

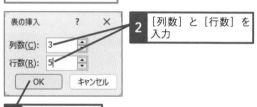

2 ［列数］と［行数］を入力

3 ［OK］をクリック

スライドに表が挿入された

4 セルをクリックして表の内容を入力

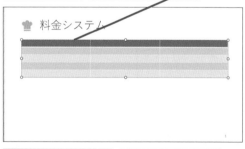

5 Tab キーを押して次のセルに移動

同様にして表の内容を入力する

📖 役立つ豆知識

セル内で改行するには

セルの中にカーソルがある状態で Enter キーを押すと、改行されます。間違って改行したときは、Back space キーを押すと、改行が削除されて前の行に戻ります。

関連 238	1枚のスライドに2つの表を並べて配置したい	▶P.144
関連 239	［表の挿入］アイコンがないスライドに表を挿入するには	▶P.144
関連 589	Excelで作成した表をスライドに貼り付けるには	▶P.313

基礎と
画面表示
の基本
資料作成
と書式
文字入力
スライド
デザイン
図形
Smart
Art
表と
グラフ
画像と
写真
サウンド
動画と
マスター
スライド
ション
アニメ
ショー
スライド
印刷と
配布資料
管理
ファイル
共有と
共同作業
連携
アプリ
実践
テク
プレゼン

238

Q 1枚のスライドに2つの表を
並べて配置したい

A ［2つのコンテンツ］のレイアウトを
使いましょう

［レイアウト］ボタンの一覧にある［2つのコンテンツ］
や［比較］のレイアウトを使うと、1枚のスライドに
2つの表を配置できます。3つ以上の表を配置した
いときは、ワザ237の操作で表を追加しましょう。

> 1つのスライドに2つの表を配置できるようレ
> イアウトを変更する

1 ［ホーム］タブ
をクリック

2 ［レイアウト］
をクリック

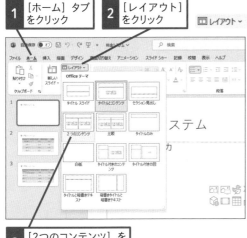

3 ［2つのコンテンツ］を
クリック

> プレースホルダーが
> 2つ配置された

> ［表の挿入］をクリックしてそ
> れぞれ表を挿入できる

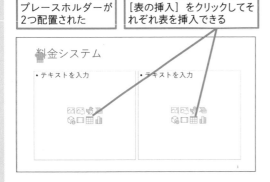

関連
239 ［表の挿入］アイコンがないスライドに
表を挿入するには ▶ P.144

239

Q ［表の挿入］アイコンがない
スライドに表を挿入するには

A ［挿入］タブの［表］ボタンを
クリックします

作成済みのスライドに表を作成したいときは、［挿入］
タブの［表］ボタンを使います。作成したいサイズの
右下のマス目をクリックすると、指定したサイズの
表が挿入できます。

> ここでは、4行×2列の
> 表を挿入する

1 ［挿入］タブを
クリック

2 ［表］を
クリック

> ［表］の下に表示される行と列を
> 確認しながらクリックする

3 ここをク
リック

> 4行×2列の表が挿入された

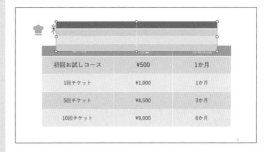

関連
238 1枚のスライドに2つの表を並べて
配置したい ▶ P.144

Q 作成済みの表に 新しい列を挿入したい

A ［右に列を挿入］や［左に列を挿入］ ボタンをクリックします

PowerPointの表には行や列を後から簡単に追加できます。不足している列があったときは、次の操作で列を追加します。同様に、行を追加するときは、［上に行を挿入］ボタンや［下に行を挿入］ボタンをクリックしましょう。

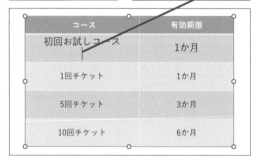

ここでは選択したセルの左に列を追加する

1 列を左に追加したいセルをクリック

2 ［レイアウト］タブをクリック

3 ［左に列を挿入］をクリック

🔲 左に列を挿入

選択したセルの左に列が挿入された

Q 行や列を削除するには

A ［行の削除］や［列の削除］ボタンをクリックします

不要な行は次の操作で削除します。［行の削除］をクリックすると、カーソルのある行全体が削除され、下側の行が上に詰まります。列を削除するときは、削除したい列を選択してから［削除］ボタンをクリックし、［列の削除］をクリックします。この場合は列全体が削除され、右側の行が左に詰まります。

1 削除したい列のセルをクリック

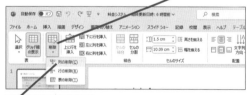

2 ［レイアウト］タブをクリック

3 ［削除］をクリック

削除

4 ［列の削除］をクリック

選択したセルの列が削除された

基礎と画面表示
資料作成の基本
文字入力と書式
スライドデザイン
図形
Smart Art
表とグラフ
画像と写真
動画とサウンド
スライドマスター
アニメーション
スライドショー
印刷と配布資料
ファイル管理
共有と共同作業
連携アプリ
プレゼン実践テク

基礎と画面表示
資料作成の基本
文字入力と書式
スライドデザイン
図形
SmartArt
表とグラフ
画像と写真
動画とサウンド
スライドマスター
アニメーション
スライドショー
印刷と配布資料
ファイル管理
共有と共同作業
アプリ連携
プレゼン実践テク

242

Q 列の順番を入れ替えたい

A 列を切り取ってから貼り付けます

表の列の順番を入れ替えるには、移動したい列を切り取ってから挿入したい列に貼り付けるといいでしょう。行を移動するときも同じです。なお、切り取りや貼り付けは、スライドの編集でよく使う操作です。［ホーム］タブから操作する以外にも Ctrl + X キー（切り取り）や Ctrl + V キー（貼り付け）のショートカットキーを覚えておくと便利です。

1 移動したい列をドラッグして選択

2 ［ホーム］タブをクリック　　3 ［切り取り］をクリック

選択した行が切り取られた　　4 移動先の列の一番上をクリック

5 ［貼り付け］をクリック　　列の順番が入れ替わる

関連 240　作成済みの表に新しい列を挿入したい　▶ P.145

243

Q 列や行を素早く選択するには

A マウスポインターの形に注目しましょう

表の列を1列分選択するには、列の上端にマウスポインターを合わせ、マウスポインターの形が下向きの黒い矢印に変わったときにクリックします。行を選択するには、行の左端にマウスポインターを合わせ、マウスポインターの形が右向きの黒い矢印に変わったときにクリックします。あるいは、［レイアウト］タブの［選択］ボタンから［列の選択］や［行の選択］をクリックする方法もあります。

● マウスで列を選択する

1 選択する列の上端にマウスポインターを合わせる　　マウスポインターの形が変わった

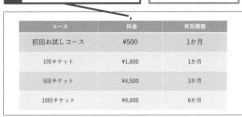

2 そのままクリック　　カーソルの下の列が選択される

● ［選択］ボタンを使って列を選択する

選択したい列のセルをクリックしておく　　1 ［レイアウト］タブをクリック

2 ［選択］をクリック

3 ［列の選択］をクリック

244

Q 表全体を移動するには

A 表の外枠をドラッグします

表をクリックすると、表のまわりに枠線が表示されます。この枠線をドラッグすると、表を好きな場所に移動できます。

1 表をクリック

2 表の枠線にマウスポインターを合わせる

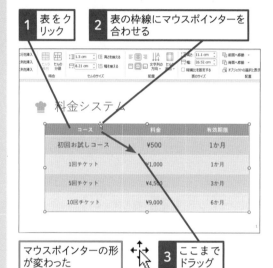

マウスポインターの形が変わった

3 ここまでドラッグ

表全体が移動した

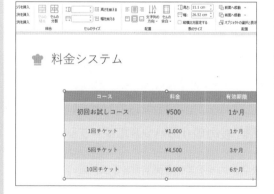

関連 248 表全体の大きさを変更するには　► P.148

245

Q 行の高さや列の幅を変更するには

A 行や列の境界線をドラッグします

表の挿入直後は、セルの大きさがすべて同じです。特定の行の高さや列の幅を変更するときは、列や行の境界線をドラッグします。このとき、1行目の見出しの行をほかの行の半分程度に縮めると、表がバランスよく整います。また、セル内の文字が数文字分改行されてしまうときは、列幅を広げて文字を1行に収めると見栄えがする表になります。

ここでは見出しの行を少し狭める

1 見出しの下の罫線にマウスポインターを合わせる

マウスポインターの形が変わった

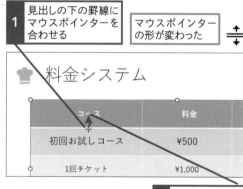

2 ここまでドラッグ

1行目の高さが変更できた

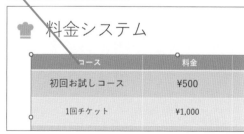

関連 246 列の幅を一発でそろえたい！　► P.148

関連 247 列幅を均等にそろえるには　► P.148

基礎と画面表示
資料作成の基本
文字入力と書式
スライドデザイン
図形
SmartArt
表とグラフ
画像と写真
動画とサウンド
スライドマスター
アニメーション
スライドショー
印刷と配布資料
ファイル管理
共有と共同作業
連携アプリ
実践テクプレゼン

246

サンプル　2021 2019 2016 365　お役立ち度 ★★★

Q 列の幅を一発でそろえたい！

A 境界線をダブルクリックします

列幅をセルに入力した文字ぴったりにするときは、変更する列の右側の境界線にマウスポインターを合わせてダブルクリックします。そうすると、文字数に合わせて列幅が自動的に調整されるため、手動で列幅を変更する手間が省けます。

1 列の境界線にマウスポインターを合わせる

マウスポインターの形が変わった

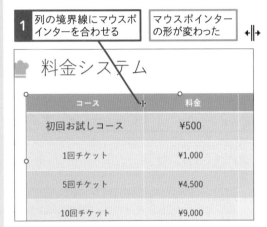

2 そのままダブルクリック

セルの文字に合わせて自動的に列幅が調整された

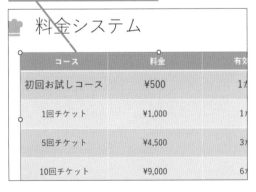

関連 242　列の順番を入れ替えたい　▶ P.146

関連 247　列幅を均等にそろえるには　▶ P.148

247

サンプル　2021 2019 2016 365　お役立ち度 ★★★

Q 列幅を均等にそろえるには

A ［幅を揃える］機能を使います

「1月」「2月」「3月」などの同類の項目があるときは、それぞれの列幅をそろえると見ためがきれいになります。［レイアウト］タブにある［幅を揃える］ボタンをクリックすると、表の列幅を列数で均等に分割した幅に自動的に変更できます。行の高さを均等にそろえるときは［高さを揃える］ボタンをクリックしましょう。

列幅を変更したいセルをドラッグして選択しておく

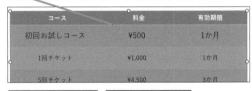

1 ［レイアウト］タブをクリック　**2** ［幅を揃える］をクリック

248

2021 2019 2016 365　お役立ち度 ★★☆

Q 表全体の大きさを変更するには

A 表の周りのハンドルをドラッグします

表全体のサイズを変更するときは、表のまわりにある8つのハンドルのいずれかをドラッグします。このとき、Shift キーを押しながら四隅のハンドルをドラッグすると、元の表の縦横比を保持したままサイズを変更できます。

関連 232　ペンの種類や太さを変更するには　▶ P.140

表の編集

表に色を付けたり、セル内の文字の位置を調整すると、表の見栄えが上がります。ここでは、表を編集するときの操作の疑問を解決します。

基礎と
画面表示

資料作成
の基本

文字入力
と書式

スライド
デザイン

図形

Smart
Art

表と
グラフ

画像と
写真

動画と
サウンド

スライド
マスター

アニメー
ション

スライド
ショー

印刷と
配布資料

ファイル
管理

共有と
共同作業

アプリ
連携

プレゼン
実践テク

249

サンプル | 2021 | 2019 | 2016 | 365
お役立ち度 ★ ★ ★

Q 表のデザインを簡単に変更したい

A ［表のスタイル］を使いましょう

表を挿入すると、スライドに適用されているテーマに合わせて自動的に色が付きますが、この色は後から変更できます。［表のスタイル］には、あらかじめ表をデザインしたパターンが登録されており、クリックするだけで表全体のデザインを変更できます。

表をクリックして選択しておく

1 ［テーブルデザイン］タブをクリック

2 ［テーブルスタイル］をクリック

3 適用したいデザインにマウスポインターを合わせる

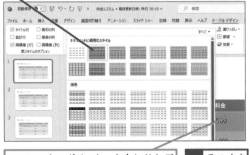

ここにマウスポインターを合わせたデザインがプレビューされる

4 そのままクリック

選択したデザインに変更される

250

サンプル | 2021 | 2019 | 2016 | 365
お役立ち度 ★ ★ ☆

Q 1行目のデザインをほかとそろえたい

A ［タイトル行］のチェックをオフにします

ワザ249の［表のスタイル］に登録されているデザインは、どれも1行目に表の見出しがあることを想定しています。見出しのない表を作成したときなど、デザインを削除したい場合は、［テーブルデザイン］タブにある［タイトル行］のチェックマークをはずします。

表をクリックして選択しておく

1 ［テーブルデザイン］タブをクリック

2 ［タイトル行］をクリックしてチェックマークをはずす

1行目のタイトル行のデザインを削除できた

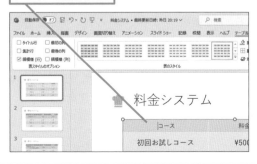

基礎と
画面表示

資料作成
の基本

文字入力
と書式

スライド
デザイン

図形

Smart
Art

表と
グラフ

画像と
写真

動画と
サウンド

スライド
マスター

アニメー
ション

スライド
ショー

印刷と
配布資料

ファイル
管理

共有と
共同作業

連携
アプリ

実践テク
プレゼン

251

サンプル　| 2021 | 2019 | 2016 | 365 |
お役立ち度 ★ ★ ☆

Q セルの余白を変更するには

セルに入力した文字のまわりには自動的に余白が付きます。余白の大きさを変更するには、[レイアウト] タブの [セルの余白] ボタンをクリックします。最初に列単位や行単位で選択しておくと、複数のセルの余白をまとめて変更できます。

A [セルの余白] ボタンを
クリックします

余白を変更するセルをクリックしておく

1 [レイアウト] タブを
クリック

2 [セルの余白]
をクリック

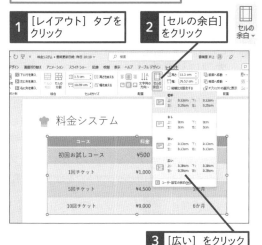

3 [広い] をクリック

選択したセルの行の
余白が広くなった

🍳 料金システム

コース	料金	
初回お試しコース	¥500	
1回チケット	¥1,000	
5回チケット	¥4,500	
10回チケット	¥9,000	

関連
245　行の高さや列の幅を変更するには　▶ P.147

252

サンプル　| 2021 | 2019 | 2016 | 365 |
お役立ち度 ★ ★ ☆

Q 特定のセルに色を付けて
強調したい

A [塗りつぶし] ボタンから色を
指定します

セルの色を手動で変更するには、色を付けたいセルや行、列を選択してから、[テーブルデザイン] タブにある [塗りつぶし] ボタンをクリックします。単色で塗りつぶすだけでなく、グラデーションや木目などのテクスチャで塗りつぶすこともできます。ただし、セル内の文字が読みづらくならないように注意しましょう。

1 好きな色を付けたいセルをクリック

2 [テーブルデザイン] タブをクリック

3 [塗りつぶし] をクリック

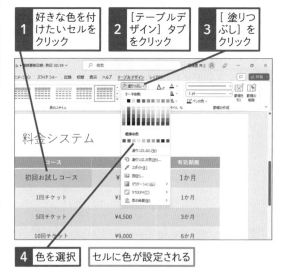

4 色を選択　　セルに色が設定される

関連
249　表のデザインを簡単に変更したい　▶ P.149

Q 2つのセルを1つにまとめたい

A セルを結合しましょう

複数のセルを1つにまとめることを「結合」と呼びます。横方向に連続したセルや縦方向に連続したセル、縦横に連続したセルを自由に結合できます。それぞれのセルに文字が入力されている状態でセルを結合すると、左上のセルに文字がまとめて表示されます。

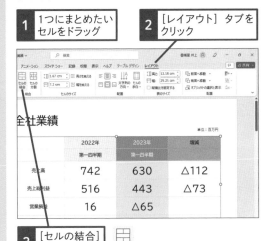

1 1つにまとめたいセルをドラッグ

2 [レイアウト] タブをクリック

3 [セルの結合] をクリック

2つのセルが1つにまとまった

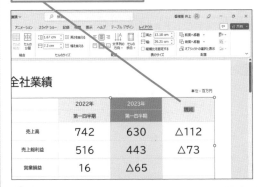

関連 254	セルを分割して別の文字を入力したい	▶ P.151
関連 263	マウス操作で罫線の一部を削除するには	▶ P.155

Q セルを分割して別の文字を入力したい

A [セルの分割] 機能でできます

1つのセルを2つのセルに分割するときは、[レイアウト] タブにある [セルの分割] ボタンをクリックします。[セルの分割] ダイアログボックスで [列数] と [行数] を指定すると、縦方向や横方向などに自由に分割できます。

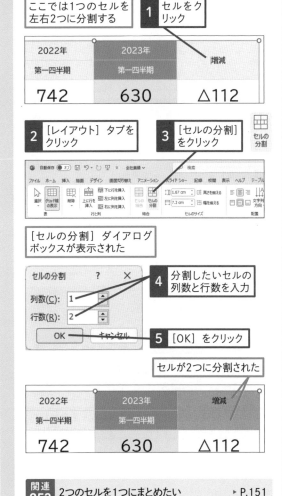

ここでは1つのセルを左右2つに分割する

1 セルをクリック

2 [レイアウト] タブをクリック

3 [セルの分割] をクリック

[セルの分割] ダイアログボックスが表示された

4 分割したいセルの列数と行数を入力

5 [OK] をクリック

セルが2つに分割された

関連 253	2つのセルを1つにまとめたい	▶ P.151
関連 264	罫線でセルを分割するには	▶ P.155

255

Ⓠ セルに凹凸感を出したい

Ⓐ ［セルの面取り］機能を使いましょう

セルに凹凸感を出すには、［面取り］を設定します。特定のセルを選択することで、一部のセルだけに凹凸を設定することも可能です。

セルを選択しておく

1 ［テーブルデザイン］タブをクリック

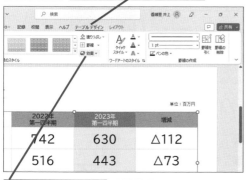

2 ［効果］をクリック　◈ 効果 ⌄

3 ［セルの面取り］にマウスポインターを合わせる

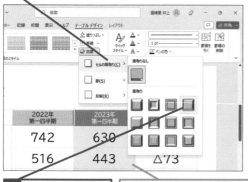

4 セルに設定したいデザインをクリック

マウスポインターを合わせたデザインがプレビューされる

表が立体的になる

関連 **249** 表のデザインを簡単に変更したい ▶ P.149

256

Ⓠ 文字をセルの上下中央に配置するには

Ⓐ ［上下中央揃え］ボタンをクリックします

行の高さを広げると、文字がセルの上側に詰まって表示されます。セル内の縦方向の配置は、［レイアウト］タブにある［上揃え］［上下中央揃え］［下揃え］ボタンで変更できます。

表のプレースホルダーを選択しておく

1 ［レイアウト］タブをクリック

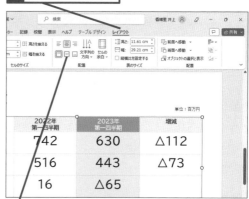

2 ［上下中央揃え］をクリック

セル内の文字が上下中央にそろった

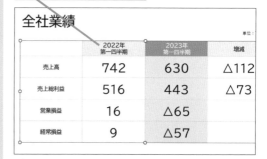

関連 **259** 表の罫線を全部なくしたい ▶ P.153

257

サンプル ／ 2021 2019 2016 365
お役立ち度 ★★☆

Q セルの中で文字の先頭位置をずらすには

A [Ctrl]+[Tab]キーを押します

セル内で文字の階層関係を付けたいときは、文字の先頭位置をずらすといいでしょう。セル内で先頭位置をずらすには、[Ctrl]+[Tab]キーを押します。[Ctrl]+[Tab]キーを押すごとに、先頭位置が次々と右側にずれます。なお、表内で[Tab]キーだけを押すと、右のセルや左下のセルにカーソルが移動してしまいます。

> 関連 256 文字をセルの上下中央に配置するには ▶ P.152

1 ここをクリック
2 [Ctrl]+[Tab]キーを押す

| 初回お試しコース
※1人1回のみ利用可 | ¥500 |
| 1回チケット | ¥1,000 |

文字の先頭位置が右側にずれた

| 初回お試しコース
　　　※1人1回のみ利用可 | ¥500 |
| 1回チケット | ¥1,000 |

ショートカットキー
タブの挿入
[Ctrl]+[Tab]

258

サンプル ／ 2021 2019 2016 365
お役立ち度 ★★★

Q セルの文字を縦書きにするには

A [文字列の方向]を変更します

複数行にまたがるセルの文字は縦書きで表示するといいでしょう。[レイアウト]タブにある[文字列の方向]ボタンから[縦書き]をクリックすると、セルの文字を縦書きに変更できます。

1 文字を縦書きにしたいセルをクリック
2 [レイアウト]タブをクリック

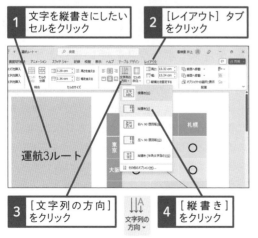

3 [文字列の方向]をクリック
4 [縦書き]をクリック

文字列の方向▾

セル内の文字が縦書きになる

259

サンプル ／ 2021 2019 2016 365
お役立ち度 ★★☆

Q 表の罫線を全部なくしたい

A [罫線]の一覧から[枠なし]を選びます

罫線の色が濃いと、罫線ばかりが目立つ表になってしまう場合があります。このようなときは、思い切って罫線をなしにしてみるといいでしょう。あるいは、罫線の色を白やグレーなどの薄い色に変更するのも効果的です。

表を選択しておく
1 [テーブルデザイン]タブをクリック

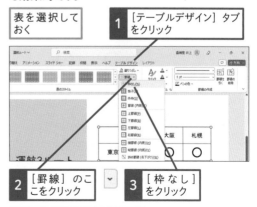

2 [罫線]のここをクリック
3 [枠なし]をクリック

表に罫線が表示されなくなる

基礎と画面表示

資料作成の基本

文字入力と書式

スライドデザイン

図形

Smart Art

表とグラフ

画像と写真

動画とサウンド

スライドマスター

アニメーション

スライドショー

印刷と配布資料

ファイル管理

共有と共同作業

連携アプリ

プレゼン実践テク

基礎と
画面表示
資料作成
の基本
文字入力
と書式
デザイン
スライド
図形
Smart
Art
表と
グラフ
画像と
写真
動画と
サウンド
スライド
マスター
アニメー
ション
スライド
ショー
印刷と
配布資料
ファイル
管理
共有と
共同作業
アプリ
連携
プレゼン
実践テク

260

サンプル　| 2021 | 2019 | 2016 | 365 |
お役立ち度 ★ ★ ☆

Q 斜めの罫線は
どうやって引くの？

A ［斜め罫線（右下がり）］や［斜め罫
線（右上がり）］を使います

表の一番左上のセルや、データがないことを示すセ
ルには斜線を引くことがあります。セルに斜線を引
くには、斜線を引きたいセルをクリックし、罫線の
一覧から［斜め罫線（右下がり）］や［斜め罫線（右
上がり）］をクリックします。

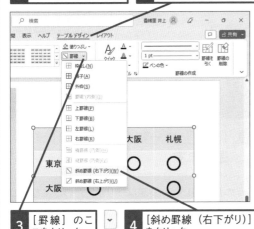

1 斜めの罫線を引きた
いセルをクリック

2 ［テーブルデザイン］
タブをクリック

3 ［罫線］のこ
こをクリック

4 ［斜め罫線（右下がり）］
をクリック

斜めの罫線が引かれた

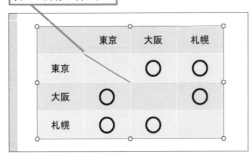

| 関連 264 | 罫線でセルを分割するには | ▶ P.155 |

261

サンプル　| 2021 | 2019 | 2016 | 365 |
お役立ち度 ★ ★ ☆

Q 強調したいデータに
丸を付けて目立たせたい

A 楕円の図形でデータを囲みましょう

表の中で特に強調したいデータは、目立たせる工夫
が必要です。以下のように［楕円］の図形でデータ
を囲むと、聞き手の視線を自然と集められます。こ
のとき、円の線の色は目立つような色を選択し、線
の太さも太くすると効果的です。あるいは、ワザ252
を参考に、強調したいセルだけ、別の色で塗りつぶ
して目立たせてもいいでしょう。

1 ワザ158を参考に
楕円の図形を描画

| 半期 | 第一四半期 | |
| 2 | 630 | △1 |

強調したいデータを目
立たせることができる

| 関連 158 | 真ん丸な円を描くには | ▶ P.105 |
| 関連 252 | 特定のセルに色を付けて強調したい | ▶ P.150 |

262

| 2021 | 2019 | 2016 | 365 |
お役立ち度 ★ ★ ☆

Q 表の外に出典や備考を
入れたい

A テキストボックスを使いましょう

表のデータをほかの資料から引用した場合は、出
典を明確にしておくことが大切です。また、表の内
容に関する備考を追記したいこともあるでしょう。
このようなときは、ワザ058で解説したテキストボッ
クスを使って表の右下に入力します。出典や備考の
文字サイズは、表のセルに入力した文字サイズより
も小さめに設定します。

| 関連 058 | 好きな位置に文字を入力するには | ▶ P.58 |

263

サンプル

2021 2019 2016 365
お役立ち度 ★★☆

Q マウス操作で罫線の一部を削除するには

A ［罫線の削除］機能を使います

［テーブルデザイン］タブにある［罫線の削除］ボタンを使うと、消したい罫線をクリックしたりドラッグしたりして削除できます。罫線を削除すると、罫線で区切られていたセルが自動的に結合され、それぞれのセルに入力されていた文字はまとめて表示されます。

> **1** ［テーブルデザイン］タブをクリック

> **2** ［罫線の削除］をクリック

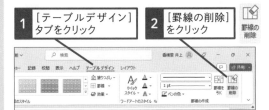

> マウスポインターの形が変わった

> **3** 削除したい罫線をクリック

単位：百万円

2022年	2023年	増減
第一四半期	第一四半期	
742	630	△112
516	443	△73

> 罫線が削除され、セルが結合された

> Esc キーを押すと、［罫線の削除］機能を終了できる

単位：百万円

2022年	2023年	増減
第一四半期	第一四半期	
742	630	△112
516	443	△73

関連 253　2つのセルを1つにまとめたい　▶ P.151

関連 264　罫線でセルを分割するには　▶ P.155

264

サンプル

2021 2019 2016 365
お役立ち度 ★★☆

Q 罫線でセルを分割するには

A セル内の罫線を描画します

［テーブルデザイン］タブにある［罫線を引く］ボタンを使うと、表内のセルを分割することができます。マウスポインターが鉛筆の形になった状態で、セルの上を水平にドラッグしましょう。新しいセルが下に追加され、同じ行のほかのセルの高さが自動的に変化します。なお、垂直方向にドラッグした場合は、新しいセルが右に追加されます。

> **1** ［テーブルデザイン］タブをクリック

> **2** ［罫線を引く］をクリック

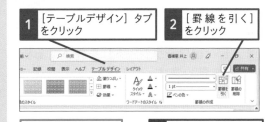

> マウスポインターの形が変わった

> **3** 分割したいセルの上を水平にドラッグ

単位：百万円

2022年	2023年	増減
一四半期	第一四半期	
742	630	△112

> セルが分割され、新しいセルが下に追加された

単位：百万円

2022年	2023年	増減
一四半期	第一四半期	
742	630	△112

> 垂直にドラッグすると新しいセルが右に追加される

関連 254　セルを分割して別の文字を入力したい　▶ P.151

関連 263　マウス操作で罫線の一部を削除するには　▶ P.155

基礎と画面表示
資料作成の基本
文字入力と書式
スライドデザイン
図形
SmartArt
表とグラフ
画像と写真
動画とサウンド
スライドマスター
アニメーション
スライドショー
印刷と配布資料
ファイル管理
共有と共同作業
連携アプリ
実践テクプレゼン

265

2021 2019 2016 365
お役立ち度 ★★★

Q PowerPointの表では計算できないの?

A できません

PowerPointには、Excelのような計算機能がありません。セルのデータを計算したいときは、最初から

Excelで表を作成するか、ワザ266の操作で、スライドにExcelのワークシートを挿入します。すると、PowerPointの中で一時的にExcelの機能を使って計算できます。

関連 589 Excelで作成した表を スライドに貼り付けるには ▶ P.313

関連 593 リンク貼り付けしたグラフの背景の色を 透明にしたい ▶ P.316

266

2021 2019 2016 365
お役立ち度 ★★★

Q スライドにExcelのワークシートを入れるには

A [Excelワークシート] を挿入する機能を使います

以下の操作でスライドの中にExcelのワークシートを挿入すると、タイトルバーやリボンがExcelに切り替わり、関数やデータベースなど、Excelの機能が使えるようになります。わざわざExcelを起動する必要はありません。Excelの操作に慣れている人にはお薦めです。

Excelの画面が表示された

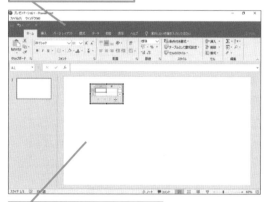

表以外の箇所をクリックするとExcelの画面が閉じる

Excelのワークシートで作成した表はダブルクリックするとExcelの画面が再表示する

1 [挿入] タブをクリック

2 [表] をクリック

3 [Excelワークシート] をクリック

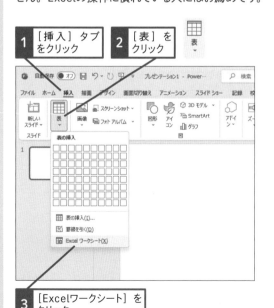

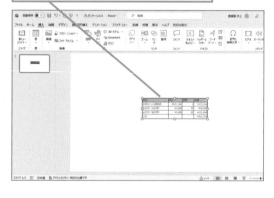

関連 589 Excelで作成した表を スライドに貼り付けるには ▶ P.313

グラフの挿入

数値をグラフにすると、大きさや推移や割合を強調して伝えられます。ここでは、グラフに関する疑問を解決するほか、グラフの利用テクニックを紹介します。

267

サンプル | 2021 2019 2016 365
お役立ち度 ★ ★ ★

Q PowerPointでグラフを作成するには

A [グラフの挿入] ボタンをクリックします

数値をグラフ化すると、数値の全体的な傾向がひと目で分かります。スライドにある [グラフの挿入] ボタンをクリックしてからグラフの種類を選ぶと、データシートと仮のグラフが表示されます。データシートのセルにデータを入力すると、自動的にPowerPointのグラフに反映されます。[挿入] タブの [グラフの追加] ボタンをクリックして、グラフを作成することもできます。

表を挿入するスライドを
表示しておく

1 [グラフの挿入]
をクリック

[グラフの挿入] ダイアログ
ボックスが表示された

2 [縦棒] をクリック | 3 グラフを選択

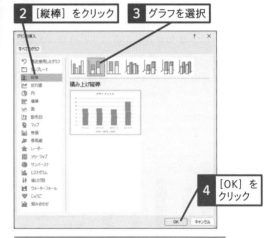

4 [OK] を
クリック

グラフが作成され、仮のデータが入力済みの
データシートが表示された

5 グラフのデータを
入力 | 6 [閉じる] を
クリック

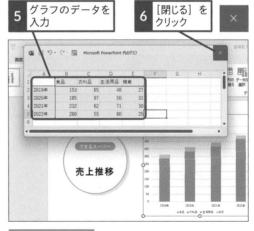

グラフが完成する

関連 272	作成したグラフを別のグラフに変更したい	▶ P.159
関連 454	表やグラフにアニメーションを付けるには	▶ P.247
関連 589	Excelで作成した表をスライドに貼り付けるには	▶ P.313
関連 593	リンク貼り付けしたグラフの背景の色を透明にしたい	▶ P.316

基礎と画面表示
資料作成の基本
文字入力と書式
スライドデザイン
図形
SmartArt
表とグラフ
画像と写真
動画とサウンド
スライドマスター
アニメーション
スライドショー
印刷と配布資料
ファイル管理
共有と共同作業
連携アプリ
実践プレゼンテク

基礎と画面表示
資料作成の基本
文字入力と書式
スライドデザイン
図形
Smart Art
表とグラフ
画像と写真
動画とサウンド
スライドマスター
アニメーション
スライドショー
印刷と配布資料
ファイル管理
共有と共同作業
連携アプリ
プレゼン実践テク

268

2021 2019 2016 365
お役立ち度 ★★★

Q グラフにある要素と名前を知りたい

A マウスポインターを合わせて確認しましょう

グラフは［プロットエリア］や［項目軸］など、複数の要素で構成されています。グラフの内容や見ためを変えるときは、要素を正しく選択する必要があるので、代表的な要素を覚えておきましょう。なお、グラフ上で要素にマウスポインターを合わせると、マウスポインターの下に要素名が表示されます。また、PowerPointのバージョンで要素名が異なります。

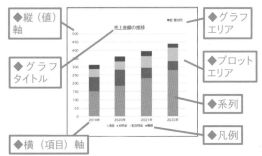

269

2021 2019 2016 365
お役立ち度 ★★☆

Q グラフを削除するには

A Delete キーを押します

作成したグラフを削除するには、グラフをクリックして選択してから Delete キーを押します。

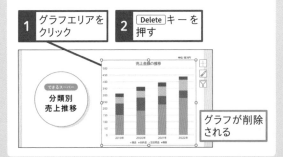

270

サンプル
2021 2019 2016 365
お役立ち度 ★★★

Q グラフの元データはどうやって編集するの？

A ［データの編集］ボタンをクリックします

グラフの元データを表示するには、［グラフのデザイン］タブにある［データの編集］ボタンをクリックします。そうすると、データシートが表示されます。ただし、データシートでは簡易的な作業しか行えません。Excelの機能をフルに使ってデータを編集したいときは、［データの編集］ボタンから［Excelでデータを編集］をクリックしましょう。

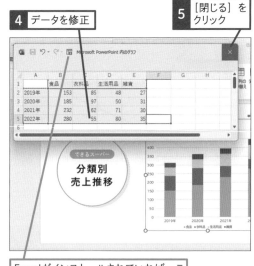

Excelがインストールされていれば、ここをクリックしてグラフをExcelで編集することもできる

基礎と画面表示

資料作成の基本

文字入力と書式

スライドデザイン

図形

Smart Art

表とグラフ

画像と写真

動画とサウンド

スライドマスター

アニメーション

スライドショー

印刷と配布資料

ファイル管理

共有と共同作業

連携アプリ

プレゼン実践テク

271

サンプル　2021 2019 2016 365
お役立ち度 ★★★

Q 必要のないデータだけグラフ
から削除したい

A データシートの青枠の範囲を
調整します

データシートで青い枠線で囲まれているのがグラフ化
されているデータです。グラフに必要のないデータが
あるときは、青い枠線の右下のハンドルにマウスポイ
ンターを合わせ、必要なデータだけが囲まれるように
ドラッグします。あるいは、不要な行や列を丸ごと削
除しても構いません。

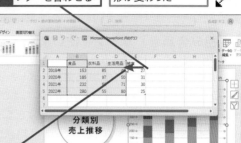

ワザ270を参考にデータシートを
表示しておく

1 ここにマウスポインターを合わせる　マウスポインターの形が変わった

2 ここまでドラッグ　選択したデータだけのグラフが表示される

272

サンプル　2021 2019 2016 365
お役立ち度 ★★☆

Q 作成したグラフを
別のグラフに変更したい

A ［グラフの種類の変更］ボタンを
クリックします

グラフの種類を間違えると、聞き手に正しい情報が
伝わらない恐れがあります。グラフの種類は、［グラ
フの種類の変更］ダイアログボックスで変更できま
す。グラフを作り直す必要はありません。

1 グラフエリア
をクリック

2 ［グラフのデザイン］タブを
クリック

3 ［グラフの種類の
変更］をクリック

4 変更したいグラフの
デザインを選択

273

2021 2019 2016 365
お役立ち度 ★★☆

Q グラフのポイントを
強調したい！

A ポイントを記入した図形を添えると
いいでしょう

グラフのどの部分に注目するかは人によって異なり
ます。グラフで伝えたいポイントを吹き出しの図形
などに入力してグラフに添えると、聞き手に同じ箇
所に注目してもらえます。

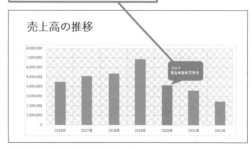

ワザ158を参考に、吹き出しを
描画してポイントを入力する

グラフのポイントが目立つ
ようになった

関連
158　真ん丸な円を描くには　▶ P.105

274

Q 棒グラフと折れ線グラフを組み合わせて表示したい

A ［組み合わせ］グラフを使います

以下の例は、「売上数」と「平均気温」を表した折れ線グラフです。明るい青の折れ線が売上数ですが、売上数と平均気温でそもそも数値の差が大きすぎるため、2つの関係性が見いだせなくなってしまいました。こういった場合は、売上数を棒グラフにして、売上数

と平均気温のそれぞれに縦（値）軸の目盛りを表示するといいでしょう。最初はすべてのデータを棒グラフで表しますが、後から特定のデータを折れ線グラフに変更し、第2軸を設定します。PowerPointでは、［グラフの種類の変更］ダイアログボックスで［組み合わせ］を選ぶと、グラフの種類と第2軸を簡単に設定できます。操作結果の図のように、1つのグラフの中に異なる種類のグラフを組み合わせたものをグラフのことを「複合グラフ」と呼びます。このワザの例では、「売上数と平均気温に関係性があるのかどうか」をひと目で確認できるようになります。

1　棒グラフに変更する折れ線をクリック

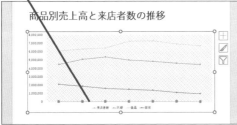

2　［グラフのデザイン］タブをクリック

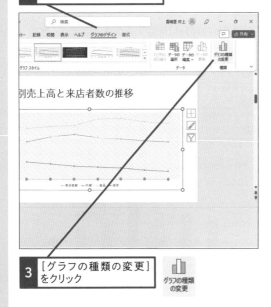

3　［グラフの種類の変更］をクリック

グラフの種類の変更

4　［売上数］のここをクリック

5　［集合縦棒］をクリック

設定したグラフがプレビューされた

6　［平均気温］の［第2軸］をクリックしてチェックマークを付ける

7　［OK］をクリック

棒グラフと折れ線グラフの複合グラフを作成できる

関連 267　PowerPointでグラフを作成するには　▶ P.157

275

サンプル | 2021 | 2019 | 2016 | 365
お役立ち度 ★★☆

Q スライドの模様が邪魔で表やグラフがよく見えない

動画で見る

A 背景の模様を消しましょう

スライドのテーマによっては、模様が邪魔をしてグラフが見づらくなることがあります。このようなときは、以下の操作で [背景グラフィックを表示しない] のチェックマークを付けて、模様を非表示にしましょう。表が見づらいときにも同じように操作できます。

スライドの背景の模様を
非表示にする

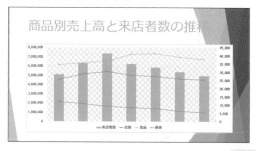

| 1 | [デザイン] タブをクリック | 2 | [背景の書式設定] をクリック |

[背景の書式設定] 作業ウィンドウが
表示された

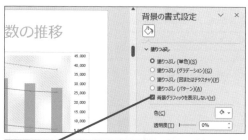

| 3 | [背景グラフィックを表示しない] をクリックしてチェックマークを付ける | スライドの模様が非表示になる |

関連 133 | 特定のスライドだけ別のテーマを適用するには ▶ P.93

276

2021 | 2019 | 2016 | 365
お役立ち度 ★★☆

Q 3D円グラフは使わないほうがいいって本当?

A 2D円グラフのほうが正確に割合を示せます

3D円グラフは、遠近法によって手前にあるものが大きく見え、奥にあるものが小さく見えるため、数値の割合を正確に伝えられない場合があります。数値の割合を示すときは、できるだけ2D円グラフを使いましょう。比較する要素が2つしかないような単純な円グラフで、デザイン性を重視する場合は3D円グラフでもいいでしょう。

◆3Dの円グラフ

●同じ割合の見え方の違い

30代の割合が円の大半を
占めているように見える

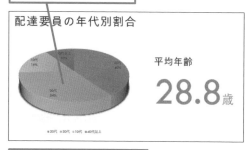

手前に表示されたときよりも
30代の割合が小さく見える

基礎と画面表示

資料作成の基本

文字入力と書式

スライドデザイン

図形

Smart Art

表とグラフ

画像と写真

動画とサウンド

スライドマスター

アニメーション

スライドショー

印刷と配布資料

ファイル管理

共有と共同作業

アプリ連携

プレゼン実践テク

グラフの編集

グラフの色を変えたり目盛りを見やすくしたりすると、グラフの分かりやすさが向上します。ここでは、グラフの種類ごとによく使う編集機能を解説します。

277

サンプル | 2021 | 2019 | 2016 | 365
お役立ち度 ★★★

Q グラフ全体のデザインを変更するには

A [グラフスタイル]を適用します

グラフ全体のデザインを一度に変更したいときは、[グラフスタイル]の機能を使うと便利です。[グラフスタイル]には、あらかじめいくつものグラフデザインのパターンが登録されているので、クリックするだけでグラフ全体のデザインが変わります。なお、グラフの色合いを変更したいときは、[色の変更]ボタンをクリックします。グラフの一部分のデザインを変更したいときは、ワザ281を参照してください。

| 1 グラフエリアをクリック | 2 [グラフのデザイン]タブをクリック |

| 3 [クイックスタイル]をクリック |

| 4 デザインを選択 |

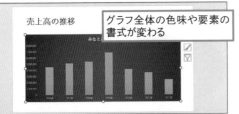

グラフ全体の色味や要素の書式が変わる

278

サンプル | 2021 | 2019 | 2016 | 365
お役立ち度 ★★☆

Q グラフの背景を明るい色に変更したい！

A [グラフエリア]の色を変更します

グラフは、[データ系列]や[グラフエリア]など、それぞれの要素ごとに書式を設定できます。例えば、グラフの背景の色を変更したいときは、[グラフエリア]をクリックし、[書式]タブにある[図形の塗りつぶし]ボタンをクリックします。

| 1 グラフエリアをクリック |

| 2 [書式]タブをクリック | 3 [図形の塗りつぶし]をクリック |

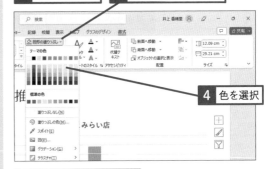

| 4 色を選択 |

グラフの背景色が変わった

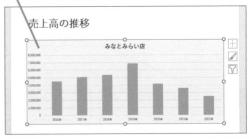

関連 277 グラフ全体のデザインを変更するには ▶ P.162

Q グラフタイトルを削除してしまった！

A 後からグラフの要素を追加できます

グラフを作成すると、自動的にグラフの上側に仮の
タイトルが表示されます。[グラフタイトル] をクリッ
クして、タイトルの文字を入力しましょう。グラフタ
イトルを削除してしまったときは、[グラフのデザイ
ン] タブにある [グラフ要素を追加] ボタンから [グ
ラフタイトル] をクリックし、表示する位置を選択し
ます。また、グラフ右上の [グラフ要素] ボタンで
もグラフタイトルを追加できます。

| 1 | グラフエリアをクリック | 2 | [グラフのデザイン] タブをクリック |

| 3 | [グラフ要素を追加] をクリック | 4 | [グラフタイトル] にマウスポインターを合わせる |

| 5 | [グラフの上] をクリック | | グラフの上にタイトルが表示される |

●[グラフ要素] ボタンの利用

| 1 | [グラフ要素] をクリック | 2 | [グラフタイトル] をクリックしてチェックマークを付ける |

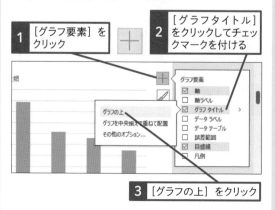

| 3 | [グラフの上] をクリック |

Q グラフ内の文字サイズをまとめて変更するには

A グラフエリアをクリックしてから変更します

フラフ内の要素は個別に文字サイズを変更できます
が、グラフエリアをクリックしておくと、グラフ内の
すべての文字サイズをまとめて変更できます。この
とき、[ホーム] タブの [フォントサイズの拡大] ボ
タンをクリックすると、現在の文字サイズに合わせ
て同じ割合で拡大できます。

| 1 | グラフエリアをクリック | 2 | [ホーム] タブをクリック |

| 3 | [フォントサイズ] をクリック | 4 | フォントサイズを選択してクリック |

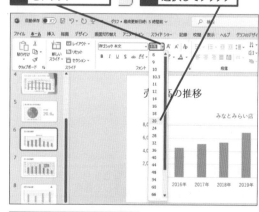

| | グラフ内のフォントサイズがまとめて変更された |

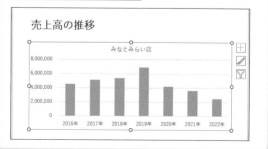

基礎と
画面表示

資料作成
の基本

文字入力
と書式

スライド
デザイン

図形

Smart
Art

表と
グラフ

画像と
写真

動画と
サウンド

スライド
マスター

アニメー
ション

スライド
ショー

印刷と
配布資料

ファイル
管理

共有と
共同作業

アプリ
連携

プレゼン
実践テク

281

サンプル 　2021 2019 2016 365
お役立ち度 ★ ★ ☆

Q 棒グラフの特定の棒の色だけを変更したい

A 目的の棒を2回ゆっくりクリックします

棒グラフの中で1本だけ色が違うと、自然とその場所に注目が集まります。注目してほしい棒の色を変更するには、色を変えたい棒をゆっくり2回クリックして選択します。この状態で、[図形の塗りつぶし]ボタンから変更後の色を選択します。

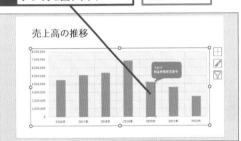

1 目立たせたい棒グラフをゆっくり2回クリック
データ要素が選択された

2 [書式] タブをクリック

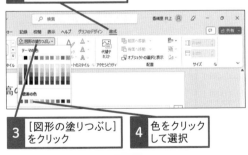

3 [図形の塗りつぶし]をクリック
4 色をクリックして選択

選択した棒だけ色が変わった

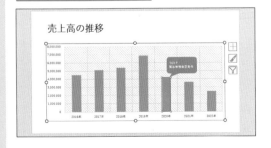

282

2021 2019 2016 365
お役立ち度 ★ ★ ★

Q 棒グラフにイラストを積み上げたい

A 用意したイラストで棒を塗りつぶします

車の販売数を車のイラストを積み上げて示すような「絵グラフ」は、直感的で親しみやすい印象があります。イラスト入りの棒グラフを作成するには、用意したイラストで棒を塗りつぶします。このとき、イラスト1つが示す数値を操作8で指定します。ここでは、[アイコン]機能で検索したイラストをクリップボードにコピーし、1つのイラストが50人を示すように指定しました。

ワザ303を参考に、人型のアイコンを挿入しておく
アイコンを選択しておく

1 [ホーム] タブをクリック
2 [コピー]をクリック
3 Delete キーを押す

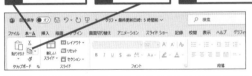

ワザ286を参考に、[データ系列の書式設定]作業ウィンドウを表示しておく

4 [塗りつぶし]をクリック

5 [塗りつぶし（図またはテクスチャ）]をクリック

6 [クリップボード]をクリック

7 [拡大縮小と積み重ね]をクリック

8 [単位/図]に[50]と入力

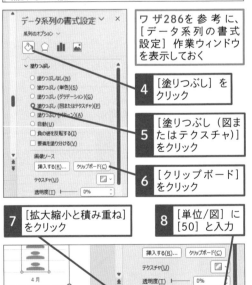

基礎と
画面表示

資料作成
の基本

文字入力
と書式

スライド
デザイン

図形

Smart
Art

表と
グラフ

画像と
写真

動画と
サウンド

スライド
マスター

アニメー
ション

スライド
ショー

印刷と
配布資料

ファイル
管理

共有と
共同作業

アプリ
連携

プレゼン
実践テク

283

**Q 折れ線グラフの角を
滑らかにしたい**

A ［スムージング］機能を使います

折れ線グラフは、値と値を直線で結び、線の傾き
具合で数値の推移を表します。折れ線グラフの直線
を滑らかな曲線で表示したいときは、以下の操作で
［データ系列の書式設定］作業ウィンドウを表示し
て、［スムージング］にチェックマークを付けます。

> ワザ267を参考に、操作2以降で［折れ線グラフ］
> を選択して折れ線グラフを作成しておく

1 折れ線グラフを
右クリック

2 ［データ系列の書式設定］
をクリック

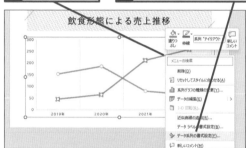

［データ系列の書式設定］作
業ウィンドウが表示された

3 ［塗りつぶしと
線］をクリック

4 ［スムージング］をクリック
してチェックマークを付ける

折れ線グラフが滑
らかな曲線になる

| 関連 274 | 棒グラフと折れ線グラフを
組み合わせて表示したい | ▶ P.160 |
|---|---|---|
| 関連 284 | 折れ線グラフの線を太くしたい | ▶ P.165 |

284

**Q 折れ線グラフの線を
太くしたい**

**A ［データ系列の書式設定］画面で
線の太さを変更します**

折れ線グラフ作成直後の線が細くて目立たないとき
は、以下の操作で［データ系列の書式設定］作業ウィ
ンドウを開きます。［塗りつぶしと線］の［幅］の数
値を大きくすると、折れ線グラフの線が太くなります。

1 折れ線グラフを
右クリック

2 ［データ系列の書式設定］
をクリック

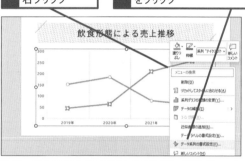

［データ系列の書式設
定］作業ウィンドウが
表示された

3 ［塗りつぶしと線］
をクリック

4 ［幅］に太さを入力

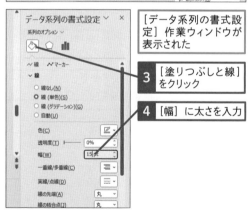

折れ線グラフの線が太くなった

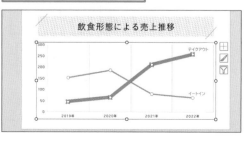

基礎と画面表示
資料作成の基本
文字入力と書式
スライドデザイン
図形
Smart Art
表とグラフ
画像と写真
動画とサウンド
スライドマスター
アニメーション
スライドショー
印刷と配布資料
ファイル管理
共有と共同作業
連携アプリ
実践プレゼンテク

285

❓ 折れ線グラフのマーカーの形やサイズを変えるには

🅰 ［データ系列の書式設定］画面で形やサイズを変更します

折れ線グラフの線と線をつなぐ●や◇の記号のことを「マーカー」と呼びます。最初に表示されたマーカーの形やサイズ、色などは［データ系列の書式設定］作業ウィンドウで後から変更できます。

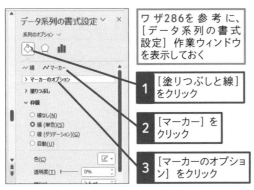

ワザ286を参考に、［データ系列の書式設定］作業ウィンドウを表示しておく

1 ［塗りつぶしと線］をクリック

2 ［マーカー］をクリック

3 ［マーカーのオプション］をクリック

●マーカーの形を変える

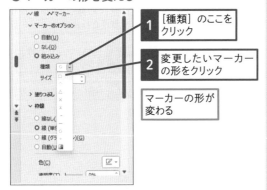

1 ［種類］のここをクリック

2 変更したいマーカーの形をクリック

マーカーの形が変わる

●マーカーのサイズを変える

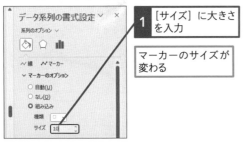

1 ［サイズ］に大きさを入力

マーカーのサイズが変わる

286

❓ 棒グラフの棒を太くしたい

🅰 ［要素の間隔］の数値を小さくします

棒グラフの棒と棒の間隔を変更するには、［データ系列の書式設定］作業ウィンドウにある［要素の間隔］の数値を変更します。数値が小さいほど、棒と棒の間隔が狭まります。［0］を指定すると、隣同士がくっついた状態で表示されます。

1 系列を右クリック

2 ［データ系列の書式設定］をクリック

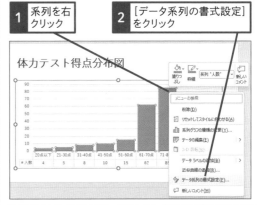

体力テスト得点分布図

［データ系列の書式設定］作業ウィンドウが表示された

3 ［要素の間隔］に「0」と入力

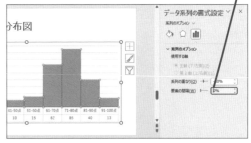

分布図

4  キーを押す

グラフの間隔が変更される

関連 268　グラフにある要素と名前を知りたい ▶ P.158

関連 277　グラフ全体のデザインを変更するには ▶ P.162

287

サンプル 2021 2019 2016 365
お役立ち度 ★ ★ ★

Q 棒グラフの上にそれぞれの数値を表示するには

A ［データラベル］を追加します

グラフは、数値の大きさや推移など全体的な傾向を伝えるのは得意ですが、数値の詳細を伝えることには向いていません。グラフの元になる数値をグラフの中に表示するには、以下の操作で［データラベル］を設定します。強調したいグラフの要素だけにデータラベルを付けるのも効果的です。

［グラフエリア］をクリックしておく

1 ［グラフのデザイン］タブをクリック

2 ［グラフ要素を追加］をクリック

3 ［データラベル］にマウスポインターを合わせる

4 ［内部外側］をクリック

棒グラフに重なって、上部に数値が表示された

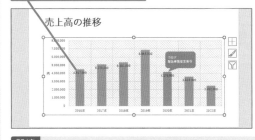

関連 292 グラフと表を同時に表示するには ▶ P.169

288

サンプル 2021 2019 2016 365
お役立ち度 ★ ★ ★

Q 項目を縦書きにするには

A ［文字列の方向］を［縦書き］に変更します

項目名の文字数が長いと、すべての項目名を表示しきれずに一部が欠けてしまいます。文字サイズを小さくして対応することもできますが、それでも表示できないときは、文字を縦書きにするといいでしょう。

項目軸は通常横書きで表示される

1 ［横（項目）軸］を右クリック

2 ［軸の書式設定］をクリック

［軸の書式設定］作業ウィンドウが表示された

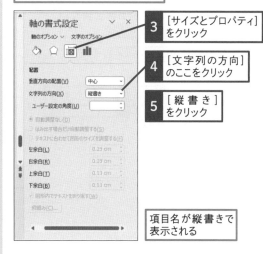

3 ［サイズとプロパティ］をクリック

4 ［文字列の方向］のここをクリック

5 ［縦書き］をクリック

項目名が縦書きで表示される

関連 268 グラフにある要素と名前を知りたい ▶ P.158

289

Q グラフの目盛りを もっと細かくしたい

A [軸の書式設定] 画面で 目盛り間隔を変更します

グラフの目盛り間隔は、通常はデータシートに入力されている数値を認識して自動的に設定されます。しかし、似たような数値が並んでいるグラフでは、目盛りを細かくしたほうが比較しやすくなります。以下の操作で[軸の書式設定] 作業ウィンドウの[単位]の項目の [主] に数値を入力すると、目盛りの間隔を自由に変更できます。

> ここではグラフの目盛り間隔が細かくなるよう設定する

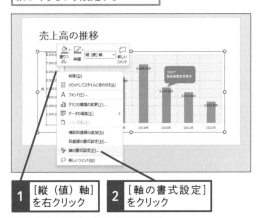

> 1 [縦（値）軸] を右クリック
> 2 [軸の書式設定] をクリック

> [軸の書式設定] 作業ウィンドウ が表示された

> 3 [主] に数値を入力

> 数値軸の目盛り間隔が変更される

290

Q 数値の差を意図的に 強調するには

A 目盛りの [最小値] や [最大値] を 変更します

棒グラフや折れ線グラフで、縦（値）軸の最小値や最大値を変えると、数値の差を強調したり、数値の差がそれほどないように見せたりすることができます。このワザの例では、棒グラフの最小値は「0」、最大値が「70000」ですが、最小値を「5000」に変更するとそれぞれの棒の高低差が強調されます。逆に最大値の数値を大きくすると、棒の高低差が目立たなくなり、全体的に棒が短くなった印象となります。データそのものが変わるわけではなく、あくまでグラフの見ためが変わるだけですが、グラフから受ける印象は大きく異なります。それほど数値に差がないとき、差を強調するのは、聞き手に誤解を与える可能性があるので、あまりお薦めできません。「あえて差を強調したい」というときに設定を変更するといいでしょう。

> ここでは棒グラフの最小値を変更する

> 1 [縦（値）軸] を右クリック
> 2 [軸の書式設定] をクリック

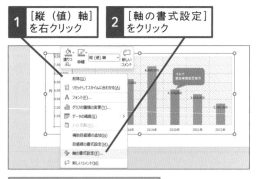

> [軸の書式設定] 作業ウィンドウ が表示された

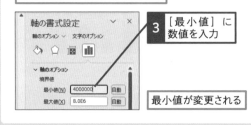

> 3 [最小値] に数値を入力

> 最小値が変更される

291

Q 大きい数値を「千」や「百」で省略したい

A [軸の書式設定]画面で[表示単位]を変更します

数値のけた数が大きいときは、以下の操作で単位を「百」や「千」に設定すると、グラフがすっきりします。このとき、数値を読み間違えないように、必ず[表示単位のラベルをグラフに表示する]のチェックマークを付けたままにしておきましょう。

> 1 [縦（値）軸]を右クリック
>
> 2 [軸の書式設定]をクリック

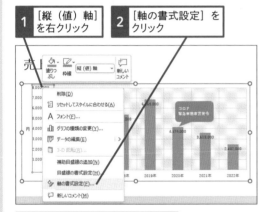

[軸の書式設定]作業ウィンドウが表示された

> 3 [表示単位]のここをクリック
>
> 4 [千]をクリック

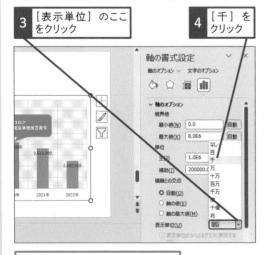

数値軸の目盛りの単位が変更される

292

Q グラフと表を同時に表示するには

A [データテーブル]を追加しましょう

グラフは数値の全体的な傾向を表すのには向いていますが、数値を正しく伝えることはできません。グラフの元になる表全体をグラフの下側に表示したいときは、[データテーブル]を追加します。なお、表の数値をグラフに表示するときは、ワザ287で紹介した[データラベル]を使いましょう。

> 1 [グラフのデザイン]タブをクリック
>
> 2 [グラフ要素を追加]をクリック

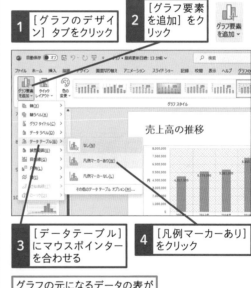

> 3 [データテーブル]にマウスポインターを合わせる
>
> 4 [凡例マーカーあり]をクリック

グラフの元になるデータの表がグラフの下に表示された

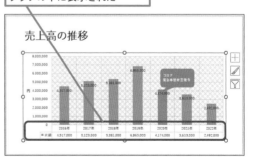

関連 287 | 棒グラフの上にそれぞれの数値を表示するには ▶ P.167

基礎と画面表示
資料作成の基本
文字入力と書式
スライドデザイン
図形
SmartArt
表とグラフ
画像と写真
動画とサウンド
スライドマスター
アニメーション
スライドショー
印刷と配布資料
ファイル管理
共有と共同作業
連携アプリ
プレゼン実践テク

293

サンプル　2021 2019 2016 365　お役立ち度 ★★☆

Q 数値軸の単位を表示するには

A ［軸ラベル］を追加します

縦軸の数値を見ただけでは、金額なのか人数なのか個数なのかが分かりません。以下の操作で［軸ラベル］を追加して、数値の単位を表示すると親切です。なお、軸ラベルは最初は横向きに表示されるので、縦書きに変更して使いましょう。

グラフエリアを選択しておく

1 ［グラフのデザイン］タブをクリック

2 ［グラフ要素を追加］をクリック

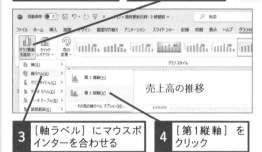

売上高の推移

3 ［軸ラベル］にマウスポインターを合わせる

4 ［第1縦軸］をクリック

5 軸ラベルに文字を入力

6 軸ラベルを右クリック

7 ［軸の書式設定］をクリック

軸ラベルの書式設定

8 ［サイズとプロパティ］をクリック

9 ［文字列の方向］のここをクリック

10 ［縦書き］をクリック

軸ラベルが縦書きになる

294

サンプル　2021 2019 2016 365　お役立ち度 ★★☆

動画で見る

Q 円グラフのデータを大きい順に並べたい

A Excelの編集画面でデータを並べ替えます

円グラフは時計の12時の位置からデータの大きい順に時計回りに並べるのが基本です。以下の操作でExcel画面を開いてから数値を降順で並べ替えると、並べ替えた結果がグラフに反映されます。

1 ［グラフのデザイン］タブをクリック

2 ［データの編集］をクリック

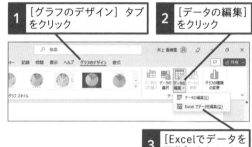

3 ［Excelでデータを編集］をクリック

4 ［人数］のセルをクリック

5 ［データ］タブをクリック

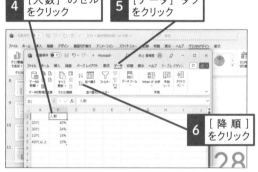

6 ［降順］をクリック

数値が大きい順に並べ替わった

7 ［閉じる］をクリック

項目の数値が大きい順に並べ替えられた

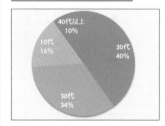

40代以上 10%
20代 40%
30代 34%
10代 16%

295

Q 円グラフの中にパーセンテージを表示するには

A データラベルとしてパーセンテージを表示します

円グラフでは、グラフの中にパーセンテージと分類名を表示すると、ひと目でグラフの内容が伝わります。以下の操作で [データラベルの書式設定] 作業ウィンドウを開き、データラベルの [パーセンテージ] をオンにすると、自動的にパーセンテージを計算してグラフ内に表示します。

グラフを選択しておく

| 1 | [グラフのデザイン] タブをクリック | 2 | [グラフ要素を追加] をクリック |

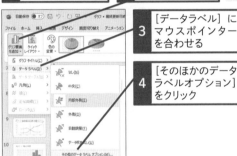

3 [データラベル] にマウスポインターを合わせる

4 [そのほかのデータラベルオプション] をクリック

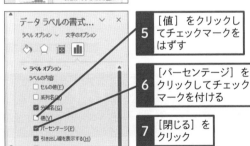

5 [値] をクリックしてチェックマークをはずす

6 [パーセンテージ] をクリックしてチェックマークを付ける

7 [閉じる] をクリック

円グラフの数値がパーセンテージで表示された

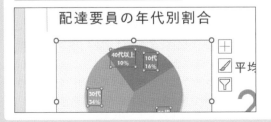

296

Q 円グラフの一部を切り離して目立たせたい

A 切り離したい部分を選択してドラッグします

円グラフのデータを強調する方法として「切り離し」があります。これは、一部のデータを中心から外側に移動することです。切り離したいデータをゆっくり2回クリックして選択してから外側にドラッグします。

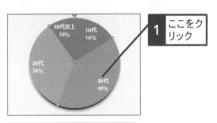

1 ここをクリック

[年代別従業員の割合] の系列がすべて選択された

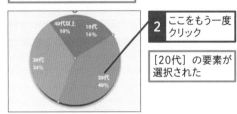

2 ここをもう一度クリック

[20代] の要素が選択された

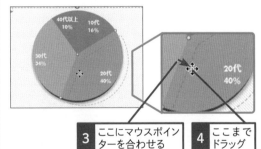

3 ここにマウスポインターを合わせる

4 ここまでドラッグ

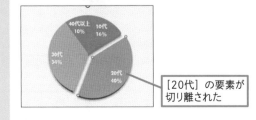

[20代] の要素が切り離された

基礎と画面表示
資料作成の基本
文字入力と書式
スライドデザイン
図形
SmartArt
表とグラフ
画像と写真
動画とサウンド
スライドマスター
アニメーション
スライドショー
印刷と配布資料
ファイル管理
共有と共同作業
アプリ連携
プレゼン実践テク

基礎と
画面表示
の基本
資料作成
文字入力
と書式
スライド
デザイン
図形
Smart
Art
表と
グラフ
画像と
写真
動画と
サウンド
スライド
マスター
アニメー
ション
スライド
ショー
印刷と
配布資料
ファイル
管理
共有と
共同作業
連携
アプリ
実践
テク
プレゼン

第8章 画像でスライドを彩る 便利ワザ

画像の挿入

デジタルカメラで撮影した写真やWebページにある画像をスライドに入れると、イメージを明確に伝えられます。ここでは、スライドに画像を入れるときの疑問を解決します。

297

2021 2019 2016 365
お役立ち度 ★ ★ ★

Q パソコンに保存してある
画像を挿入するには

A ［挿入］タブの［画像］ボタンを
クリックします

新製品案内や、イベント報告書のプレゼンテーションでは、製品写真や会場の写真などを見せたほうがより具体性が増します。ただし、スライドの内容に合わない画像を使うと逆効果になるので注意が必要です。

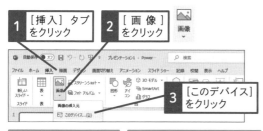

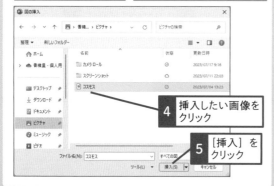

298

2021 2019 2016 365
お役立ち度 ★ ★ ☆

Q 複数の画像をまとめて
挿入するには

A Ctrl キーを押しながらクリックします

1枚のスライドに複数の画像を一度に挿入したいときは、ワザ297の操作で［図の挿入］ダイアログボックスを開き、複数の画像を選択しましょう。Ctrl キーを押しながら画像をクリックすると、離れた画像をまとめて選択できます。また、先頭の画像をクリックしてから Shift キーを押しながら最後の画像をクリックすると、連続した画像を選択できます。スライドに挿入した画像は重なって表示されるので、ワザ312の操作で移動しましょう。

299

2021 2019 2016 365
お役立ち度 ★ ★ ★

Q 自分で描いたイラストを
挿入するには

A 保存時の画像形式に注意しましょう

Windows付属の「ペイント」アプリや画像編集アプリなどで作成したイラストを、PowerPointで利用できる画像形式で保存しておけば、［挿入］タブの［画像］ボタンを使ってスライドに挿入できます。［図の挿入］ダイアログボックスにある［すべての図］をクリックすると、利用できる画像形式が一覧表示されます。

300

2021 | 2019 | 2016 | 365
お役立ち度 ★ ★ ☆

Q フォトアルバムを
作成するには

A ［挿入］タブの［フォトアルバム］
ボタンをクリックします

［フォトアルバム］の機能を使うと、アルバムにしたい
写真と配置を指定するだけで、簡単にアルバムを作成
できます。作成直後は、スライドの背景が黒色ですが、
ワザ150の操作で背景の色を変更したり、ワザ140の
操作でデザイナーを利用したりすると、アルバムの完
成度が上がります。なお、［フォトアルバム］ボタンか
ら［フォトアルバムの編集］をクリックすると、後から
アルバムの内容を変更できます。

新しいプレゼンテーション
ファイルを作成しておく

1 ［挿入］タブ
をクリック

2 ［フォトアルバム］の
ここをクリック

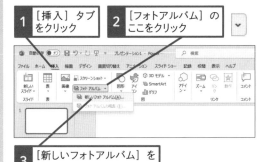

3 ［新しいフォトアルバム］を
クリック

［フォトアルバム］ダイアログ
ボックスが表示された

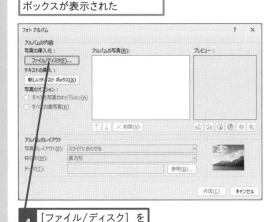

4 ［ファイル/ディスク］を
クリック

［新しい写真の挿入］
ダイアログボックス
が表示された

5 Ctrl キーを押し
ながら複数の写
真を選択

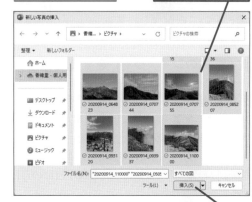

6 ［挿入］を
クリック

［フォトアルバム］
ダイアログボックス
が表示された

7 選択した写真がここに
表示されていることを
確認

8 ［作成］を
クリック

フォトアルバムが
作成された

各スライドに写真が
挿入された

背景の色やデザイナーを
適用できる

基礎と画面表示
資料作成の基本
文字入力と書式
スライドデザイン
図形
SmartArt
表とグラフ
画像と写真
動画とサウンド
スライドマスター
アニメーション
スライドショー
印刷と配布資料
ファイル管理
共有と共同作業
連携アプリ
プレゼン実践テク

301

2021 | 2019 | 2016 | 365
お役立ち度 ★ ★ ☆

Q フォトアルバムで複数の写真を配置するには

A ［写真のレイアウト］を変更します

ワザ300の操作でフォトアルバムを作成するときに、スライドに配置する写真の枚数を指定できます。［フォトアルバム］ダイアログボックスで［写真のレイアウト］の一覧から［2枚の写真］や［4枚の写真］を選びましょう。また、複数の写真を選ぶと［枠の形］も選べるようになります。

ワザ300を参考に［フォトアルバム］ダイアログボックスを表示しておく

1 ここをクリック

2 ［2枚の写真］を選択

［枠の形］が選べるようになった

3 ［作成］をクリック

2枚ずつ写真が入ったフォトアルバムが作成できた

302

2021 | 2019 | 2016 | 365
お役立ち度 ★ ★ ☆

Q Googleの地図をスライドに貼り付けるには

A ［スクリーンショット］機能を使います

アプリの操作を説明するときやWeb上の地図を利用するときなどは、［スクリーンショット］の機能を使って、パソコン画面そのものを画像としてスライドに挿入するといいでしょう。［スクリーンショット］の一覧には現在開いているウィンドウでスクリーンショットに使用できる画像が表示され、目的のウィンドウをクリックして挿入します。なお、ワザ316を参考にして不要な部分は切り抜きしておくといいでしょう。

スクリーンショットで撮影する画面を表示しておく

1 ［挿入］タブをクリック

2 ［スクリーンショット］のここをクリック

3 画面をクリック

スライドに画像が挿入された

関連 **316** 画像の一部を切り取るには　▶ P.182

303

Q シンプルなイラストを入れたい！

A ［アイコン］には無料のイラストが用意されています

スライドの内容をイメージするイラストがあると、スライドが華やぎます。［アイコン］機能を使うと、白黒のシンプルなイラストを無料で利用できます。なお、Microsoft 365のPowerPointは、利用できるイラストの数が多いのが特徴です。

1 ［挿入］タブをクリック	2 「アイコン」をクリック

［アイコンの挿入］ダイアログボックスが表示された	3 「飛行機」と入力

4 挿入したいアイコンをクリック	5 ［挿入］をクリック

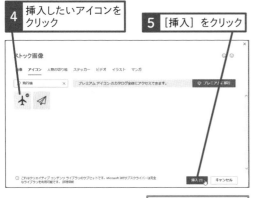

アイコンが挿入される

304

Q アイコンの色合いを変更するには

A ［グラフィックの塗りつぶし］ボタンから色を変更します

ワザ303で挿入したアイコンは最初は白黒ですが、以下の操作で後から自由に色を変更できます。また、アイコンは左右回転したり枠線を付けたりするなど、第4章で紹介した図形と同じ操作が可能です。

色を変更したいアイコンをクリックしておく

1 ［グラフィックス形式］タブをクリック	2 ［グラフィックの塗りつぶし］をクリック

3 アイコンに設定したい色をクリック

アイコンの色が変更された

基礎と画面表示
資料作成の基本
文字入力と書式
スライドデザイン
図形
Smart Art
表とグラフ
画像と写真
動画とサウンド
スライドマスター
アニメーション
スライドショー
印刷と配布資料
ファイル管理
共有と共同作業
アプリ連携
プレゼン実践テク

基礎と
画面表示
資料作成
の基本
文字入力
と書式
スライド
デザイン
図形
Smart
Art
表と
グラフ
画像と
写真
動画と
サウンド
スライド
マスター
アニメー
ション
スライド
ショー
印刷と
配布資料
ファイル
管理
共有と
共同
作業
連携
アプリ
プレゼン
実践テク

305

サンプル

2021 2019 2016 365

お役立ち度 ★★★

動画で見る

Q アイコンの一部を削除するには

い場合は、［グループ解除］機能を使ってアイコンを複数の図形に分解します。すると、図形を個別に選択できるようになるため、不要な図形を選択してから Delete キーを押して削除します。

A ［グループ解除］機能を使って分解します

アイコンは複数の図形を組み合わせて作成されています。アイコンの一部を削除したり一部の色を変更した

確認画面が表示された

ワザ303を参考に、アイコンを挿入しておく

1 アイコンをクリック

2 ［グラフィックス形式］タブをクリック

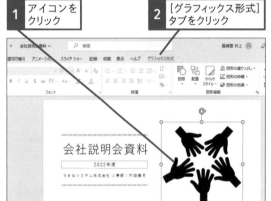

5 ［はい］をクリック

複数の図形に分割された

6 図形以外の場所をクリック

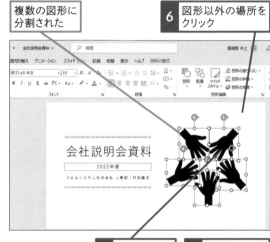

3 ［グループ化］をクリック

4 ［グループ解除］をクリック

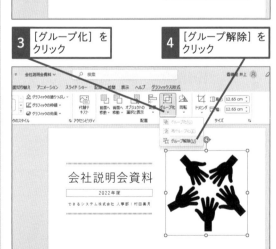

7 図形の1つをクリック

8 Delete キーを押す

選択した図形が削除された

関連
303 シンプルなイラストを入れたい！　　▶P.175

関連
304 アイコンの色合いを変更するには　　▶P.175

306

Q 3Dのイラストを入れたい！

A ［挿入］タブの［3Dモデル］ボタンをクリックします

立体的なイラストを使いたいときは、［3Dモデル］の機能を使います。自作の3Dのイラスト以外に、インターネットから検索して挿入することもできます。ただし、イラストには著作権があるので、自由に使えるかどうかをしっかり確認してから利用しましょう。

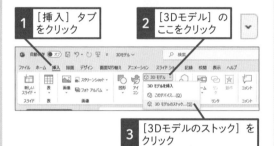

```
1 ［挿入］タブ
  をクリック        2 ［3Dモデル］の
                    ここをクリック
```

```
3 ［3Dモデルのストック］を
  クリック
```

［オンライン3Dモデル］ダイアログボックスが表示された

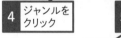

```
4 ジャンルを
  クリック          5 挿入したい3Dモデルを
                    クリック
```

```
6 ［挿入］をクリック
```

3Dモデルが挿入された

307

Q 3Dのイラストを別の角度から表示するには

A イラスト中央のハンドルをドラッグします

ワザ306で挿入した3Dイラストは、イラスト中央のハンドルをドラッグして自由に角度の調整ができます。また、［3Dモデル］タブにある［3Dモデルビュー］の一覧から角度を選択することもできます。

ワザ306を参考に、3Dモデルを挿入しておく

```
1 ここにマウスポインターを合わせる
```

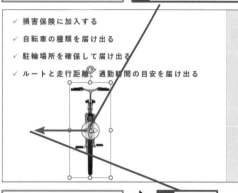

マウスポインターの形が変わった

```
2 ここまで
  ドラッグ
```

［3Dモデル］の角度が変わった

✓ 損害保険に加入する

✓ 自転車の種類を届け出る

✓ 駐輪場所を確保して届け出る

✓ ルートと走行距離、通勤時間の目安を届け出る

関連 619 写真やイラストのインパクトを上げるテクニック ▶ P.331

基礎と画面表示
資料作成の基本
文字入力と書式
スライドデザイン
図形
SmartArt
表とグラフ
画像と写真
動画とサウンド
スライドマスター
アニメーション
スライドショー
印刷と配布資料
ファイル管理
共有と共同作業
連携アプリ
実践テクプレゼン

基礎と画面表示

資料作成の基本

文字入力と書式

デザイン スライド

図形

Smart Art

表とグラフ

画像と写真

動画とサウンド

スライドマスター

アニメーション

スライドショー

印刷と配布資料

管理 ファイル

共有と共同作業

連携 アプリ

実践テク プレゼン

308

サンプル

2021 2019 2016 365
お役立ち度 ★ ★ ☆

Q 無料で利用できる
写真はないの？

動画で見る

A ［ストック画像］を活用しましょう

スライドの内容に合った写真があると、聞き手にイメージを膨らませる効果を期待できます。PowerPointに用意されている［ストック画像］を使うと、キーワードで写真を検索してからスライドに挿入できます。ただし、自社の新商品を紹介する場合など、実物を特定する場合は実際の写真を使いましょう。

無料で利用できる画像を検索して
スライドに挿入する

1 ［挿入］タブを
クリック

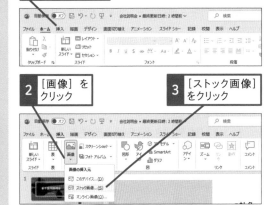

2 ［画像］を
クリック

3 ［ストック画像］
をクリック

［ストック画像］ダイアログ
ボックスが表示された

4 キーワードを
入力

ワザ306のように、ジャンルを
クリックしてもいい

5 挿入する画像を
クリックして選択

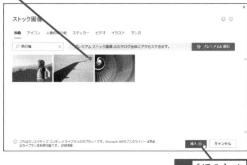

6 ［挿入］を
クリック

画像が挿入された

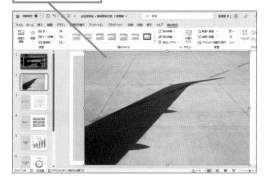

♪ ステップアップ

写真の役割で配置を変える

画像を主役ではなくアクセントして使う場合は、スライドの右下や右側に配置するといいでしょう。人間の視線はスライドの左上から右下に向かってZ字を描くように移動するため、スライドの途中にあると視線の流れを中断するからです。また、右側にあると、視線の動きの最後に画像が目に入り、スライドのイメージが膨らんだり、次のスライドに切り替わる「間」を演出したりできます。

309

2021 2019 2016 365
お役立ち度 ★ ★ ☆

Q インターネット上にある画像を
挿入するには

A ［オンライン画像］を活用しましょう

インターネット上には、有料や無料の画像がたくさんあります。［オンライン画像］の機能を使うと、入力したキーワードに関連する画像を検索して、スライドに挿入できます。ただし、インターネット上の画像には著作権があります。画像の利用規約をよく読んで、自由に使用できるのかどうかを確認してから利用しましょう。利用規約を確認するには、操作5の画面で［詳細情報はこちら］をクリックします。

インターネット上にある画像を
検索してスライドに挿入する

1 ［挿入］タブを
クリック

2 ［画像］を
クリック　　**3** ［オンライン画像］
をクリック

4 ジャンルをクリック
して選択

ワザ308のように、キー
ワードを入力してもいい

5 画像をクリックしてチェック
マークを付ける　　続けてクリックすると複
数の画像を選択できる

6 ［挿入］をクリック

画像が挿入された

関連
303 シンプルなイラストを入れたい！　　▶ P.175

関連
325 画像のまわりに枠を付けるには　　▶ P.187

関連
328 画像の上に文字を入力するには　　▶ P.189

役立つ豆知識

写真とイラストの使い分けを
知っておこう

写真は「実物」を具体的に見せるときに使うと効果的です。風景などのイメージ写真を使うことはありますが、実際の商品などをイラストで表すと、正確な情報が伝わらない可能性があるので注意しましょう。

基礎と
画面表示

資料作成
の基本

文字入力
と書式

スライド
デザイン

図形

Smart
Art

表と
グラフ

画像と
写真

動画と
サウンド

スライド
マスター

アニメー
ション

スライド
ショー

印刷と
配布資料

ファイル
管理

共有と
共同作業

アプリ
連携

プレゼン
実践テク

基礎と画面表示
資料作成の基本
文字入力と書式
スライドデザイン
図形
Smart Art
表とグラフ
画像と写真
動画とサウンド
スライドマスター
アニメーション
スライドショー
印刷と配布資料
ファイル管理
共有と共同作業
アプリ連携
プレゼン実践テク

画像の編集

スライドに挿入した画像やイラストは、PowerPointの機能を使って編集したり加工したりできます。ここでは、画像の編集にまつわる疑問を解決します。

310

サンプル　2021 2019 2016 365
お役立ち度 ★ ★ ★

Q 縦横比はそのままで
画像のサイズを変更するには

A 四隅のハンドルをドラッグします

画像のサイズを変更するときは、画像のまわりに表示されるハンドルをドラッグします。このとき、四隅のハンドルをドラッグすると、元の画像の縦横比を保持したままサイズを変更できます。

画像を選択しておく

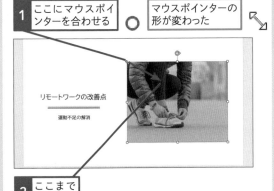

1 ここにマウスポインターを合わせる

マウスポインターの形が変わった

2 ここまでドラッグ

縦横比を保ったまま縮小された

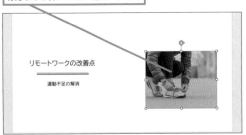

関連
311
画像のサイズを細かく設定できないの？ ▶ P.180

311

サンプル　2021 2019 2016 365
お役立ち度 ★ ★ ★

Q 画像のサイズを細かく
設定できないの？

A 数値を入力して設定しましょう

スライドの中で画像の縦または横のサイズがそろっていると、それだけで整然とした印象になります。[図の形式] タブで [高さ] と [幅] に数値を入力すれば、サイズを正確にそろえられます。また [図の書式設定]作業ウィンドウを使うと、拡大や縮小の倍率も指定できます。

1 [図の形式] タブをクリック

2 [配置とサイズ]をクリック

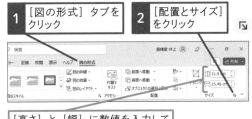

[高さ] と [幅] に数値を入力してもサイズをそろえられる

[図の書式設定] 作業ウィンドウが表示された

3 [高さ] にサイズを入力

[縦横比を固定する] にチェックマークが付いていれば、画像の縦横比は変わらない

312

サンプル　2021 2019 2016 365　お役立ち度 ★★☆

Q 画像を好きな場所に移動するには

A 画像を移動先までドラッグします

画像にマウスポインターを合わせて、マウスポインターが4方向の矢印に変わった状態でドラッグすると、任意の位置に移動できます。

画像を選択しておく

1 画像にマウスポインターを合わせる

マウスポインターの形が変わった

2 ここまでドラッグ

313

サンプル　2021 2019 2016 365　お役立ち度 ★★☆

Q 画像の角度を調整するには

A 回転ハンドルをドラッグします

画像をクリックしたときに表示される回転ハンドルを使用すると、図形と同様に画像の角度を調整することができます。このとき Shift キーを押しながらドラッグすると15度ごとに回転を止めることができ、Ctrl キーを押しながらドラッグすると、回転前の画像を表示したまま調整できます。

1 画像をクリック

2 回転ハンドルにマウスポインターを合わせる

マウスポインターの形が変わった

3 ドラッグして角度を調整

314

サンプル　2021 2019 2016 365　お役立ち度 ★★☆

Q 画像の向きを左右反転するには

A ［オブジェクトの回転］ボタンから［左右反転］をクリックします

画像は以下の手順で簡単に左右に反転できます。また、上下反転や90度ずつ回転することもできます。［その他の回転オプション］を選ぶと［図の書式設定］作業ウィンドウが表示され、角度を1度ずつ調整することができます。

画像を選択しておく

1 ［図の形式］タブをクリック

2 ［オブジェクトの回転］をクリック

3 ［左右反転］をクリック

画像の向きが変わった

関連 180	図形を90度ぴったりに回転するには	▶ P.114
関連 313	画像の角度を調整するには	▶ P.181

基礎と画面表示
資料作成の基本
文字入力と書式
スライドデザイン
図形
Smart Art
表とグラフ
画像と写真
動画とサウンド
スライドマスター
アニメーション
スライドショー
印刷と配布資料
ファイル管理
共有と共同作業
連携アプリ
実践プレゼンテク

基礎と
画面表示

資料作成
の基本

文字入力
と書式

スライド
デザイン

図形

Smart
Art

表と
グラフ

画像と
写真

動画と
サウンド

スライド
マスター

アニメー
ション

スライド
ショー

印刷と
配布資料

ファイル
管理

共有と
共同作業

アプリ
連携

プレゼン
実践テク

315

2021 2019 2016 365
お役立ち度 ★ ★ ☆

Q 画像を削除するには

A Delete キーを押します

スライド上の画像をクリックして選択し、Delete キーを押すと削除できます。画像を選択できないときは、画像がテーマのデザインの一部であるか、スライドマスター画面で画像を挿入したことが原因です。この場合は、スライドマスター画面に切り替えれば画像を削除できます。ただし、すべてのスライドから画像が削除

されてしまうことに注意してください。

画像を選択しておく　　　1 Delete キーを押す

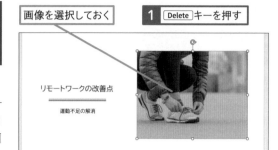

画像が削除された

| 関連 159 | テーマに使われている画像や図形を削除するには | ▶ P.106 |

316

サンプル
2021 2019 2016 365
お役立ち度 ★ ★ ★

Q 画像の一部を切り取るには

A ［トリミング］機能を使います

写真のまわりに不要なものが写りこんでいるときは、［図の形式］タブにある［トリミング］ボタンを使って必要なものだけが表示されるように修正します。思うようにトリミングができなかったときは、黒い鍵型のハンドルを反対方向にドラッグすると、トリミングした部分を再表示できます。

写真のまわりにトリミング用のハンドルが表示された

3 ハンドルにマウスポインターを合わせる

マウスポインターの形が変わった　　　4 ここまでドラッグ

5 画像以外の場所をクリック　　　画像の周辺が切り取られた

画像を選択しておく

1 ［図の形式］タブをクリック

2 ［トリミング］をクリック

役立つ豆知識

トリミング前の画像にリセットできる

トリミング前の画像に戻すには、［図の形式］タブにある［図のリセット］ボタンから［図とサイズのリセット］をクリックすると、写真を最初の状態に戻せます。

| 関連 317 | 画像を図形の形で切り抜くには | ▶ P.183 |

317

サンプル

2021 2019 2016 365

お役立ち度 ★ ★ ☆

Q 画像を図形の形で切り抜くには

A ［図形に合わせてトリミング］機能を使います

スライドの画像をいつもと違った雰囲気に仕上げるには、図形を使った切り抜きを実行するといいでしょう。操作3の一覧から切り抜きたい図形を選択すると、図形の形に合わせて写真を切り抜いたように加工できます。同じ操作で別の形にも変更できるので、画像に合わせて図形を選ぶといいでしょう。

切り抜きたい画像を
選択しておく

1 ［図の形式］タブをクリック

2 ［トリミング］のここをクリック

トリミング

3 ［図形に合わせてトリミング］にマウスポインターを合わせる

4 切り抜きたい形をクリック

写真が選択した図形の形に
切り抜かれた

関連 **325** 画像のまわりに枠を付けるには ▶ P.187

318

サンプル

2021 2019 2016 365

お役立ち度 ★ ★ ☆

Q 画像全体の色味を変更するには

A ［色］ボタンから彩度やトーンを選びます

［図の形式］タブにある［色］ボタンを使うと、［色の彩度］［色のトーン］［色の変更］をPowerPoint上で設定できます。彩度とは色の鮮やかさ、トーンとはここでは「青み」「赤み」などの色の調子のことです。また、［色の変更］の項目にあるグレースケールやセピアをクリックすれば、画像の色そのものを変更できます。

画像を選択しておく

1 ［図の形式］タブをクリック

2 ［色］をクリック

色

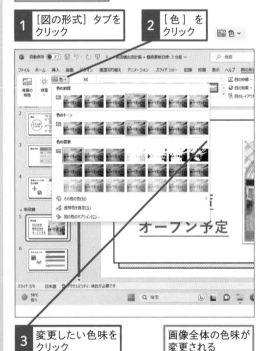

オープン予定

3 変更したい色味をクリック

画像全体の色味が
変更される

関連 **319** 画像を鮮やかに補正するには ▶ P.184

関連 **320** 画像にアート効果を設定するには ▶ P.184

関連 **321** 画像をモノクロにするには ▶ P.185

基礎と画面表示

資料作成の基本

文字入力と書式

スライドデザイン

図形

Smart Art

表とグラフ

画像と写真

動画とサウンド

スライドマスター

アニメーション

スライドショー

印刷と配布資料

ファイル管理

共有と共同作業

連携アプリ

実践テクプレゼン

319

Q 画像を鮮やかに補正するには

A ［修整］ボタンから明るさや コントラストを調整します

「写真が少し暗い」「写真がぼんやりしている」というように、スライドに画像を挿入してみると、いろいろな問題が出てくる場合があります。［図の形式］タブの［修整］ボタンを使うと、［シャープネス］の項目で画像をくっきり表示できるほか、［明るさ/コントラスト］の項目で画像の見ためを調整できます。

画像を選択しておく

1 ［図の形式］タブをクリック
2 ［修整］をクリック

補正後のサムネイルの一覧が表示された

右に行くほど明るくなり、下に行くほどコントラストが強くなる

3 画像に適用したいサムネイルをクリック

写真の色調が鮮やかになる

関連 318 画像全体の色味を変更するには ► P.183

320

Q 画像にアート効果を 設定するには

A ［アート効果］機能を使います

［図の形式］タブにある［アート効果］ボタンを使うと、スライド上の画像にパッチワークやパステルなどの面白い効果を設定できます。設定したアート効果は、［アート効果のオプション］をクリックして表示される［図の書式設定］作業ウィンドウの［アート効果］の項目で微調整できます。

画像を選択しておく
1 ［図の形式］タブをクリック
2 ［アート効果］をクリック

［アート効果］の一覧が表示された

3 設定したい効果をクリック

画像にアート効果が設定される

関連 325 画像のまわりに枠を付けるには ► P.187

321

Q 画像をモノクロにするには

A [色] ボタンから [グレースケール] を選びます

カラーで撮影した写真をモノクロにしたいときは、[図の形式] タブにある [色] ボタンから [色の変更] の項目にある [グレースケール] をクリックします。なお、[色変更なし] をクリックすると、元のカラー写真に戻せます。

画像を選択しておく

1 [図の形式] タブをクリック

2 [色] をクリック

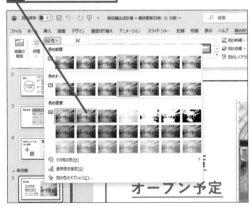

3 [グレースケール] をクリック

写真がモノクロで表示された

322

Q 画像の効果を調整するには

A [図の書式設定] 作業ウィンドウを使いましょう

画像に設定した効果は [図の書式設定] 作業ウィンドウで細かく調整ができます。また、[光彩] [面取り] [3-D回転] など、ほかの効果との組み合わせも可能です。

画像を選択しておく

1 [図の形式] タブをクリック

2 [図の書式設定] をクリック

[図の書式設定] 作業ウィンドウが表示された

図の効果を個別に調節できる

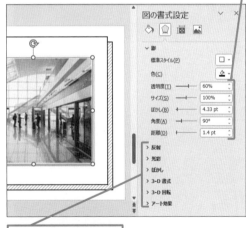

新しい効果を追加できる

関連 319	画像を鮮やかに補正するには	▶ P.184
関連 320	画像にアート効果を設定するには	▶ P.184

323

 サンプル　2021 2019 2016 365　お役立ち度 ★★★

Ⓠ 画像の背景を削除するには

Ⓐ ［背景の削除］機能を使います

画像の背景色を削除して、スライドの背景が透けて見えるようにするには、最初に［図の形式］タブにある［背景の削除］ボタンをクリックします。次に［削除する領域としてマーク］を選び、マウスでドラッグして削除したい領域を指定します。最後に［変更を保持］ボタンをクリックすると、紫色の部分が削除されます。ただし、画像によってはきれいに削除できないこともあります。

画像を選択しておく

1 ［図の形式］タブをクリック　**2** ［背景の削除］をクリック

削除される領域が紫色で表示された

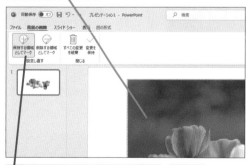

3 ［保持する領域としてマーク］が選択されていることを確認

マウスポインターの形が変わった　**4** 残す部分をドラッグ

5 ［削除する領域としてマーク］をクリック

同様の手順で削除する部分をドラッグしておく

6 ［変更を保存］をクリック

画像の背景が削除された

関連 297 パソコンに保存してある画像を挿入するには ▶ P.172

関連 318 画像全体の色味を変更するには ▶ P.183

基礎と
画面表示

資料作成
の基本

文字入力
と書式

スライド
デザイン

図形

Smart
Art

表と
グラフ

画像と
写真

動画と
サウンド

スライド
マスター

アニメー
ション

スライド
ショー

印刷と
配布資料

ファイル
管理

共有と
共同作業

アプリ
連携

プレゼン
実践テク

324

サンプル　｜2021｜2019｜2016｜365｜
お役立ち度 ★ ★ ★

❓ 背景画像を半透明にするには

🅰 ［透明度］の数値を大きくします

ワザ151の操作で、スライドの背景に画像を表示すると、画像の色によって肝心の文字が目立たなくなります。このようなときは、背景の画像の透明度を変更して半透明にするといいでしょう。［透明度］の数値が大きいほど透明度が増し、「100％」になると画像が見えなくなります。

1 ［デザイン］タブをクリック	2 ［背景の書式設定］をクリック

［背景の書式設定］作業ウィンドウが表示された

3 ［透明度］のここを右にドラッグ

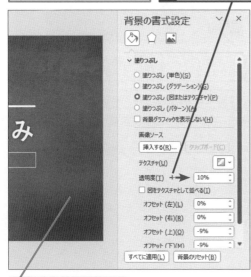

背景画像が半透明になる

関連
151 スライドの背景に写真を敷くには ▶ P.101

325

サンプル　｜2021｜2019｜2016｜365｜
お役立ち度 ★ ★ ★

❓ 画像のまわりに枠を付けるには

🅰 ［図のスタイル］から枠を選びます

［図の形式］タブにある［図のスタイル］には、枠付きのスタイルがいくつも登録されています。スタイルにマウスポインターを合わせると、スライド上の画像に枠が付いた状態を一時的に表示できます。いろいろ試しながら、画像が効果的に見えるスタイルを探してみましょう。

画像を選択しておく

1 ［図の形式］タブをクリック	2 ［クイックスタイル］をクリック

3 設定したいスタイルをクリック

写真のまわりに枠が付いた

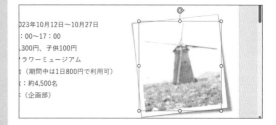

基礎と
画面表示
の基本
資料作成
文字入力
と書式
スライド
デザイン
図形
Smart
Art
表と
グラフ
画像と
写真
動画と
サウンド
スライド
マスター
アニメー
ション
スライド
ショー
印刷と
配布資料
ファイル
管理
共有と
共同作業
アプリ
連携
プレゼン
実践
テク

そのほかの画像操作のテクニック

画像からSmartArtの図表を作成したり画像のサイズを圧縮したりするなど、ここでは、スライドで画像を操作するときに知っていると便利なテクニックを紹介します。

326

サンプル | 2021 2019 2016 365
お役立ち度 ★ ★ ★

Q 複数の画像から図表を作成するには

A 画像を選択してから［図のレイアウト］機能を使います

スライドに挿入した画像を組み込んで、SmartArtの図表を作成できます。画像を選択して［図の形式］タブにある［図のレイアウト］ボタンをクリックすると、図入りのSmartArtの一覧が表示されます。作成したSmartArtの図表は、ワザ222の方法で色やスタイルなどを変更できます。

複数の画像をスライドに挿入して選択しておく

1 ［図の形式］タブをクリック

2 ［図のレイアウト］をクリック

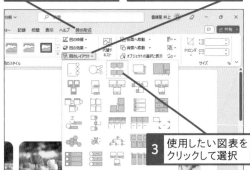

3 使用したい図表をクリックして選択

写真が組み込まれた図表が作成された

［テキスト］　［テキスト］　［テキスト］　［テキスト］

327

サンプル | 2021 2019 2016 365
お役立ち度 ★ ★ ☆

Q 書式を保ったまま別の画像に差し替えるには

A ［図の変更］ボタンをクリックします

［図の変更］の機能を使うと、画像に付けた書式はそのままで画像だけ入れ替えができます。

書式を設定した画像を選択しておく

1 ［図の形式］タブをクリック

2 ［図の変更］をクリック

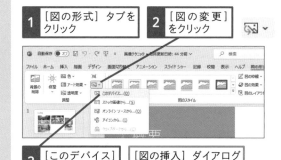

3 ［このデバイス］をクリック

［図の挿入］ダイアログボックスが表示された

ワザ297を参考に画像を挿入する

4 画像をクリック

5 ［挿入］をクリック

書式を保持したまま画像が変更できた

基礎と画面表示
資料作成の基本
文字入力と書式
スライドデザイン
図形
SmartArt
表とグラフ
画像と写真
動画とサウンド
スライドマスター
アニメーション
スライドショー
印刷と配布資料
ファイル管理
共有と共同作業
アプリ連携
プレゼン実践テク

328

サンプル
2021 2019 2016 365
お役立ち度 ★★☆

Q 画像の上に文字を入力するには

A 画像の上にテキストボックスを描画します

画像の上に文字を入力したいときは、［挿入］タブの［テキストボックス］を使いましょう。［横書きテキストボックス］か［縦書きテキストボックス］ボタンをクリックし、文字を入力したい位置をクリックすると、テキストボックスが挿入されます。テキストボックスは、入力する文字の長さに合わせて自動的に拡大します。必要に応じてテキストボックスの文字の色や枠の色を設定するといいでしょう。なお、操作4の直後に、文字を入力しないで別の場所をクリックするとテキストボックスが消えてしまうので注意してください。

1 ［挿入］タブをクリック

2 ［テキストボックス］のここをクリック

テキストボックス ▼

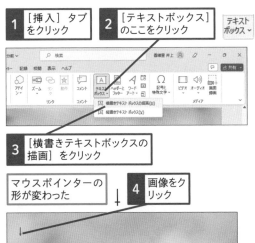

3 ［横書きテキストボックスの描画］をクリック

マウスポインターの形が変わった

4 画像をクリック

テキストボックスが挿入された

5 文字を入力

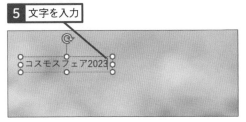

コスモスフェア2023

329

サンプル
2021 2019 2016 365
お役立ち度 ★★☆

動画で見る

Q 文字を画像と同じ色にするには

A ［スポイト］機能を使います

［スポイト］の機能を使うと、スライド上にあるあらゆるものの色を抽出して、塗りつぶしなどの色に使用できます。画像の中にある色を文字に適用すれば、全体の雰囲気を簡単にそろえられます。

ここでは文字の色を花の色に合わせる

テキストボックスを選択しておく

1 ［図の形式］タブをクリック

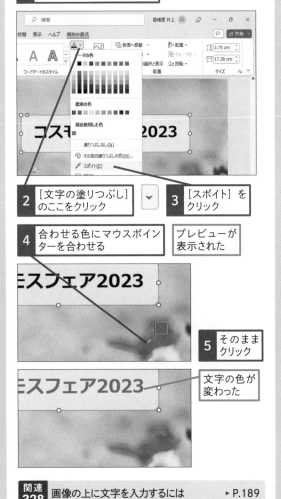

2 ［文字の塗りつぶし］のここをクリック

3 ［スポイト］をクリック

4 合わせる色にマウスポインターを合わせる

プレビューが表示された

コスモスフェア2023

5 そのままクリック

文字の色が変わった

コスモスフェア2023

関連
328 画像の上に文字を入力するには
▶ P.189

330

2021 2019 2016 365
お役立ち度 ★ ★ ☆

Q 画像を圧縮するには

A [画像の圧縮]画面で解像度を指定します

画像の数が多いとファイルサイズが肥大化します。ファイルサイズを小さくするには、画像ファイルを圧縮するといいでしょう。[画像の圧縮]ダイアログボックスで、[この画像だけに適用する]のチェックマークをはずすと、ファイルに含まれるすべての画像が圧縮されま

画像を選択しておく

1 [図の形式]タブをクリック

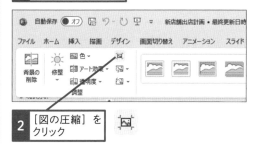

2 [図の圧縮]をクリック

す。特定の画像だけを圧縮するときは、[この画像だけに適用する]のチェックマークを付けます。ただし、圧縮によって多少画質が劣化することを覚えておきましょう。

[画像の圧縮]ダイアログボックスが表示された

3 [この画像だけに適用する]をクリックしてチェックマークをはずす

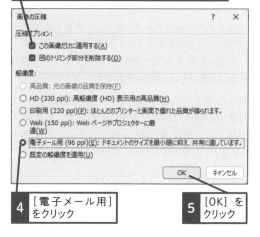

4 [電子メール用]をクリック

5 [OK]をクリック

関連315 画像を削除するには　▶ P.182

関連562 ファイルサイズを少しでも節約するには　▶ P.299

331

2021 2019 2016 365
お役立ち度 ★ ★ ★

Q 画像の調整を最初からやり直すには

A [図のリセット]ボタンをクリックします

画像の調整を一度に最初の状態に戻したいときは[図のリセット]ボタンをクリックします。写真のサイズも同時に元に戻すときは、[図のリセット]ボタンの右側をクリックし、[図とサイズのリセット]を実行してください。

画像を選択しておく

1 [図の形式]タブをクリック

2 [図のリセット]をクリック

関連319 画像を鮮やかに補正するには　▶ P.184

関連322 画像の効果を調整するには　▶ P.185

| |
| 基礎と画面表示 |
| 資料作成の基本 |
| 文字入力と書式 |
| スライドデザイン |
| 図形 |
| SmartArt |
| 表とグラフ |
| 画像と写真 |
| **動画とサウンド** |
| スライドマスター |
| アニメーション |
| スライドショー |
| 印刷と配布資料 |
| ファイル管理 |
| 共有と共同作業 |
| 連携アプリ |
| 実践プレゼンテク |

第9章 動画・サウンドを使った表現力アップワザ

動画の挿入

ビデオカメラやスマートフォンで撮影した動画をスライドに挿入すれば、プレゼンテーションのインパクトがアップします。ここでは、動画を効果的に使う方法や再生のワザを解説します。

332

2021 2019 2016 365
お役立ち度 ★★★

Q 動画を挿入するには

A ［挿入］タブの［メディア］ボタンをクリックします

ビデオカメラやスマートフォンで撮影した動画やWebページからダウンロードした動画など、パソコンに動画を保存しておけば、簡単な操作でスライドに挿入できます。ただし、再生時間が長い動画は、聞き手が飽きてしまいがちです。また、プレゼンテーション全体のファイルサイズが大きくなる原因にもなります。あらかじめ、短めの動画を使うか、ワザ339の操作で動画をトリミングして使いましょう。なお、スライドには動画の1コマ目が表示されます。

動画ファイルをパソコンに保存しておく

1 ［挿入］タブをクリック

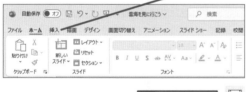

2 ［ビデオ］をクリック

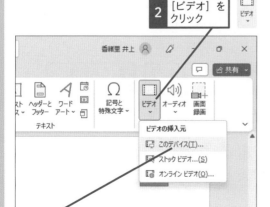

3 ［このデバイス］をクリック

［ビデオの挿入］ダイアログボックスが表示された

4 挿入したい動画をクリック

5 ［挿入］をクリック

●スライドに挿入できる主なビデオ形式

形式	ファイル拡張子の例
Windowsビデオファイル	.avi
MPEGファイル	.mpg .mpeg
Windows Mediaビデオファイル	.wmv
MP4ビデオファイル	.mp4 .m4v .mov

関連 339 動画の再生時間を変更するには ▶ P.194

基礎と画面表示の基本

資料作成と書式

文字入力と書式

デザイン スライド

図形

Smart Art

表とグラフ

画像と写真

動画とサウンド

スライドマスター

アニメーション

スライドショー

印刷と配布資料

ファイル管理

共有と共同作業

連携アプリ

実践テクプレゼン

333

2021 | 2019 | 2016 | 365
お役立ち度 ★★★

Q スライドに挿入した
動画を再生するには

A ［再生］ボタンをクリックします

スライドに挿入した動画を再生するには、動画をクリックしたときに表示される再生ボタンをクリックしましょう。［ビデオ形式］タブや［再生］タブにある再生ボタンをクリックしても再生できます。

●動画の再生ボタンでプレビューする

1 ［再生/一時停止］をクリック

動画が再生される

マウスをクリックするか、何かキーを押すと再生が終了する

●［ビデオツール］タブの再生ボタンで
プレビューする

1 動画をクリック

2 ［再生］タブをクリック

3 ［再生］をクリック

関連 337 スライドショーの実行時に動画を全画面で表示するには ▶ P.194

関連 340 動画再生用のボタンを作成するには ▶ P.195

334

動画で見る

2021 | 2019 | 2016 | 365
お役立ち度 ★★★

Q 動画の表紙画像を
変更するには

A ［表紙画像］の機能を使います

動画の1コマ目とは別に、動画全体を象徴する表紙を設定すると、動画の内容が聞き手に伝わりやすくなります。印象に残っているシーンに差しかかったら、以下の手順で操作してください。

1 ここをクリック

表紙画像に使用したいシーンが表示された

2 ここをクリック

3 ［ビデオ形式］タブをクリック

4 ［表紙画像］をクリック

5 ［現在の画像］をクリック

一時停止した1コマが動画の表紙画像として挿入される

335

2021 | 2019 | 2016 | 365

お役立ち度 ★ ★ ☆

Q 動画の表紙に保存済みの
画像を設定するには

A ［ファイルから画像を挿入］を
クリックします

動画用の表紙を別途作成して保存してある場合は、以
下の手順で表紙として利用できます。動画のタイトル
や象徴的なシーンを表紙画像に設定すると、聞き手
の期待感を膨らませる効果があります。

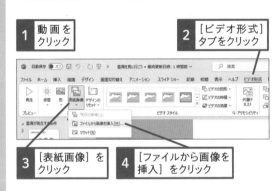

1 動画を
クリック

2 ［ビデオ形式］
タブをクリック

3 ［表紙画像］を
クリック

4 ［ファイルから画像を
挿入］をクリック

5 ［ファイルから］を
クリック

6 保存場所を選択

7 画像ファイルをクリック

8 ［挿入］をクリック

336

2021 | 2019 | 2016 | 365

お役立ち度 ★ ★ ☆

Q 表紙画像を消して
元に戻すには

A 表紙画像をリセットします

ワザ334やワザ335で設定した表紙画像を元に戻す
には、右の手順で表紙画像をリセットします。すると、
動画の1コマ目が表示された状態に戻ります。

📖 **役立つ豆知識**

動画に枠を付けるには

スライドに挿入した動画のまわりに枠を付けたい
ときは、ワザ325と同様の手順で［ビデオスタイル］
の一覧から設定します。

1 動画を
クリック

2 ［ビデオ形式］
タブをクリック

3 ［表紙画像］
をクリック

4 ［リセット］
をクリック

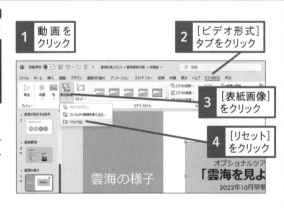

**表紙の画像が
削除された**

基礎と
画面表示

資料作成
の基本

文字入力
と書式

スライド
デザイン

図形

Smart
Art

表と
グラフ

画像と
写真

動画と
サウンド

スライド
マスター

アニメー
ション

スライド
ショー

印刷と
配布資料

ファイル
管理

共有と
共同作業

連携
アプリ

プレゼン
実践テク

337

2021 2019 2016 365
お役立ち度 ★★☆

Q スライドショーの実行時に動画を全画面で表示するには

A [全画面再生]をオンにします

スライドショーの実行時に動画を再生すると、スライドに挿入したサイズで再生されます。以下の手順で動画を画面いっぱいに表示すると、スライドのタイトルなどの文字が一切表示されなくなるため、迫力あるプレゼンテーションが実行できます。

1 動画をクリック　**2** [再生]タブをクリック

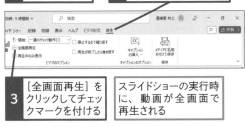

3 [全画面再生]をクリックしてチェックマークを付ける

スライドショーの実行時に、動画が全画面で再生される

関連 333 スライドに挿入した動画を再生するには ▶ P.192

338

2021 2019 2016 365
お役立ち度 ★★★

Q スライドショーで自動的に動画を再生するには

A [開始]のタイミングを[自動]に変更します

通常は、スライドショーで[再生]ボタンをクリックすると動画が再生されます。スライドが表示されると同時に自動的に動画が再生されるようにするには、[開始]のタイミングを[自動]に変更します。

ワザ337を参考に、[再生]タブを表示しておく

1 [開始]のここをクリック

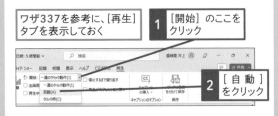

2 [自動]をクリック

339

2021 2019 2016 365
お役立ち度 ★★☆

Q 動画の再生時間を変更するには

A [ビデオのトリミング]の機能を使います

スライドに挿入した動画が長すぎると、聞き手が飽きてしまいます。[ビデオのトリミング]の機能を使って、メインとなる部分を中心に長くても30秒前後にトリミングするといいでしょう。以下の手順のように、緑色と赤い色のマーカーをドラッグしてトリミングする方法以外に、[開始時間]と[終了時間]を数値で指定する方法もあります。

動画をクリックしておく　**1** [再生]タブをクリック

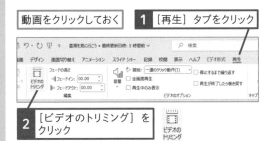

2 [ビデオのトリミング]をクリック

[ビデオのトリミング]ダイアログボックスが表示された

3 ドラッグして開始位置を調整

4 ドラッグして終了位置を調整

5 [OK]をクリック

設定した部分のビデオが再生されるようになる

340

Q 動画再生用のボタンを
作成するには

A [動作設定ボタン] を利用します

初期設定では、スライドショーでスライドが切り替わっ
たときか、クリックしたときに動画が再生されますが、
[動作設定ボタン] を使うと、スライド上のボタンをク
リックしたときに動画が再生されるようにできます。ス
ライドの切り替え直後に動画が再生されると、その前
に説明する内容よりも動画の内容に聞き手の関心が集
まる場合があります。ひと呼吸置いてから動画を再生
するときはこのワザを活用するといいでしょう。なお、
[動作設定ボタン] の [ビデオ] を使うと、ボタンの表
面にビデオカメラの絵柄が表示されます。絵柄が気に
入らないときは、[空白] のボタンでも設定できます。

1 [挿入] タブを
クリック

2 [図形] を
クリック

3 [動作設定ボタン：ビデオ]
をクリック

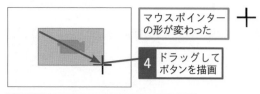

マウスポインター
の形が変わった

4 ドラッグして
ボタンを描画

[オブジェクトの動作設定] ダイアログ
ボックスが表示された

5 [ハイパーリンク]
をクリック

6 ここをクリックして [その
他のファイル] を選択

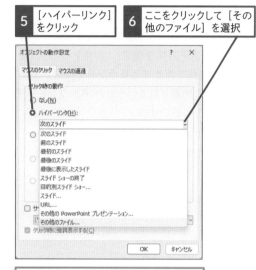

[その他のファイルへのハイパーリンク]
ダイアログボックスが表示された

7 ここをクリックして [すべての
ファイル] を選択

8 挿入したい動画を
クリック

9 [OK] を
クリック

[オブジェクトの動作設定] ダイ
アログボックスが表示された

10 [OK] を
クリック

ビデオ用の動作設定ボタンが
作成される

基礎と
画面表示

資料作成
の基本

文字入力
と書式

スライド
デザイン

図形

Smart
Art

表と
グラフ

画像と
写真

動画と
サウンド

スライド
マスター

アニメー
ション

スライド
ショー

印刷と
配布資料

ファイル
管理

共有と
共同作業

アプリ
連携

プレゼン
実践テク

341

2021 2019 2016 365
お役立ち度 ★★☆

Q 動画の再生中に別の音声を流すには

A ［効果オプション］画面でサウンドを指定します

動画の再生中にサウンドを流すには、以下の手順で動画の設定画面を開き、［効果］タブの［サウンド］の項目で再生するサウンドを指定します。PowerPointに用意されている以外のサウンドを使う場合は、［その他のサウンド］をクリックして、パソコンに保存済みのサウンドを指定しましょう。

1 動画をクリック	2 ［アニメーション］タブをクリック

3 ［効果のその他のオプションを表示］をクリック

［効果オプション］ダイアログボックスが表示された

4 ［効果］タブをクリック

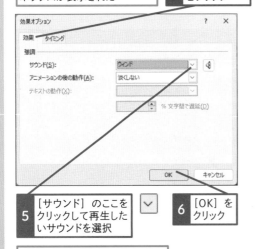

5 ［サウンド］のここをクリックして再生したいサウンドを選択

6 ［OK］をクリック

ビデオの再生と同時にサウンドが再生されるようになった

［その他のサウンド］を選択すると、パソコンに保存済みのサウンドを指定できる

342

2021 2019 2016 365
お役立ち度 ★★☆

Q 動画にフェードインの効果を付けるには

A ［再生］タブでフェードインの長さを指定します

フェードインとは映像が徐々に現れていく効果のことです。反対に、映像が徐々に消えていく効果をフェードアウトと呼びます。スライドに挿入した動画にフェードインやフェードアウトの効果を付けるには、［再生］タブでフェードの長さを指定します。数値が大きいほど長い時間をかけて効果が実行されます。

1 動画をクリック	2 ［再生］タブをクリック

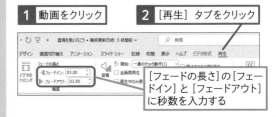

［フェードの長さ］の［フェードイン］と［フェードアウト］に秒数を入力する

343

2021 2019 2016 365
お役立ち度 ★★☆

Q 動画を明るく編集するには

A ［修整］の一覧から明るさやコントラストを調整します

暗く撮影してしまった動画は、PowerPointの中で明るさを調整しましょう。写真を編集する時と同じ手順で、明るさやコントラストを調整できます。

1 動画をクリック	2 ［ビデオ形式］タブをクリック	3 ［修整］をクリック

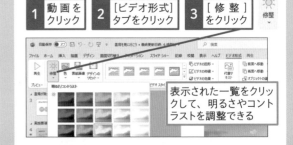

表示された一覧をクリックして、明るさやコントラストを調整できる

344

Ｑ 動画の色合いを変更するには

Ａ ［ビデオ形式］タブの［色］を
クリックします

動画をモノクロやセピア色に加工したいときは、
PowerPointの動画編集機能を使います。［ビデオ
形式］タブの［色］をクリックしたときに表示される
色の一覧から、目的の色を選ぶだけで動画全体の
色が変わります。一覧の左上にある［色変更なし］
をクリックすると、元の色に戻ります。

1 動画を
クリック

2 ［ビデオ形式］タブを
クリック

3 ［色］を
クリック

4 色合いをクリックして選択

動画の色合いが
変更された

345

動画で見る

Ｑ 動画にブックマークを
付けるには

Ａ ［再生］タブの［ブックマークの
追加］をクリックします

ブックマークとは「目印」のことです。動画にブック
マークを付けておくと、指定した位置に素早くジャ
ンプできます。特定の箇所から再生したり、説明に
合わせて動画をジャンプしたりするときに便利です。
なお、操作2からの操作を繰り返すと、複数のブッ
クマークを設定できます。

1 動画をクリック

2 コントロールバーにマウス
ポインターを合わせる

動画の時間が
表示された

3 ブックマークを付けたい
位置までドラッグ

4 ［再生］タブをクリック

5 ［ブックマークの
追加］をクリック

ブックマークが
付けられる

ブックマークをクリックすると、指定した
位置にコントロールバーが移動する

基礎と
画面表示

資料作成
の基本

文字入力
と書式

スライド
デザイン

図形

Smart
Art

表と
グラフ

画像と
写真

動画と
サウンド

スライド
マスター

アニメー
ション

スライド
ショー

印刷と
配布資料

ファイル
管理

共有と
共同作業

連携
アプリ

プレゼン
実践テク

346

2021 2019 2016 365
お役立ち度 ★★☆

Q 動画をブックマークの位置から再生するには

A 再生バーのブックマークをクリックします

ワザ345で設定したブックマークの位置から動画を再生するには、動画の再生中に表示される再生バーのブックマークの記号をクリックします。

ワザ345を参考に、ブックマークを追加しておく

1 ブックマークをクリック

2 [再生] をクリック

ブックマークの位置から動画が再生される

347

2021 2019 2016 365
お役立ち度 ★★☆

Q ブックマークを削除するには

A [再生] タブの [ブックマークの削除] をクリックします

ブックマークを削除するには、削除したいブックマークを選択してから、[再生] タブの [ブックマークの削除] をクリックします。複数のブックマークを削除するときは、この操作を繰り返します。

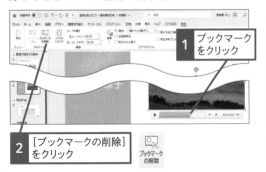

1 ブックマークをクリック

2 [ブックマークの削除] をクリック

348

2021 2019 2016 365
お役立ち度 ★★☆

Q 動画の音声をミュートするには

A [再生] タブの [音量] を [ミュート]に設定します

動画撮影時に録音された音声を消したい場合は、以下の手順でミュートしましょう。ミュートとは、「音を出さない」「無音の」と言う意味です。

1 動画をクリック　　2 [再生] タブをクリック

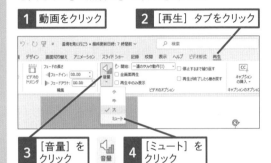

3 [音量] をクリック　　4 [ミュート] をクリック

349

2021 2019 2016 365
お役立ち度 ★★☆

Q 動画を繰り返して再生するには

A [再生] タブの [停止するまで繰り返す] をクリックします

説明している間に動画を再生し続けたいときは、[再生] タブの [停止するまで繰り返す] クリックしてチェックマークを付けます。すると、再生バーの [再生/一時停止] ボタンをクリックするか、スライド上をクリックするまで動画が繰り返して再生されます。

1 動画をクリック　　2 [再生] タブをクリック

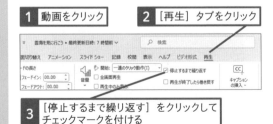

3 [停止するまで繰り返す] をクリックしてチェックマークを付ける

350

Q 動画に不要な部分が映り込んでしまった！

A ［トリミング］機能を使って不要な部分を削除します

ワザ316の写真のトリミングと同じように、動画の不要な部分をトリミングできます。操作3の後で、動画の回りに表示された黒い鍵型のハンドルをドラッグして、見せたい部分だけが残るようにします。

1 動画をクリック　　**2** ［ビデオ形式］タブをクリック

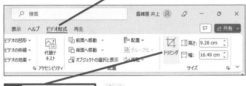

3 ［トリミング］をクリック

4 ここまでドラッグ

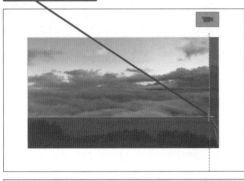

5 ［トリミング］をクリック　　不要な部分が取り除かれる

関連 **339** 動画の再生時間を変更するには　　▶ P.194

351

Q スライドに自分の顔を写すには

A ［挿入］タブの［レリーフ］をクリックします

［レリーフ］機能を使うと、スライドの右下にカメオと呼ばれる映像が表示されます。カメオにはパソコンに接続したカメラの映像を映し出すことができるので、顔出しでプレゼンテーションを行いたいときに便利です。

1 ［挿入］タブをクリック　　**2** ［レリーフ］をクリック

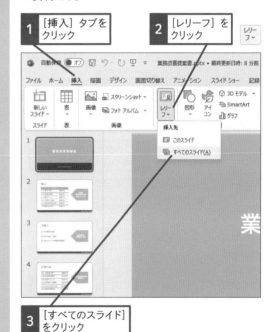

3 ［すべてのスライド］をクリック

カメオが挿入された

関連 **354** 2枚目以降のスライドにカメオが表示されない　　▶ P.200

基礎と画面表示
資料作成の基本
文字入力と書式
スライドデザイン
図形
Smart Art
表とグラフ
画像と写真
動画とサウンド
スライドマスター
アニメーション
スライドショー
印刷と配布資料
ファイル管理
共有と共同作業
連携アプリ
実践テクプレゼン

352

2021 2019 2016 **365**
お役立ち度 ★ ★ ☆

Q カメオの形を変更するには

A [カメラの形状] をクリックします

カメオの初期状態は円型ですが、以下の手順で後から好きな図形の形に変更できます。[カメラの形式] タブの [カメラのスタイル] に用意されているデザインをクリックしてもかまいません。他のスライドのカメオにも同じ形状を適用するには、[カメラの形式] タブの[すべてのスライドに適用] ボタンをクリックします。

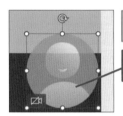

ワザ351を参考に、カメオを挿入しておく

1 カメオをクリック

2 [カメラの形式] タブをクリック

3 [カメラの形状]をクリック

4 [四角形：角を丸くする]をクリック

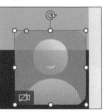

カメオの形が変更された

353

2021 2019 2016 **365**
お役立ち度 ★ ★ ☆

Q カメオに自分の顔が映らない！

A カメオに表示されるボタンをクリックします

パソコンに正しくカメラが接続されているにも関わらず、カメオの映像が表示されないときは、カメオの表面にあるビデオの絵柄のボタンをクリックします。クリックするたびに、カメオの映像の表示と非表示が切り替わります。

1 カメオの左下をクリック

カメラの映像が表示された

354

2021 2019 2016 **365**
お役立ち度 ★ ★ ☆

Q 2枚目以降のスライドにカメオが表示されない

A [すべてのスライドの適用] ボタンをクリックします

ワザ351の操作2で [レリーフ] ボタンを直接クリックすると、表示中のスライドだけにカメオが表示されます。他のスライドにもカメオを表示するには、以下の手順で [すべてのスライドに適用] ボタンをクリックしましょう。

1 カメオをクリック

2 [カメラの形式] タブをクリック

3 [すべてのスライドに適用]をクリック

すべてのスライドにカメオが挿入される

2021 | 2019 | 2016 | 365
お役立ち度 ★ ★ ☆

基礎と
画面表示

資料作成
の基本

文字入力
と書式

スライド
デザイン

図形

Smart
Art

表と
グラフ

画像と
写真

動画と
サウンド

スライド
マスター

アニメー
ション

スライド
ショー

印刷と
配布資料

ファイル
管理

共有と
共同作業

アプリ
連携

プレゼン
実践テク

355

Q YouTubeの動画を挿入するには

A YouTubeのコードをコピーして[オンラインビデオ]画面に貼り付けます

YouTubeには世界中の人が撮影したさまざまな動画がアップロードされています。YouTubeの動画をPowerPointのスライドに挿入するには、以下の操作を行って、YouTubeのコードをコピーしてからPowerPointで利用します。なお、PowerPoint 2016は、操作6の後に[ビデオの挿入]ダイアログボックスが表示されます。[ビデオの埋め込みコード]欄に[Ctrl]+[V]キーを押してコードを貼り付けます。

Webブラウザーで YouTubeにアクセスし、挿入する動画のWebページを開いておく

1 [共有]をクリック

2 [コピー]をクリック

3 [挿入]タブをクリック

4 [ビデオ]をクリック

5 [オンラインビデオ]をクリック

[オンラインビデオ]ダイアログボックスが表示された

6 [Ctrl]+[V]キーを押す

ビデオのURLが貼り付けられた

7 [挿入]をクリック

YouTubeの動画が挿入された

●PowerPoint 2016でYouTube動画を挿入する

ここにあらかじめコピーしておいたYouTube動画のコードを貼り付ける

356

2021 | 2019 | 2016 | 365
お役立ち度 ★ ★ ☆

Q パソコンの操作画面を簡単に録画するには

A ［画面録画］の機能を使って操作中の画面を録画します

PowerPointの使い方の説明動画を作成したいというように、パソコンやPowerPointの画面そのものを録画するには［画面録画］の機能を使います。このとき、［ポインターの録画］がオンになっていれば、マウスポインターの動きも同時に録画できます。録画を終了すると、録画した動画がスライドに表示されます。動画を右クリックして表示されるメニューの［メディアに名前を付けて保存］をクリックすると、動画ファイルとして保存することもできます。

1 ［挿入］タブをクリック

2 ［画面録画］をクリック

［ドック］が表示された

録画したい画面を表示しておく ｜ ここではデスクトップの操作を録画する

録画する領域を指定する ｜ **3** 録画する領域をドラッグして選択

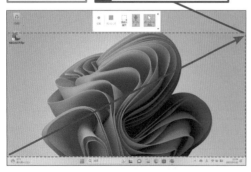

4 ［録画］をクリック

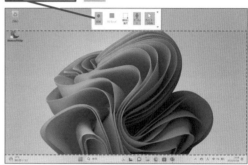

3秒後に録画が開始する

パソコンを操作する ｜ **5** 画面上部にマウスカーソルを合わせて［ドック］を表示する

6 ここをクリック ｜ 録画が終了した

録画した動画が表示された

関連 367 ナレーションを録音するには ▶ P.208

357

Q 録画した動画にテロップを付けるには

A テロップを表示する位置にブックマークを設定します

ワザ356の操作で録画した動画の再生中に、映像に応じたテロップが表示されると理解が深まります。動画にテロップを付けるには、最初にワザ345の操作で、テロップを表示したい位置にブックマークを設定します。次に、図形の中にテロップの内容を入力して［開始］のアニメーションを設定します。最後に、そのアニメーションを動かすタイミングにブックマークを設定します。

ワザ164を参考に、図形でテロップを作成しておく

ワザ345を参考に、テロップを表示する場所にブックマークを設定しておく

1 図形をクリック　　**2** ［アニメーション］タブをクリック

3 ［アニメーションスタイル］をクリック

4 ［開始］の［フェード］をクリック

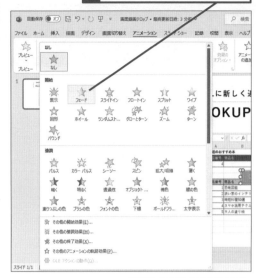

5 ［開始のタイミング］をクリック　　**6** ［ブックマーク時］にマウスポインターを合わせる

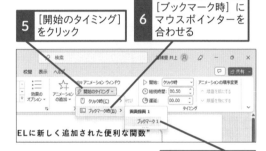

7 ［ブックマーク1］をクリック

スライドショーを実行し動画を再生すると、ブックマークをした場所でテロップが表示される

関連 **345** 動画にブックマークを付けるには ▶ P.197

関連 **164** 図形の中に文字を入力したい ▶ P.107

関連 **360** テロップが消えるようにするには ▶ P.204

基礎と画面表示
資料作成の基本
文字入力と書式
スライドデザイン
図形
SmartArt
表とグラフ
画像と写真
動画とサウンド
スライドマスター
アニメーション
スライドショー
印刷と配布資料
ファイル管理
共有と共同作業
連携アプリ
プレゼン実践テク

358

2021 2019 2016 365
お役立ち度 ★ ★ ☆

Q ブックマークに付く番号は何？

A ブックマークを設定した順番です

ワザ357の操作7で［ブックマーク時］に表示される［ブックマーク1］は、最初に設定したブックマークという意味です。複数のブックマークを設定すると、設定した順番に自動的に連番が付きます。

設定した順番でブックマークに番号が付く

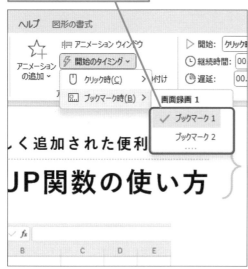

359

2021 2019 2016 365
お役立ち度 ★ ★ ☆

Q テロップに合うアニメーションは何？

A 控えめな動きを付けましょう

ワザ357の操作4で、テロップに付ける開始のアニメーションは、［フェード］や［アピール］のように、シンプルで控えめな動きを選びます。ただし、アニメーションを設定しないとテロップを表示することができません。

360

2021 2019 2016 365
お役立ち度 ★ ★ ☆

Q テロップが消えるようにするには

A テロップに終了のアニメーションを設定します

動画の再生中にテロップを消すには、テロップを消したい位置にブックマークを設定してから、テロップの図形に終了のアニメーションを設定します。最後に、テロップのアニメーションを動かす［開始のタイミング］を2つ目のブックマークに指定します。

ワザ345を参考に、テロップを消える場所にブックマークを設定しておく

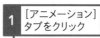

1 ［アニメーション］タブをクリック

2 ［アニメーションの追加］をクリック

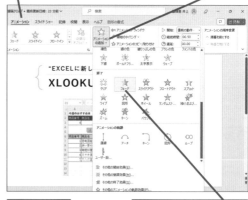

3 下にスクロール

4 ［終了］の［フェード］をクリック

5 ［開始のタイミング］をクリック

6 ［ブックマーク2］をクリック

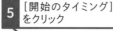

基礎と
画面表示

資料作成
の基本

文字入力
と書式

スライド
デザイン

図形

Smart
Art

表と
グラフ

画像と
写真

動画と
サウンド

スライド
マスター

アニメー
ション

スライド
ショー

印刷と
配布資料

ファイル
管理

共有と
共同作業

アプリ
連携

プレゼン
実践テク

サウンドの挿入

プレゼンテーションの開始にBGMなどのサウンドを設定すると、聞き手の関心を集められます。
ここでは、サウンドを挿入するテクニックを紹介します。

361

2021 2019 2016 365
お役立ち度 ★ ★ ★

Q 自分で用意したサウンドファイルを挿入するには

A ［挿入］タブの［オーディオ］ボタンをクリックします

自分で録音したサウンドやWebページからダウンロードしたサウンドなど、パソコンにサウンドを保存してあれば、以下の手順でスライドに挿入できます。

挿入したいサウンドファイルを
パソコンに保存しておく

1 ［挿入］タブを
クリック

2 ［オーディオ］を
クリック

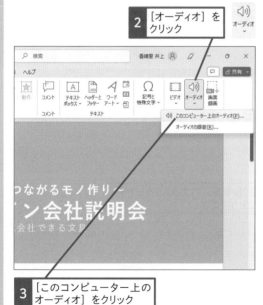

3 ［このコンピューター上の
オーディオ］をクリック

関連
362 サウンドのアイコンを非表示にするには ▶ P.206

関連
366 サウンドを削除するには ▶ P.207

［オーディオの挿入］ダイアログ
ボックスが表示された

4 ファイルを
クリック

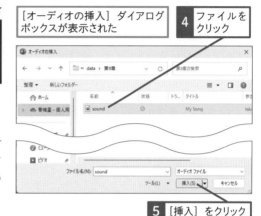

5 ［挿入］をクリック

プレゼンテーションファイルに
サウンドが挿入された

●スライドに挿入できる主なサウンド形式

形式	ファイル拡張子の例
Windowsオーディオファイル	.wav
MIDIファイル	.mid
Windows Mediaオーディオファイル	.wma
AIFFオーディオファイル	.aiff
AUオーディオファイル	.au
MP3オーディオファイル	.mp3
MP4オーディオファイル	.m4a
FLACオーディオファイル	.flac

📖 役立つ豆知識

サウンドの使いどころを知っておこう

1枚目のスライドにサウンドを挿入すると、プレゼンテーション開始時に音楽が再生されることで聞き手の注目を集めることができます。ざわついていた会場を一瞬で沈める効果もあります。また、店頭デモンストレーションで説明する人がいないときには、BGMとして音楽を流すのも効果的です。

基礎と
画面表示

資料作成
の基本

文字入力
と書式

デザイン
スライド

図形

Smart
Art

表と
グラフ

画像と
写真

動画と
サウンド

スライド
マスター

アニメー
ション

スライド
ショー

印刷と
配布資料

ファイル
管理

共有と
共同作業

連携
アプリ

実践
プレゼン
テク

362

2021 2019 2016 365
お役立ち度 ★ ★ ★

Q サウンドのアイコンを非表示にするには

A [スライドショーを実行中にサウンドのアイコンを隠す]をオンにします

サウンドを挿入したスライドにはスピーカーの形をしたサウンドのアイコンが表示されます。初期設定では、スライドショーの実行時にサウンドのアイコンが表示されてしまいます。プレゼンテーションの聞き手にサウンドファイルの存在を意識させないようにするには、以下の手順でアイコンを非表示にしましょう。また、サウンドのアイコンをスライドのまわりにあるグレーの領域にドラッグしても非表示にできます。

1 サウンドのアイコンをクリック

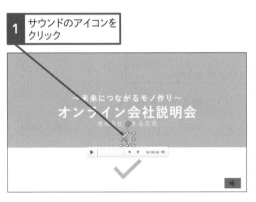

2 [再生]タブをクリック

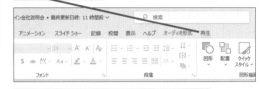

3 [スライドショーを実行中にサウンドのアイコンを隠す]をクリックしてチェックマークを付ける

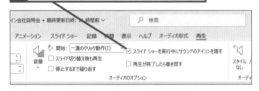

スライドショーの実行中に、サウンドのアイコンが表示されなくなる

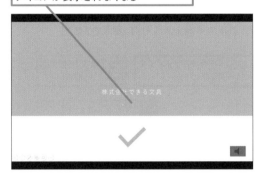

関連 370 サウンドの音量を調整するには ▶ P.209

363

2021 2019 2016 365
お役立ち度 ★ ★ ☆

Q サウンドの音量を少しずつ大きくするには

A [フェードイン]の機能を使います

サウンドの音量を徐々に大きくしていく手法を「フェードイン」、徐々に小さくしていく手法を「フェードアウト」とそれぞれいいます。[再生]タブにある[フェードイン]機能を使うと、指定した秒数で徐々に音量を大きくできます。

ここに秒数を入力するとフェードインの設定ができる

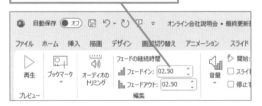

関連 370 サウンドの音量を調整するには ▶ P.209

364

Q スライドショーの実行中に サウンドを流すには

A ［スライド切り替え後も再生］を オンにします

スライドに挿入したサウンドは、スライドショーの実行時にスライドを切り替えたタイミングで再生が終わります。スライドショーの実行中にずっとサウンドを再生し続けたいときは、［再生］タブにある［スライド切り替え後も再生］をクリックしてチェックマークを付けます。

| 1 | サウンドのアイコンをクリック |
| 2 | ［再生］タブをクリック |

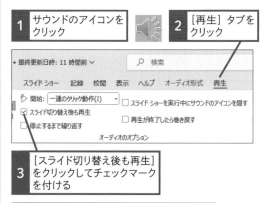

| 3 | ［スライド切り替え後も再生］をクリックしてチェックマークを付ける |

スライドショー実行中にずっとサウンドが流れるように設定された

| 関連 361 | 自分で用意したサウンドファイルを挿入するには | ▶ P.205 |

365

Q サウンドが繰り返し 再生されるようにするには

A ［停止するまで繰り返す］を オンにします

ワザ364のようにスライドショーの実行中にサウンドを再生し続けるように設定しても、サウンドファイルよりもスライドショーの実行時間が長いと、途中でサウンドの再生が止まります。このようなときは、［再生］タブにある［停止するまで繰り返す］にチェックマークを付けて、繰り返しサウンドが再生されるようにしましょう。

| 1 | サウンドのアイコンをクリック |
| 2 | ［再生］タブをクリック |

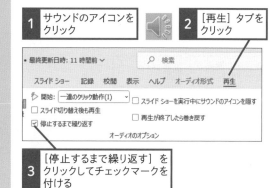

| 3 | ［停止するまで繰り返す］をクリックしてチェックマークを付ける |

スライドショーが停止するまで繰り返しサウンドが流れるように設定された

366

Q サウンドを削除するには

A Delete キーを押します

スライドに挿入したサウンドを削除するには、サウンドのアイコンをクリックして選択し、Delete キーを押しましょう。

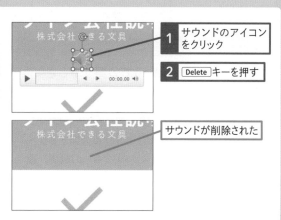

| 1 | サウンドのアイコンをクリック |
| 2 | Delete キーを押す |

サウンドが削除された

基礎と画面表示

資料作成の基本

文字入力と書式

スライドデザイン

図形

Smart Art

表とグラフ

画像と写真

動画とサウンド

スライドマスター

アニメーション

スライドショー

印刷と配布資料

ファイル管理

共有と共同作業

アプリ連携

プレゼン実践テク

基礎と
画面表示

資料作成
の基本

文字入力
と書式

スライド
デザイン

図形

Smart
Art

表と
グラフ

画像と
写真

動画と
サウンド

スライド
マスター

アニメー
ション

スライド
ショー

印刷と
配布資料

ファイル
管理

共有と
共同作業

連携
アプリ

プレゼン
実践テク

367

2021 2019 2016 365
お役立ち度 ★ ★ ★

Q ナレーションを録音するには

A ［スライドショーの録画］機能を
使いましょう

店頭での無人デモなどのように発表者のいないプレゼンテーションでは、スライドの内容に合わせてナレー

ションを録音しておくと便利です。ナレーションを録音するときは、あらかじめパソコンとマイクを接続し、スライドショーを実行しながら録音します。録音したナレーションはスライドごとに保存され、それぞれのスライドにサウンドのアイコンが表示されます。

1 ［スライドショー］
タブをクリック

2 ［録画］を
クリック

3 ［先頭から］を
クリック

録音用の画面が
表示された

4 ［録画］を
クリック

録音が開始された

カメラの録画が起動したときは
［カメラをオフにする］をクリックすると、録画がされなくなる

5 マイクに向かってナレーションを
録音

ここをクリックするたびに次のアニメーションに進む

［記録を一時停止します］
をクリックすると、再生中
のアニメーションが止まる

［記録を停止します］を
クリックすると、スライド
の先頭に戻る

スライドショーが終了した

ナレーションを終了する

6 ここをクリックして終了

録音したナレーションはアイコンで表示される

♪ ステップアップ

スライドショーをWebで公開するときに便利

プレゼンテーションで使ったPowerPointのスライドにナレーションを付けてWebに公開するケースが増えてきました。［スライドショーの録画］機能を使えば、スライドショーの画面とともに、音声や実行中の操作を録画できるので最適です。

📖 役立つ豆知識

録画を始める前のチェックすべきことは？

スライドショーを録画すると、スライドの操作と音声も一緒に録画されます。録画する前に、マイクの接続を確認し、正しく動くかどうかをチェックしましょう。

368

Q ナレーションの一部分を録音し直すには

A [現在のスライドから記録]の機能を使います

ナレーションの一部を間違えたからといって、最初から録音し直す必要はありません。録音し直したいスライドのナレーションを録音し直せば、自動的に上書きされます。ナレーションが終わったら、[Esc]キーを押して録音を終了します。

ナレーションを修正するスライドを表示しておく

1 [スライドショー]タブをクリック

2 [録画]をクリック

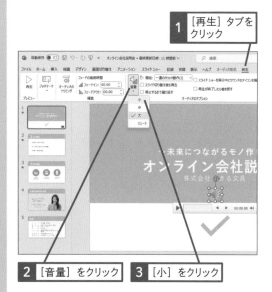

3 [現在のスライドから]をクリック

ワザ367を参考に、ナレーションを録音する

録音が終了したら、次のスライドに進まずに[Esc]キーを押して終了する

📖 役立つ豆知識

録画した内容を削除するには

録画を終了した後で操作と音声をすべて削除するには、[スライドショー]タブの[録画]ボタンから[クリア]-[すべてのスライドのナレーションをクリア]をクリックします。

369

Q ナレーションとサウンドを同時に再生できるの?

A 再生できます

ナレーションを挿入したスライドにすでに別のサウンドが挿入されている場合は、サウンドを再生しながら同時にナレーションも再生できます。ただし、サウンドファイルの形式によっては、どちらか一方しか再生できない場合もあります。

370

Q サウンドの音量を調整するには

A [音量]ボタンから調整できます

スライドに挿入したサウンドの音量は、[オーディオツール]の[再生]タブにある[音量]ボタンをクリックして調整します。[小][中][大]の3段階から選びましょう。

1 [再生]タブをクリック

2 [音量]をクリック

3 [小]をクリック

基礎と画面表示
資料作成の基本
文字入力と書式
スライドデザイン
図形
Smart Art
表とグラフ
写真画像と
動画とサウンド
スライドマスター
アニメーション
スライドショー
印刷と配布資料
ファイル管理
共有と共同作業
アプリ連携
プレゼン実践テク

基礎と
画面表示

資料作成
の基本

文字入力
と書式

スライド
デザイン

図形

Smart
Art

表と
グラフ

画像と
写真

動画と
サウンド

スライド
マスター

アニメー
ション

スライド
ショー

印刷と
配布資料

ファイル
管理

共有と
共同作業

アプリ
連携

プレゼン
実践テク

第10章 スライドマスターを使った楽々修正ワザ

スライドマスターの設定

すべてのスライドに共通の書式は、スライドマスター画面で管理すると便利です。ここでは、スライドマスターにまつわる疑問を解決します。

371

サンプル
お役立ち度 ★ ★ ★

| 2021 | 2019 | 2016 | 365 |

Q スライドマスターって何？

A スライドの設計図のようなものです

PowerPointでは、プレースホルダーごとに文字のサイズが自動的に変わります。また、スライドにテーマを適用すると、テーマに合わせて文字の色やサイズ、配置などの書式が自動的に設定されます。これは、スライドの設計図である「スライドマスター」画面で書式がまとめて管理されているからです。スライドマスター画面で設定した書式はすべてのスライドに反映されるため、1枚ずつスライドの書式を手動で修正する必要はありません。結果的に、スライドの修正時間を大幅に削減し、修正ミスを防ぐことができます。

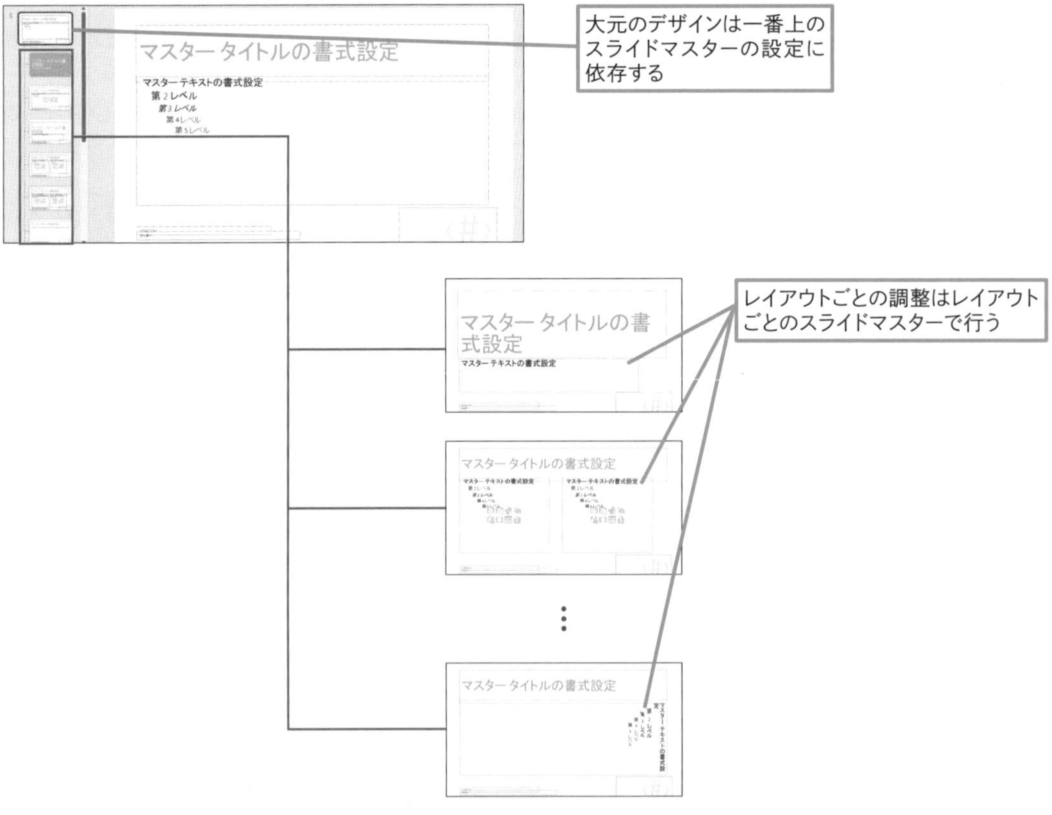

大元のデザインは一番上のスライドマスターの設定に依存する

レイアウトごとの調整はレイアウトごとのスライドマスターで行う

372

Q スライドマスターを表示するには

A [表示] タブの [スライドマスター] をクリックします

以下の手順でスライドマスターを表示すると、左側にレイアウトごとのマスターが表示されます。スライドマスターは書式を管理する画面なので、スライドに入力された文字や図形、画像などは表示されません。

1 [表示] タブをクリック

2 [スライドマスター] をクリック

スライドマスターが表示された

[マスター表示を閉じる] をクリックすると [標準] の表示に戻る

◆スライドマスター

373

Q スライドマスターが何種類もあるのはなぜ?

A レイアウトごとにマスターが用意されているからです

スライドマスターの左側には、レイアウトごとのマスターが縦に並んで表示されます。特定のレイアウトの書式をまとめて変更するときには、目的のレイアウトをクリックして操作します。また、一番上の少し大きめのマスターは、すべてのスライドに共通した書式を変更する時に利用します。

374

Q すべてのスライドの書式をまとめて変更するには

A [マスタータイトルの書式設定] に手を加えましょう

すべてのスライドのタイトルに太字の設定をするには、最初にスライドマスター画面で一番上のマスターを選択します。次に、「マスタータイトルの書式設定」のプレースホルダーを選択し、[ホーム] タブの [太字] ボタンをクリックします。最後に [マスター表示を閉じる] ボタンをクリックしましょう。

ワザ372を参考にスライドマスターを表示しておく

1 [マスタータイトルの書式設定] のプレースホルダーをクリック

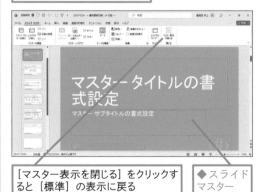

フォントの書式を変更するとすべてのスライドのタイトルに反映される

基礎と画面表示
資料作成の基本
文字入力と書式
スライドデザイン
図形
Smart Art
表とグラフ
画像と写真
動画とサウンド
スライドマスター
アニメーション
スライドショー
印刷と配布資料
ファイル管理
共有と共同作業
連携アプリ
実践テクプレゼン

375

サンプル | 2021 | 2019 | 2016 | 365
お役立ち度 ★★☆

Q 全スライドの箇条書きの行頭文字を変えるには

A [マスターテキストの書式設定]の枠に行頭文字を設定します

すべてのスライドの箇条書きの行頭文字を変更するには、最初にスライドマスター画面で一番上のマスターを選択します。次に、[マスターテキストの書式設定]のプレースホルダーを選択し、[ホーム]タブの[箇条書き]ボタンから変更後の行頭文字をクリックします。

1 箇条書きのプレースホルダーをクリック

2 [ホーム]タブをクリック

3 [箇条書き]のここをクリック

4 [箇条書きと段落番号]をクリック

5 [塗りつぶし丸の行頭文字]をクリック

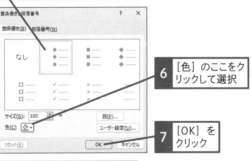

6 [色]のここをクリックして選択

7 [OK]をクリック

行頭文字の書式が変更された

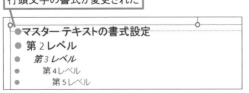

376

サンプル | 2021 | 2019 | 2016 | 365
お役立ち度 ★★★

Q すべてのスライドに会社のロゴを表示したい

A スライドマスター画面にロゴを挿入します

社外向けのプレゼンテーションでは、すべてのスライドに会社名や会社のロゴを入れる場合もあります。スライドマスター画面に会社のロゴを挿入すると、すべてのスライドの同じ位置に同じサイズで配置できます。ただし、ワザ140のデザイナーを適用したスライドにはスライドマスターの内容が反映されないこともあるので注意しましょう。

すべてのスライドに会社のロゴを表示するには一番上の[スライドマスター]に画像を挿入する

ワザ372を参考にスライドマスターを表示しておく

1 一番上の[スライドマスター]を選択

2 ワザ297を参考に画像を挿入

ワザ372を参考にスライドマスターを閉じる

すべてのスライドに会社のロゴが挿入される

関連 297 パソコンに保存してある画像を挿入するには ▶ P.172

377

Q 特定のレイアウトの背景色を変えるには

A 変更したいレイアウトのマスターを選択します

中表紙のスライドの背景色を変更したいといったように、特定のレイアウトの書式だけを変更できます。スライドマスターを使うと、1枚ずつ手作業で背景色を変更しなくても、同じレイアウトが適用されているスライドの書式をまとめて変更できます。

> ワザ372を参考にスライドマスターを表示しておく

> 背景を変更するレイアウトをクリックしておく

1 [背景のスタイル] をクリック

2 [背景の書式設定] をクリック

3 [色] のここをクリック

4 色をクリックして選択

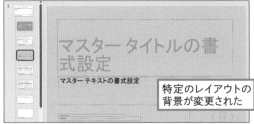

> 特定のレイアウトの背景が変更された

378

Q テーマに使われている画像や図形を削除するには

A スライドマスター画面で削除します

適用したテーマの中に、スライドの内容に合わない画像があるときは、スライドマスターで削除しましょう。削除したい画像や図形をクリックし、まわりにハンドルが表示された状態で [Delete] キーを押します。その後 [スライドマスター] タブの [マスター表示を閉じる] ボタンをクリックすると、すべてのスライドに反映されます。

> ワザ372を参考にスライドマスターを表示しておく

1 削除したい図形をクリック

2 [Delete] キーを押す

> ワザ372を参考にスライドマスター画面を閉じて、通常の画面に戻る

> デザインから図形が削除された

関連 371 スライドマスターって何？ ▶ P.210

基礎と画面表示
資料作成の基本
文字入力と書式
スライドデザイン
図形
Smart Art
表とグラフ
画像と写真
動画とサウンド
スライドマスター
アニメーション
スライドショー
印刷と配布資料
ファイル管理
共有と共同作業
連携アプリ
実践プレゼンテク

379

サンプル　2021 2019 2016 365
お役立ち度 ★★★

Q オリジナルのスライドデザインを作成するには

A 白紙のスライドに自由にデザインしましょう

オリジナルのテーマを作りたいときは、白紙のスライドマスターに図形を描いたり背景の色を設定したりします。テーマを保存する方法は、ワザ380を参照してください。

白紙のタイトルスライドを表示し、ワザ372を参考にスライドマスターを表示する

ここでは背景の色を変更する

1 [背景のスタイル]をクリック

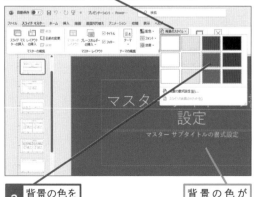

2 背景の色をクリック

背景の色が変更された

関連 371　スライドマスターって何?　▶P.210

関連 376　すべてのスライドに会社のロゴを表示したい　▶P.212

関連 378　テーマに使われている画像や図形を削除するには　▶P.213

380

2021 2019 2016 365
お役立ち度 ★★☆

動画で見る

Q 作成したスライドデザインを保存するには

A [現在のテーマを保存]をクリックして名前を付けます

ワザ379の手順で作成したオリジナルのテーマは、後から何度でも使い回しができるように、[現在のテーマを保存]をクリックして保存しましょう。次回からは[デザイン]タブの[テーマ]の一覧に追加され、クリックするだけでそのテーマを適用できます。

スライドデザインを作成しておく

1 [テーマ]をクリック

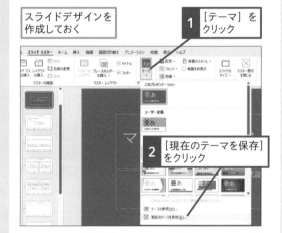

2 [現在のテーマを保存]をクリック

[現在のテーマを保存]ダイアログボックスが表示された

3 ファイル名を入力

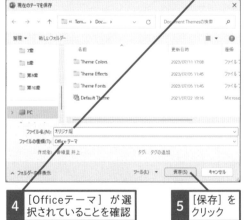

4 [Officeテーマ]が選択されていることを確認

5 [保存]をクリック

オリジナルのスライドデザインをテーマの一覧に登録できた

381

Q スライドマスターのレイアウト
を削除してしまった！

A ［元に戻す］ボタンですぐに
復活しましょう

スライドマスター画面の左側のレイアウトは、［削除］ボタンで削除できます。ただし、いったん削除してしまうと、そのレイアウトは二度と使えません。間違って削除したときは、すぐにクイックアクセスツールバーの［元に戻す］ボタンで復旧しましょう。

● レイアウトの削除

ワザ372を参考にスライドマスターを表示しておく

1 削除するレイアウトを右クリック

2 ［レイアウトの削除］をクリック

レイアウトが削除された

● レイアウトの復旧

1 クイックアクセスツールバーの［元に戻す］をクリック

レイアウトが削除される前に戻る

382

Q 登録したスライドデザインを
削除するには

A 右クリックして削除します

ワザ380の操作で保存したオリジナルのデザインは、後から削除できます。［デザイン］タブの［テーマ］の一覧から削除したいテーマを右クリックし、表示されるメニューから［削除］をクリックします。

383

Q オリジナルのレイアウトを
作成するには

A ［レイアウトの挿入］ボタンをクリック
してプレースホルダーを配置します

［ホーム］タブの［レイアウト］ボタンに用意されているスライドのレイアウトは11種類です。これら以外のレイアウトを作成するには、スライドマスターの画面でプレースホルダーの種類を選び、スライド上をドラッグして変更します。プレースホルダーには「コンテンツ」や「グラフ」「表」など、いくつもの種類があり、自由に組み合わせられます。

ひな型にないレイアウトを作成する

1 ワザ372を参考に［スライドマスター］タブを表示

2 ［レイアウトの挿入］をクリック

新しいスライドが挿入された

3 ［プレースホルダーの挿入］をクリック

4 ［コンテンツ］をクリック

5 プレースホルダーを配置したい位置をドラッグして選択

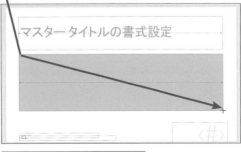

プレースホルダーが挿入される

基礎と画面表示
資料作成の基本
文字入力と書式
スライドデザイン
図形
Smart Art
表とグラフ
画像と写真
動画とサウンド
スライドマスター
アニメーション
スライドショー
印刷と配布資料
ファイル管理
共有と共同作業
連携アプリ
プレゼン実践テク

384

Q オリジナルのレイアウトに名前を付けるには

動画で見る

A ［スライドマスター］タブの［名前の変更］をクリックします

ワザ383の操作でオリジナルのレイアウトを作成したら、分かりやすい名前を付けておきましょう。付けた名前は、マスターにマウスポインターを移動したときにポップアップで表示されます。

> ワザ383を参考に、オリジナルのレイアウトを作成しておく

1 ［スライドマスター］タブをクリック

2 ［名前の変更］をクリック

3 レイアウトの名前を入力

4 ［名前の変更］をクリック

> レイアウト名の変更 ? ×
> レイアウト名(L):
> 写真強調用
> 名前の変更(R)　キャンセル

> オリジナルのレイアウトが保存された

5 ［マスター表示を閉じる］をクリック

関連 383　オリジナルのレイアウトを作成するには ▶ P.215

385

Q オリジナルのレイアウトを利用するには

A ［新しいスライド］や［レイアウト］の一覧に表示されます

オリジナルのレイアウトに名前を付けて保存すると、［ホーム］タブの［新しいスライド］ボタンや［レイアウト］ボタンをクリックしたときに、一覧の中にオリジナルのレイアウトの名前が表示されます。クリックすると、オリジナルのレイアウトが適用されます。

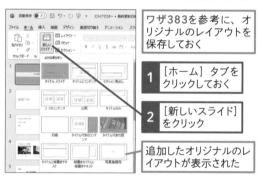

> ワザ383を参考に、オリジナルのレイアウトを保存しておく

1 ［ホーム］タブをクリックしておく

2 ［新しいスライド］をクリック

> 追加したオリジナルのレイアウトが表示された

386

Q 既存のレイアウトをコピーするには

A ［レイアウトの複製］をクリックします

既存のレイアウトと似たようなオリジナルのレイアウトを作成する時は、既存のレイアウトをコピーしてから部分的に修正すると効率よく作業できます。

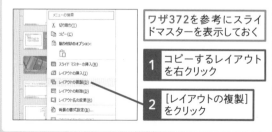

> ワザ372を参考にスライドマスターを表示しておく

1 コピーするレイアウトを右クリック

2 ［レイアウトの複製］をクリック

ヘッダーやフッターの活用

スライドの上部のスペースを「ヘッダー」、下部のスペースを「フッター」といいます。ここでは、ヘッダーやフッターにスライド番号や日付などを表示するときの疑問を解決します。

基礎と画面表示

資料作成の基本

文字入力と書式

スライドデザイン

図形

Smart Art

表とグラフ

画像と写真

動画とサウンド

スライドマスター

アニメーション

スライドショー

印刷と配布資料

ファイル管理

共有と共同作業

連携アプリ

実践プレゼンテク

387

サンプル ｜2021｜2019｜2016｜365｜
お役立ち度 ★★★

Q スライドに番号を付けるには

A ［スライド番号］のチェックを付けます

スライド番号は、スライドの順番を明確にするだけでなく、質疑応答の際にスライドを指定しやすいというメリットがあります。［ヘッダーとフッター］ダイアログボックスで［スライド番号］のチェックマークを付けると、各スライドにスライド番号が表示されます。スライド番号が表示される位置は、スライドに適用しているテーマによって異なります。

1 ［挿入］タブをクリック	2 ［ヘッダーとフッター］をクリック

［ヘッダーとフッター］ダイアログボックスが表示された

3 ［スライド］タブをクリック

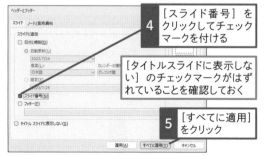

4 ［スライド番号］をクリックしてチェックマークを付ける

［タイトルスライドに表示しない］のチェックマークがはずれていることを確認しておく

5 ［すべてに適用］をクリック

すべてのスライドにスライド番号が表示された

388

サンプル ｜2021｜2019｜2016｜365｜
お役立ち度 ★★★

Q 表紙のスライド番号を非表示にするには

A ［タイトルスライドに表示しない］のチェックを付けます

スライド番号を設定すると、1枚目のスライドには「1」、2枚目のスライドには「2」のスライド番号が付きます。1枚目のスライドは全体の表紙となるスライドで、［タイトルスライド］のレイアウトが適用されているので、スライド番号を非表示にしておきましょう。一般的に、表紙のスライドには番号を付けません。

ワザ387を参考に［ヘッダーとフッター］ダイアログボックスを表示しておく

1 ［スライド］タブをクリック	2 ［スライド番号］をクリックしてチェックマークを付ける

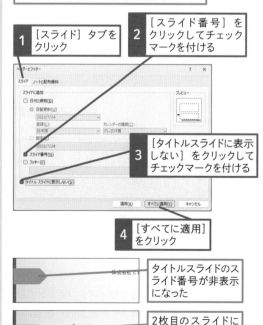

3 ［タイトルスライドに表示しない］をクリックしてチェックマークを付ける

4 ［すべてに適用］をクリック

タイトルスライドのスライド番号が非表示になった

2枚目のスライドに「2」のスライド番号が表示された

389

Q 2枚目のスライド番号を「1」に変更するには

A [スライド開始番号]を「0」にします

ワザ388のように、表紙のスライドにスライド番号が表示されないようにすると、2枚目のスライドに「2」の番号が付きます。2枚目のスライドに「1」の番号を付けるには、[スライド開始番号]を「0」に変更しましょう。「0」の番号が1枚目のスライドに表示されないように、必ず[タイトルスライドに表示しない]と併せて設定してください。

> ワザ388を参考に、2枚目のスライドからスライド番号が表示されるように設定しておく

> ワザ126を参考に、[スライドのサイズ]ダイアログボックスを表示しておく

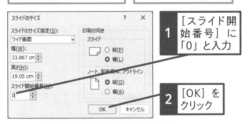

1 [スライド開始番号]に「0」と入力

2 [OK]をクリック

> 2枚目のスライドに「1」のスライド番号が表示される

390

Q ページ番号が表示されないときは

A [ノートと配布資料]タブで設定している可能性があります

スライドに付ける番号はスライドに表示する[スライド番号]とノートと配布資料に表示する[ページ番号]の2種類があります。スライド番号を設定したのにノート表示などで表示されないときは、[ヘッダーとフッター]ダイアログボックスで[ノートと配布資料]タブの[ページ番号]にチェックマークが付いているかどうかを確認しましょう。[スライド]タブの[スライド番号]のチェックマークが付いているだけではスライド番号は表示されません。

> ワザ387を参考に[ヘッダーとフッター]ダイアログボックスを表示しておく

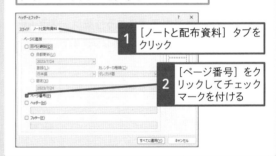

1 [ノートと配布資料]タブをクリック

2 [ページ番号]をクリックしてチェックマークを付ける

391

Q スライド番号が小さすぎて見えない!

A スライドマスター画面でサイズを拡大します

標準で表示されるスライド番号はかなり小さなサイズです。スライド番号のフォントサイズやフォントの種類を変更するには、スライドマスター画面の一番上の[ス

ライドマスター]をクリックして、<#>の部分に書式を設定します。

> ワザ372を参考にスライドマスターを表示しておく

> 1 左の<#>プレースホルダーをクリック

> 2 [ホーム]タブをクリック

> 3 [フォントサイズ]のここをクリック

> 4 変更したいフォントサイズをクリック

> スライド番号が選択したフォントサイズで表示される

関連 371	スライドマスターって何?	▶ P.210

392

Q スライド番号を「1/7」の
ように表示するには

A スライドマスター画面で総スライド数
を入力します

スライド番号に「1/7」のような総スライド数を盛り込むと、プレゼンテーション全体のボリュームが分かります。総スライド数を追加するには、スライドマスター画面でスライド番号の領域を示す「<#>」の横にテキストボックスを描画して「/7」を入力します。ただし、総スライド数が変わったときは、その都度手動で「/7」の「7」の部分を修正する必要があります。

> ここでは総スライド数が7枚の
> スライドに設定する

> ワザ372を参考にスライドマスターを表示しておく

1 一番上のレイアウトを選択

2 [挿入] タブをクリック

3 [テキストボックス]をクリック

4 [横書きのテキストボックス]をクリック

> マウスポインターの形が変わった

5 [<#>] プレースホルダーの右をドラッグしてテキストボックスを追加

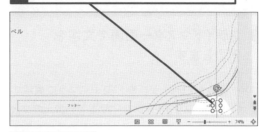

6 [/7] と入力

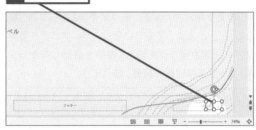

> ワザ372を参考にスライドマスターを閉じる

> ワザ387を参考に [ヘッダーとフッター] ダイアログボックスを表示する

7 [スライド] タブをクリック

8 [スライド番号] をクリックしてチェックマークを付ける

9 [タイトルスライドに表示しない] をクリックしてチェックマークをはずす

10 [すべてに適用]をクリック

> スライド番号が分数で表示された

1/7

関連
372 スライドマスターを表示するには ▶ P.211

関連
387 スライドに番号を付けるには ▶ P.217

基礎と画面表示
資料作成の基本
文字入力と書式
スライドデザイン
図形
Smart Art
表とグラフ
画像と写真
動画とサウンド
スライドマスター
アニメーション
スライドショー
印刷と配布資料
ファイル管理
共有と共同作業
アプリ連携
プレゼン実践テク

基礎と画面表示
資料作成の基本
文字入力と書式
スライドデザイン
図形
Smart Art
表とグラフ
画像と写真
動画とサウンド
スライドマスター
アニメーション
スライドショー
印刷と配布資料
管理 ファイル
共有と共同作業
連携 アプリ
実践テク プレゼン

393

2021 2019 2016 365
お役立ち度 ★ ★ ☆

Q スライド番号に「ページ」や「頁」の文字を追加するには

A スライドマスター画面で文字を入力します

スライド番号を「1ページ」や「1頁」のように表示するには、最初にスライドマスター画面で一番上のマスターを選択します。次に、スライド番号の領域を示す「<#>」の後にテキストボックスを描画して「ページ」や「頁」の文字を入力します。前にテキストボックスを描画して「P.」と入力してもいいでしょう。スライド番号と文字の上端がそろうように、結果を確認しながらテキストボックスの位置を調整しましょう。

ワザ392を参考に、スライドマスター画面で［<#>］の右に［横書きのテキストボックス］を挿入する

1 「ページ」と入力

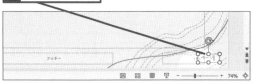

ワザ387を参考に［ヘッダーとフッター］ダイアログボックスを表示する

2 ［スライド］タブをクリック

3 ［スライド番号］をクリックしてチェックマークを付ける

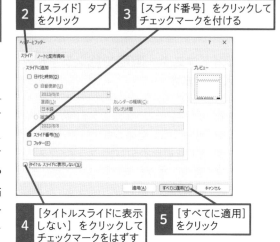

4 ［タイトルスライドに表示しない］をクリックしてチェックマークをはずす

5 ［すべてに適用］をクリック

スライド番号に［ページ］の文字が表示された

関連 387 スライドに番号を付けるには ▶ P.217

関連 392 スライド番号を「1/7」のように表示するには ▶ P.219

394

2021 2019 2016 365
お役立ち度 ★ ★ ★

Q スライドに今日の日付を自動的に表示するには

A ［日付と時刻］を［自動更新］の設定にします

ヘッダーやフッターに設定した内容は、全スライドの同じ位置に同じ情報が表示されます。［ヘッダーとフッター］ダイアログボックスで、日付と時刻が自動的に更新されるように設定すると、すべてのスライドに今日の日付と時刻が表示されます。スライドに表示される日付や時刻はパソコンの時計を参照しているので、パソコンの日付や時刻を正しく設定しておきましょう。

ワザ387を参考に［ヘッダーとフッター］ダイアログボックスを表示しておく

1 ［スライド］タブをクリック

2 ［日付と時刻］をクリックしてチェックマークを付ける

3 ［自動更新］をクリック

4 ［すべてに適用］をクリック

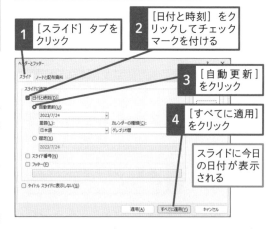

スライドに今日の日付が表示される

関連 387 スライドに番号を付けるには ▶ P.217

395

Q 特定の日付を常に 表示するには

A ［日付と時刻］を［固定］に 変更します

すべてのスライドに常に特定の日付を表示しておくには、［ヘッダーとフッター］ダイアログボックスで［日付と時刻］の［固定］をクリックします。キーボードで入力した日付がスライドに表示されます。

ワザ387を参考に［ヘッダーとフッター］
ダイアログボックスを表示しておく

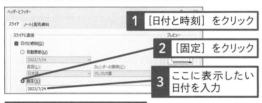

1 ［日付と時刻］をクリック

2 ［固定］をクリック

3 ここに表示したい 日付を入力

4 ［すべてに適用］をクリック

396

2021 2019 2016 365
お役立ち度 ★ ★ ☆

Q すべてのスライドに会社名を 表示するには

A フッターに会社名を入力します

スライド番号と日付/時刻以外の情報をすべてのスライドに表示したいときは、［ヘッダーとフッター］ダイアログボックスの［フッター］欄に入力します。

1 ［スライド］タブをクリック

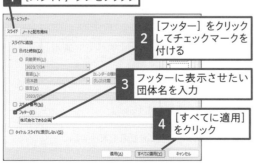

2 ［フッター］をクリック してチェックマークを 付ける

3 フッターに表示させたい 団体名を入力

4 ［すべてに適用］ をクリック

397

2021 2019 2016 365
お役立ち度 ★ ★ ☆

Q スライドのヘッダーを 設定するには

A スライドマスター画面で フッター領域を移動します

［ヘッダーとフッター］ダイアログボックスの［スライド］タブには、［ヘッダー］を設定する欄がありません。スライドマスター画面で、［日付］［フッター］［<#>］の外枠をドラッグしてスライド上部に移動すると、スライド番号や日付やフッター情報をヘッダーとして利用できます。

398

2021 2019 2016 365
お役立ち度 ★ ★ ☆

Q 削除したフッター領域を 復活させるには

A ［マスターのレイアウト］を使います

スライドマスター画面で、［日付］［フッター］［<#>］のそれぞれの外枠をクリックして選択して、Delete キーを押すと領域ごと削除できます。日付やスライド番号などのフッター領域を削除してしまった場合は、［フッター］のチェックマークのオン/オフで復活できます。

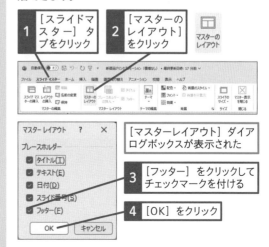

1 ［スライドマスター］タブをクリック

2 ［マスターのレイアウト］をクリック

［マスターレイアウト］ダイアログボックスが表示された

3 ［フッター］をクリックして チェックマークを付ける

4 ［OK］をクリック

基礎と画面表示

資料作成の基本

文字入力と書式

スライドデザイン

図形

SmartArt

表とグラフ

画像と写真

動画とサウンド

スライドマスター

アニメーション

スライドショー

印刷と配布資料

ファイル管理

共有と共同作業

アプリ連携

プレゼン実践テク

399

2021 2019 2016 365
お役立ち度 ★ ★ ★

Q 配布資料にページ番号を
を付けるには

A ［ノートと配布資料］タブで
［ページ番号］を設定します

聞き手に配る配布資料が複数ページに渡る場合は、配布資料にもページ番号を付けると親切です。［ヘッダーとフッター］ダイアログボックスには［スライド］タブと［ノートと配布資料］タブがありますが、配布資料にページ番号を付けるときは必ず［ノートと配布資料］タブに切り替えて操作しましょう。

ワザ387を参考に、［ヘッダーとフッター］
ダイアログボックスを表示しておく

1 ［ノートと配布資料］
タブをクリック

2 ［ページ番号］をクリックしてチェックマークを付ける

3 ［すべてに適用］
をクリック

関連 387 スライドに番号を付けるには ▶ P.217

関連 390 ページ番号が表示されないときは ▶ P.218

400

2021 2019 2016 365
お役立ち度 ★ ★ ☆

Q 配布資料のすべてのページに
会社名を表示するには

A ［ノートと配布資料］タブで
フッターを設定します

聞き手が持ち帰る配布資料に会社名やプロジェクト名を入れておくと、何の資料なのかがひとめで分かります。手順のように［ヘッダーとフッター］ダイアログボックスで設定する方法以外に、［表示］タブの［配布資料マスター］ボタンをクリックして、配布資料のマスター画面にあるフッター領域に会社名を入力する方法もあります。

ワザ387を参考に、［ヘッダーとフッター］
ダイアログボックスを表示しておく

1 ［ノートと配布資料］
タブをクリック

2 ［フッター］をクリックして
チェックマークを付ける

3 フッターに表示させたい団体名を入力

4 ［すべてに適用］
をクリック

関連 387 スライドに番号を付けるには ▶ P.217

関連 396 すべてのスライドに会社名を表示するには ▶ P.221

401

Q 配布資料の全ページに会社の
ロゴを印刷したい

A [配布資料マスター] 画面に
会社のロゴを挿入します

配布資料の書式はまとめて設定できます。[表示]
タブの[配布資料マスター]を使って、ヘッダーやフッ
ターを設定したり、印刷用のロゴを挿入したりする
ことができます。配布資料マスターとは、配布資料
の設計図といえます。なお、配布資料マスターには、
スライドマスターのようにレイアウトごとの区別はあ
りません。配布資料マスターに変更を加えれば、印
刷されるすべてのページに反映されます。

1 [表示] タブ をクリック	**2** [配布資料マスター] をクリック

配布資料マスターが 表示された	**3** ワザ297を参考に 会社のロゴを挿入

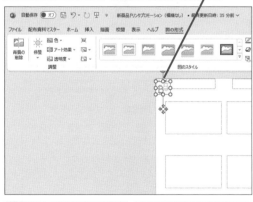

4 ワザ310と312を参 考にロゴの位置と大 きさを調整	ワザ520を参考に [印 刷] の画面を表示して確 認しておく

402

Q 配布資料のページ番号を
左右中央に印刷したい

A [配布資料マスター] 画面で配置を
変更します

[ヘッダーとフッター] ダイアログボックスで配布資
料にスライド番号を印刷するように設定すると、用
紙の右下に印刷されます。スライド番号の位置を変
更するには、[配布資料マスター] 画面に切り替えて、
<#>が表示されている数字領域をクリックして選択
し、文字を [中央揃え] に、プレースホルダーを [左
右中央揃え] に設定しましょう。

ワザ401を参考に配布資料 マスターを表示しておく	**1** [数字領域] の枠 をクリック

2 [ホーム] タブ をクリック	**3** [中央揃え] をクリック

プレースホルダーの位置を変更する

4 [配置] を クリック	**5** [配置] にマウスポインター を合わせる

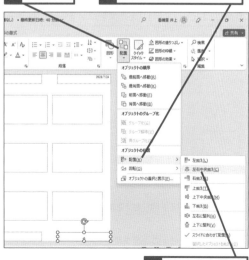

6 [左右中央揃え]
をクリック

基礎と画面表示 / 資料作成の基本 / 文字入力と書式 / スライドデザイン / 図形 / SmartArt / 表とグラフ / 画像と写真 / 動画とサウンド / スライドマスター / アニメーション / スライドショー / 印刷と配布資料 / ファイル管理 / 共有と共同作業 / アプリ連携 / 実践プレゼンテク

第11章 動きで注目を集める魅せワザ

画面切り替えの効果

1枚のスライドや複数のスライドに設定できるのが「画面切り替えの効果」です。これを効果的に利用し、スマートなプレゼンテーションができるようにするテクニックを解説します。

403

サンプル 2021 2019 2016 365
お役立ち度 ★ ★ ★

Q スライドが切り替わるときに動きを付けるには

A ［画面切り替え］を設定しましょう

スライドショーの実行中にスライドが切り替わるときの動きを「画面切り替え」と呼びます。［画面切り替え］タブの［画面切り替え］の一覧から設定したい画面切り替えをクリックするだけで、スライドに動きを設定できます。なお、切り替え効果を設定したスライドには星のマークが付きますが、プレースホルダーにアニメーションを設定しても同様に星のマークが表示されます。

画面の切り替え効果を設定するスライドを選択しておく

ここでは、1枚目のスライドに画面の切り替え効果を設定する

1 ［画面切り替え］タブをクリック

2 ［切り替え効果］をクリック

［画面切り替え］の動きの効果の一覧が表示された

3 画面切り替え効果を選択

選択した画面の切り替え効果がプレビューで表示される

切り替え効果を設定すると、星のマークが表示される

関連 407　設定した画面切り替えを解除するには ▶ P.226

関連 410　画面切り替えの速度を変更したい ▶ P.227

関連 414　暗い画面から徐々にスライドを表示したい ▶ P.228

404

Q 複数のスライドにまとめて画面切り替えの効果を付けるには

A 最初にスライドを選択してから画面切り替えを設定します

複数のスライドに同じ画面切り替えを設定したいときは、左側のスライド一覧で、[Ctrl]キーを押しながら必要なスライドを順番にクリックしてから操作します。もう一度[Ctrl]キーを押しながら同じスライドをクリックすると、選択を解除できます。なお、すべてのスライドに同じ動きを設定したいときは、画面切り替えを設定した後に[画面切り替え]タブの[すべてに適用]ボタンをクリックしましょう。

複数のスライドを選択して一度に画面切り替えを設定する

1 [Ctrl]キーを押しながらクリック

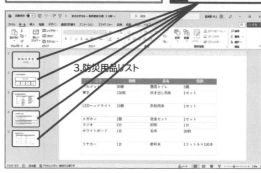

ワザ403を参考に、画面切り替えを設定する

関連 408	スライドを自動的に切り替えるには	▶ P.226

関連 409	画面切り替えの効果を確認するには	▶ P.227

405

Q スライドが切り替わるときに効果音を付けたい

A [画面切り替え]タブの[サウンド]を設定します

画面が切り替わる動きと同時に音を鳴らしたいときは、[画面切り替え]タブの[サウンド]を設定します。「チャイム」や「喝采」のように最初からPowerPointに用意されている短い効果音もありますが、自分で用意した音楽を再生したいときは、[その他のサウンド]をクリックしてサウンドファイルを指定します。

●用意されているサウンドを付ける

1 [画面切り替え]タブをクリック

2 [サウンド]のここをクリック

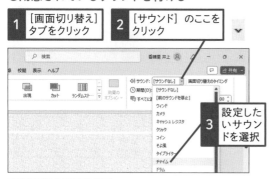

3 設定したいサウンドを選択

サウンドが設定できた

●自分で用意した効果音を付ける

1 [画面切り替え]タブをクリック

2 [サウンド]のここをクリック

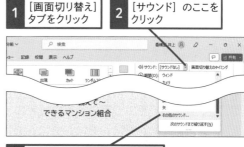

3 [その他のサウンド]をクリック

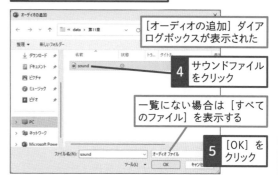

[オーディオの追加]ダイアログボックスが表示された

4 サウンドファイルをクリック

一覧にない場合は[すべてのファイル]を表示する

5 [OK]をクリック

基礎と画面表示
資料作成の基本
文字入力と書式
スライドデザイン
図形
Smart Art
表とグラフ
画像と写真
動画とサウンド
スライドマスター
アニメーション
スライドショー
印刷と配布資料
ファイル管理
共有と共同作業
連携アプリ
実践テクプレゼン

406

2021 2019 2016 365
お役立ち度 ★ ★ ☆

Q [ランダム]ってどんな効果?

A その都度異なる画面切り替えが設定されます

[ランダム]とは、スライドショーのたびに異なる画面切り替えが自動的に設定されるというものです。[ランダム]という名前の動きがあるわけではありません。

ワザ403を参考に[画面切り替え]の一覧を表示しておく

[ランダム]を選択すると、スライドショーを再生するたびに異なる切り替え効果が実行される

| 関連 403 | スライドが切り替わるときに動きを付けるには | ▶ P.224 |

| 関連 409 | 画面切り替えの効果を確認するには | ▶ P.227 |

407

2021 2019 2016 365
お役立ち度 ★ ★ ☆

Q 設定した画面切り替えを解除するには

A 画面切り替えの[なし]を選択します

画面切り替えを解除するときは、解除したいスライドを選択し、[画面切り替え]タブの[画面切り替え]の一覧から[なし]をクリックします。

ワザ403を参考に[画面切り替え]の一覧を表示しておく

[なし]をクリックすると、画面切り替え効果が解除される

408

2021 2019 2016 365
お役立ち度 ★ ★ ★

Q スライドを自動的に切り替えるには

A [自動的に切り替え]をオンにします

初期設定では、スライドショーの実行中にマウスをクリックすると次のスライドに切り替わります。[画面切り替え]タブの[画面切り替えのタイミング]にある[自動]にチェックマークを付け、秒数を指定すると、指定した時間の経過後に自動でスライドが切り替わります。無人の店頭デモのように、スライドを操作する人がいない場合は、すべてのスライドが自動的に切り替わるように設定しておきましょう。

| **1** [画面切り替え]タブをクリック | **2** [自動]をクリックしてチェックマークを付ける |

3 切り替わる時間を入力

| 関連 411 | クリックしてもスライドが切り替わらないようにするには | ▶ P.227 |

409

Q 画面切り替えの効果を確認するには

A 星のマークや［プレビュー］ボタンをクリックします

画面切り替えやアニメーションを設定したスライドには、下の例のように星のマークが付きます。このマークをクリックして動きを確認しましょう。［画面切り替え］タブの［プレビュー］ボタンをクリックしても動きが再生されます。

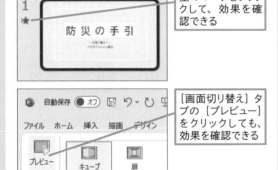

星のマークをクリックして、効果を確認できる

［画面切り替え］タブの［プレビュー］をクリックしても、効果を確認できる

関連
407　設定した画面切り替えを解除するには　▶ P.226

410

Q 画面切り替えの速度を変更したい

A ［画面切り替え］タブの［期間］を変更します

最初に設定されている画面切り替えのスピードは、種類によってそれぞれ異なります。［画面切り替え］タブの［期間］の数値を大きくすると動きが遅くなり、数値を小さくすると動きが早くなります。スライドショーを実行したとき、次のスライドの表示までに間を持たせるかそうでないかで設定を変更するといいでしょう。

1 画面切り替えのスピードを調整したいスライドをクリック

2 ［画面切り替え］タブをクリック

3 ［期間］のここに秒数を入力

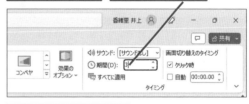

画面切り替えのスピードが3秒間に変更された

411

Q クリックしてもスライドが切り替わらないようにするには

A ［画面切り替え］タブの［クリック時］をオフにします

ワザ410のようにスライドが切り替わる時間を指定しても、それよりも早くクリックすると、スライドが切り替わってしまいます。これは、［画面切り替え］タブの［画面切り替えのタイミング］の［クリック時］にチェックマークが付いているためです。クリック操作でスライ

ドが切り替わらないようにするには、［クリック時］のチェックマークをはずしましょう。

1 ［画面切り替え］タブをクリック

2 ［クリック時］をクリックしてチェックマークをはずす

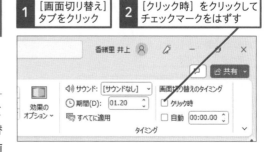

関連
410　画面切り替えの速度を変更したい　▶ P.227

基礎と
画面表示

資料作成
の基本

文字入力
と書式

スライド
デザイン

図形

Smart
Art

表と
グラフ

画像と
写真

動画と
サウンド

スライド
マスター

アニメー
ション

スライド
ショー

印刷と
配布資料

ファイル
管理

共有と
共同作業

連携
アプリ

プレゼン
実践テク

412

Q どんな画面切り替えの効果を設定したらいいの？

A シンプルな動きを心がけましょう

スライドの内容にもよりますが、1枚目のスライドに華やかな動きを付けると、印象的にプレゼンテーションを開始できます。2枚目以降のスライドには控えめな動きを設定し、最後のスライドまで同じ動きを設定するとすっきりします。スライドがぐるぐる回るような奇抜な動きは、スライドの文字が見づらくなると同時に、聞き手の関心が動きに集中してしまうので避けましょう。スライドの切り替わりだけでも十分な動きが出るので、迷ったときは画面の切り替え効果をあえて設定しない手もあります。

413

Q 画面切り替えの効果の方向を変更するには

A ［効果のオプション］からできます

［画面切り替え］タブの［効果のオプション］ボタンをクリックすると、設定した画面切り替えが動く方向や形を変更できます。例えば、［図形］の画面切り替えを設定してから［効果のオプション］ボタンをクリックすると、［円］［ひし形］［プラス］［イン］［アウト］のメニューが表示され、図形の形と表示方向を指定できます。

> 1　画面切り替えを設定したスライドをクリック
>
> 2　［画面切り替え］タブをクリック
>
> 3　［効果のオプション］をクリック

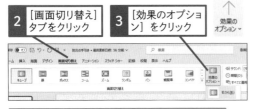

画面切り替えの種類によってオプションは異なる

414

Q 暗い画面から徐々にスライドを表示したい

A ［フェード］の画面切り替えを設定します

スライドショーの実行中に、次のスライドが暗い画面からじわじわと表示されると期待感を演出できます。それには、［画面切り替え］の一覧にある［フェード］を使いましょう。ワザ410の手順で［期間］の秒数を大きくするほど画面がゆっくり切り替わります。ただし、スライドの枚数が多く、説明が中盤に差しかかったところでじわじわと表示される効果を多用すると、聞き手がいらいらする場合もあることに注意してください。

> ワザ403を参考に、切り替え効果の一覧を表示しておく
>
> 1　［フェード］をクリック

> 2　ワザ410を参考に［期間］の秒数を変更

暗い画面から徐々にスライドが表示される

| 関連 403 | スライドが切り替わるときに動きを付けるには | ▶ P.224 |
| 関連 410 | 画面切り替えの速度を変更したい | ▶ P.227 |

基礎と
画面表示

資料作成
の基本

文字入力
と書式

スライド
デザイン

図形

Smart
Art

表と
グラフ

画像と
写真

動画と
サウンド

スライド
マスター

アニメー
ション

スライド
ショー

印刷と
配布資料

ファイル
管理

共有と
共同作業

アプリ
連携

プレゼン
実践テク

アニメーションの効果

[アニメーション] の機能を使うと、文字や図形などに動きを付けることができます。ここでは、アニメーションの疑問を解決します。

415

サンプル | 2021 2019 2016 365
お役立ち度 ★ ★ ★

**Q アニメーションを
設定するには**

**A [アニメーション] タブに用意されて
いる動きを選択します**

スライド上の文字や図形などにアニメーションを設定するには、最初にアニメーションを設定したい文字や図形を選択し、次に [アニメーション] タブの [アニメーションスタイル] から任意のアニメーションを選びます。すると、最初に選択したスライド上の文字や図形の左側にアニメーションの実行順序を示す数字が表示されます。

1 タイトル文字のプレース
ホルダーをクリック

2 [アニメーション]
タブをクリック

3 [アニメーションスタイル] をクリック

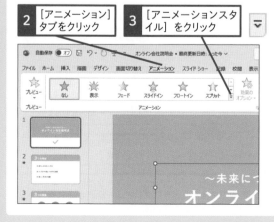

**アニメーションの一覧が
表示された**

4 [ズーム] を
クリック

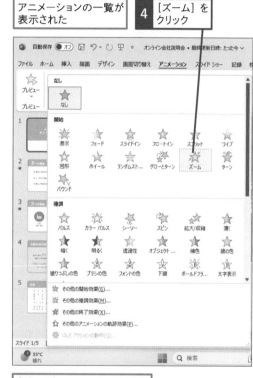

**[ズーム] のアニメーションが
設定された**

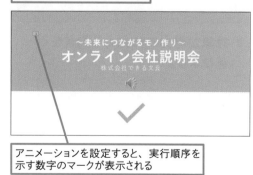

アニメーションを設定すると、実行順序を
示す数字のマークが表示される

関連
416 | アニメーションには
どんな動きがあるの? | ▶ P.230

416

Q アニメーションには どんな動きがあるの？

A 4つの動きが利用できます

アニメーションには、[開始][強調][終了][アニメーションの軌跡]の4つの動きが用意されており、単独で設定するだけなく、複数の動きを組み合わせることもできます。通常は、文字や図形などがスライドに表示されるまでの動きを[開始]で設定し、表示された後に目立たせる動きを[強調]で設定します。また、文字や図形がスライドから見えなくなる動きを[終了]で設定します。イラストや図形などをドラッグした通りに動かすときは[アニメーションの軌跡]を設定しましょう。

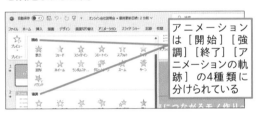

アニメーションは[開始][強調][終了][アニメーションの軌跡]の4種類に分けられている

417

Q アニメーションが多すぎて 選択に迷う

A 対象が魅力的に見える動きを 選びましょう

アニメーションを選ぶときは、面白い動きではなく、対象となるものが一番魅力的に見える動きを探します。例えば横書きの文字は、先頭の文字から順番に表示されると読みやすくなります。また、棒グラフの棒が下から伸び上がると、棒の高さを強調できます。ただし、アニメーションばかりのスライドは聞き手に飽きられてしまいます。アニメーションを付けるかどうかを迷ったら、付けないという選択肢も考えましょう。

418

Q 一覧にないアニメーションは どうやって選択するの？

A ［その他の開始効果］を クリックします

[開始][強調][終了]のアニメーションには、最近使った効果が優先的に表示されます。使いたい効果が表示されないときは[その他の開始効果][その他の強調効果][その他の終了効果]を選ぶと、すべてのアニメーションが別ウィンドウで表示されます。イメージに合った効果を探しやすいように、「ベーシック」「あざやか」「巧妙」「控えめ」「はなやか」などのグループに分類されています。

ワザ415を参考に、アニメーションの一覧を表示しておく

1 ［その他の開始効果］をクリック

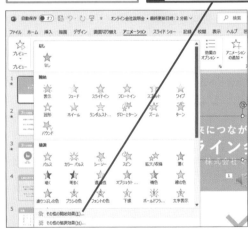

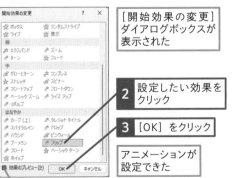

［開始効果の変更］ダイアログボックスが表示された

2 設定したい効果をクリック

3 ［OK］をクリック

アニメーションが設定できた

［効果のプレビュー］にチェックマークが付いていると、効果をクリックしたときにプレビューが表示される

419

**Q 設定したアニメーションの
一覧を表示するには**

**A アニメーションウィンドウを
表示しましょう**

スライドにいくつものアニメーションを設定したとき
は、どこにどんなアニメーションを設定したのかが
分かると便利です。[アニメーションウィンドウ]作
業ウィンドウには、設定済みのアニメーションが実
行される順に一覧表示されます。一覧の左端の数字
とスライド上の数字は同じアニメーションであること
を示しています。

アニメーションの一覧を表示したい
スライドを表示しておく

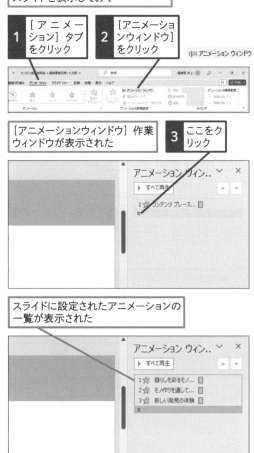

スライドに設定されたアニメーションの
一覧が表示された

420

**Q アニメーションの順序を
変更するには**

**A 移動したいアニメーションを上下に
ドラッグします**

アニメーションの実行順序は後から変更できます。
[アニメーションウィンドウ]作業ウィンドウで、順
序を変更したいアニメーションを上下にドラッグする
と、移動先に目安となる線が表示されます。アニメー
ションの順序を変更すると、対応しているスライド
に表示されている番号も連動して変わります。

ワザ419を参考に、[アニメーションウィンドウ]
作業ウィンドウを表示しておく

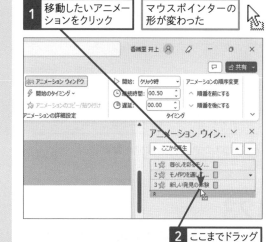

アニメーションの順序が変更された

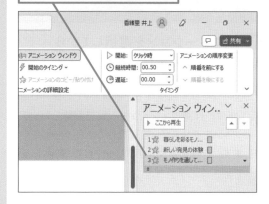

基礎と
画面表示

資料作成
の基本

文字入力
と書式

スライド
デザイン

図形

Smart
Art

表と
グラフ

画像と
写真

動画と
サウンド

スライド
マスター

アニメー
ション

スライド
ショー

印刷と
配布資料

ファイル
管理

共有と
共同作業

連携
アプリ

プレゼン
実践テク

基礎と
画面表示

資料作成
の基本

文字入力
と書式

スライド
デザイン

図形

Smart
Art

表と
グラフ

画像と
写真

動画と
サウンド

スライド
マスター

アニメー
ション

スライド
ショー

印刷と
配布資料

ファイル
管理

共有と
共同作業

連携
アプリ

プレゼン
実践テク

421

Q アニメーションの順番と
種類をまとめて確認したい

A アニメーションウィンドウで
確認できます

ワザ419の操作で［アニメーションウィンドウ］作業
ウィンドウを表示すると、アニメーションの一覧が
表示されます。個々のアニメーションの左側には順
番と種類が表示されており、順番はスライドに表示
されている番号と対応しています。また、［アニメー
ション］タブの［開始］で設定した内容に応じて、
アニメーションの右側の色付きのバーで再生のタイ
ミングが表示されます。

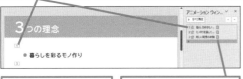

| 再生される順番が数字で表示される | アニメーションが設定されている項目が表示される |

| アニメーションの種類が表示される | 再生されるタイミングがバーで表示される |

| 関連 419 | 設定したアニメーションの一覧を表示するには | ▶ P.231 |

422

Q 設定したアニメーションを
変更するには

A アニメーションを設定し直すと
上書きされます

アニメーションを変更するときは、［アニメーション
ウィンドウ］作業ウィンドウの一覧で変更したいア
ニメーションをクリックして選択してから、変更後の
アニメーションを設定し直します。スライド上のアニ
メーションの数字をクリックしてからアニメーション
を設定し直しても構いません。

| ワザ419を参考に、［アニメーションウィンドウ］作業ウィンドウを表示しておく | 1 アニメーションをクリック |

| ワザ415を参考に設定し直したいアニメーションを選択する |

423

Q 設定したアニメーションを
削除するには

A アニメーションを選択してから
Delete キーを押します

アニメーションを削除するときは、［アニメーション
ウィンドウ］作業ウィンドウの一覧で削除したいア
ニメーションをクリックして選択してから Delete キーを
押します。右側のボタンをクリックして［削除］を選

| 関連 419 | 設定したアニメーションの一覧を表示するには | ▶ P.231 |

ぶこともできます。スライド上のアニメーションの数
字をクリックしてから Delete キーを押しても構いま
せん。

| ワザ419を参考に［アニメーションウィンドウ］作業ウィンドウを表示しておく | 1 設定済みのアニメーションをクリック |

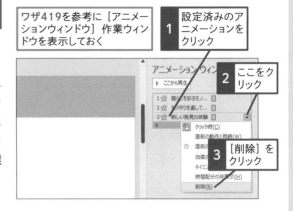

| 2 ここをクリック |
| 3 ［削除］をクリック |

基礎と
画面表示

資料作成
の基本

文字入力
と書式

スライド
デザイン

図形

Smart
Art

表と
グラフ

画像と
写真

動画と
サウンド

スライド
マスター

アニメー
ション

スライド
ショー

印刷と
配布資料

ファイル
管理

共有と
共同作業

アプリ
連携

プレゼン
実践テク

424

Q アニメーションが動く速さを変更するには

A アニメーションの速さを6段階から選びます

アニメーションごとに設定されている速さは異なります。また、使用するパソコンによっても再生される速さが変わります。以下の手順で、速さを変更したいアニメーションごとのダイアログボックスを開くと、[継続時間]から[非常に遅い][さらに遅く][遅く][普通][速く][さらに速く]の6段階に調整できます。

> ワザ419を参考に、[アニメーションウィンドウ]作業ウィンドウを表示しておく

1 アニメーションをクリック

2 ここをクリック

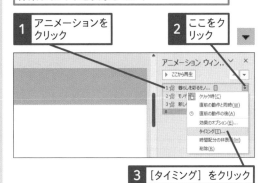

3 [タイミング]をクリック

> [(効果名)]ダイアログボックスが表示された

4 [タイミング]タブをクリック

5 [継続時間]のここをクリック

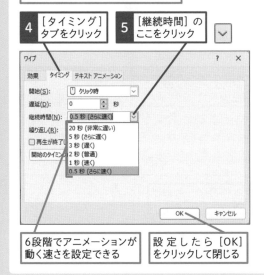

> 6段階でアニメーションが動く速さを設定できる

> 設定したら[OK]をクリックして閉じる

425

Q パソコンによってアニメーションの速さが違う?

A はい、パソコンの性能によって異なります

パソコンの性能によって、アニメーションが再現される速さは微妙に異なります。プレゼンテーションの本番と同じパソコンでアニメーションを動かして、速さの最終調整をしましょう。

| 関連 418 | 一覧にないアニメーションはどうやって選択するの? | ▶ P.230 |
| 関連 422 | 設定したアニメーションを変更するには | ▶ P.232 |

426

Q アニメーションの速さを秒数で指定するには

A [継続時間]の数値を指定します

アニメーションの速さは、ワザ424のように6段階で設定する方法以外にも、[アニメーション]タブの[継続時間]に、直接数値で指定する方法もあります。数値が大きいほど、アニメーションは遅くなります。

1 [アニメーション]タブをクリック

2 [継続時間]のここをクリック

> 速さを秒数で入力できるようになった

3 継続時間を入力

| 関連 427 | 設定したアニメーションを確認するには | ▶ P.234 |
| 関連 429 | 直前のアニメーションに続けて自動的に動かしたい | ▶ P.235 |

基礎と画面表示
資料作成の基本
文字入力と書式
スライドデザイン
図形
Smart Art
表とグラフ
画像と写真
動画とサウンド
スライドマスター
アニメーション
スライドショー
印刷と配布資料
ファイル管理
共有と共同作業
アプリ連携
実践テクプレゼン

427

サンプル

Q 設定したアニメーションを確認するには

A スライドショーで確認しましょう

アニメーションの設定が完了したら、必ずスライドショーを実行して、全体の動きを確認しましょう。アニメーションは、つい過剰に設定してしまいがちです。アニメーションを付け過ぎていないか、統一感はあるか、スライドが見づらくなっていないかなどを総合的に点検することが大切です。

1 [スライドショー]タブをクリック	2 [最初から]をクリック

[現在のスライドから]をクリックすると、表示しているスライドからスライドショーが実行される

スライドショーが実行された

クリックに応じて、次のアニメーションや画面の切り替え効果が実行される

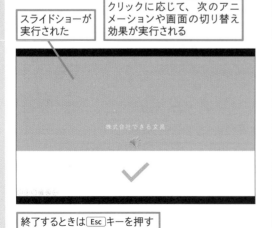

終了するときは Esc キーを押す

428

サンプル

動画で見る

Q 同じアニメーションを使い回したい

A [アニメーションのコピー /貼り付け]の機能を利用します

同じアニメーションを何カ所にも設定するときは、アニメーションをコピーすると便利です。[アニメーションのコピー /貼り付け]の機能を使うと、文字や図形や写真などに設定したアニメーションの種類や速さ、開始のタイミングなどをまとめてコピーできます。

1 [アニメーション]タブをクリック

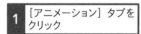

2 アニメーションを設定した図形をクリック

3 [アニメーションのコピー/貼り付け]をクリック

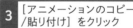

☆ アニメーションのコピー/貼り付け

マウスポインターの形が変わった

図形をクリックするとアニメーションが貼り付けられる

429

Q 直前のアニメーションに続けて
自動的に動かしたい

A ［アニメーション］タブの［開始］を
設定します

初期設定では、スライドショーの実行時にクリックし
たタイミングでアニメーションが動きます。［アニメー
ション］タブの［開始］には、［クリック時］［直前の
動作と同時］［直前の動作の後］の3つのタイミングが
用意されており、どのタイミングでアニメーションを動
かすかを設定できます。複数のアニメーションを連続

して自動的に動かす場合は、［直前の動作の後］を設
定しましょう。

1 ［アニメーション］タブを
クリック

2 タイミングを設定す
るアニメーションの
図形をクリック

3 ［開始］のここを
クリック

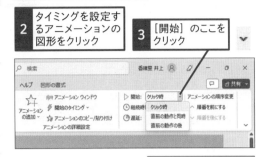

タイミングを変更できる

430

サンプル

Q アニメーションを
追加するには

A ［アニメーションの追加］ボタンを
クリックします

アニメーションは単独で利用するだけでなく、複数を
組み合わせても利用できます。2つ目以降のアニメー
ションを追加するには、［アニメーション］タブの［ア
ニメーションの追加］ボタンをクリックしてアニメーション
を設定します。［アニメーションの追加］ボタンを

使わずにアニメーションを設定すると、設定済みのア
ニメーションが変更されて上書きされるので注意しま
しょう。

1 ［アニメーション］
タブをクリック

2 設定済みのアニメーション
をクリック

3 ［アニメーションの
追加］をクリック

4 追加するアニメー
ションをクリック

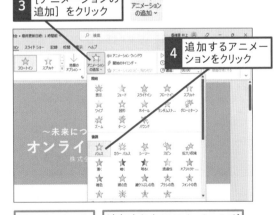

アニメーション
が追加された

追加されたアニメーションが
［2］と表示された

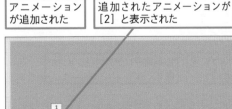

基礎と画面表示

資料作成の基本

文字入力と書式

スライドデザイン

図形

Smart Art

表とグラフ

画像と写真

動画とサウンド

スライドマスター

アニメーション

スライドショー

印刷と配布資料

ファイル管理

共有と共同作業

アプリ連携

実践プレゼンテク

文字のアニメーション

タイトルや箇条書きの文字に動きを付けると、文字を印象的に表示できます。ここでは、文字にアニメーションを設定するときのトラブルや疑問を解決します。

431

サンプル　2021 2019 2016 365
お役立ち度 ★ ★ ☆

Q 箇条書きを1行ずつ表示するには

A ［開始］のアニメーションを設定します

箇条書きのプレースホルダーに［開始］のアニメーションを設定すると、箇条書きが1行ずつ順番に表示されます。箇条書きにレベルを設定しているときは、下のレベルの箇条書きは上のレベルの箇条書きと同時に表示されます。

> ここでは箇条書きの文字が画面の端から現れるように設定する

1 効果を設定する箇条書きのプレースホルダーをクリック

ワザ415を参考に、アニメーションの一覧を表示しておく

2 ［ワイプ］をクリック

箇条書きにアニメーションが設定された

関連 415	アニメーションを設定するには	▶ P.229
関連 432	箇条書きを表示する方向を変更したい	▶ P.236
関連 433	箇条書きの下のレベルを後から表示するには	▶ P.237

432

サンプル　2021 2019 2016 365
お役立ち度 ★ ★ ★

Q 箇条書きを表示する方向を変更したい

A ［効果のオプション］ボタンをクリックします

ワザ431の操作で箇条書きのアニメーションを設定した後で、［効果のオプション］ボタンをクリックすると、箇条書きが表示される方向を変更できます。箇条書きの行頭文字から表示される方向を選ぶと読みやすいでしょう。なお、最初に設定したアニメーションによって、［効果のオプション］に表示される［方向］の種類が異なります。

> ワザ431を参考に、箇条書きに［ワイプ］を設定しておく

1 ［効果のオプション］をクリック

2 ［左から］をクリック

左から箇条書きが流れて表示されるように設定された

433

Q 箇条書きの下のレベルを後から表示するには

A ［グループテキスト］のレベルを変更します

箇条書きにアニメーションを設定したとき、1項目ずつ順に表示されるのは［グループテキスト］に［第1レベルの段落まで］が設定されているためです。箇条書きのレベルごとに順番に表示するには、［グループテキスト］を目的のレベルに変更します。

下のレベルの項目も1つずつ表示されるようにする

ワザ419を参考に、［アニメーションウィンドウ］作業ウィンドウを表示しておく

1 設定するアニメーションのここをクリック

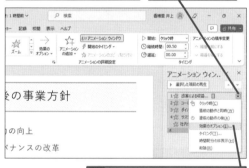

2 ［効果のオプション］をクリック

［（効果名）］ダイアログボックスが表示された

3 ［テキストアニメーション］タブをクリック

4 ［グループテキスト］のここをクリック

5 ［第2レベルの段落まで］をクリック

6 ［OK］をクリック

434

Q 一部の箇条書きだけにアニメーションを適用するには

A 目的の箇条書きをドラッグして選択します

プレースホルダーにある一部の箇条書きだけにアニメーションを設定したいときは、目的の箇条書きをドラッグして選択し、行ごとに設定します。目的の箇条書きのプレースホルダーをクリックすると、プレースホルダー全体にアニメーションが設定されるので注意しましょう。

ここでは特定の箇条書きだけにアニメーションを設定する

1 効果を付けたい行をドラッグ

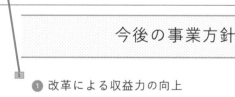

2 ワザ415を参考にアニメーションを設定

箇条書きの一部にアニメーションを設定できた

今後の事業方針

① 改革による収益力の向上
② コーポレートガバナンスの改革
③ ダイバーシティの推進
④ サステナビリティへの取り組み
✓社内SDGs委員会の発足

関連 415 アニメーションを設定するには ▶ P.229

基礎と
画面表示

資料作成
の基本

文字入力
と書式

スライド
デザイン

図形

Smart
Art

表と
グラフ

写真
画像と

動画と
サウンド

スライド
マスター

アニメー
ション

スライド
ショー

印刷と
配布資料

管理
ファイル

共有と
共同作業

連携
アプリ

実践
テク
プレゼン

435

2021 2019 2016 365
お役立ち度 ★ ★ ☆

Q 1文字ずつ表示するには

A [文字単位で表示] に変更します

スライドのタイトルや箇条書きに設定したアニメーションは1文字ずつでも動かせます。1文字ずつ動くようにするには、[テキストの動作] を [文字単位で表示] に変更します。

ワザ433を参考に [(効果名)] ダイアログボックスを表示しておく

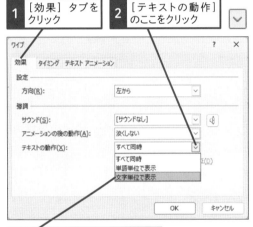

| 1 | [効果] タブをクリック | 2 | [テキストの動作] のここをクリック |

3 [文字単位で表示] をクリック

436

2021 2019 2016 365
お役立ち度 ★ ★ ☆

Q 文字にはどんなアニメーションを付ければいいの？

A 先頭の文字から表示される動きがいいでしょう

文字に付けるアニメーションは読みやすさが大事です。横書きの文字であれば、先頭の文字から表示される [スライドイン] で [方向] が [右から]、あるいは [ワイプ] で [方向] が [左から] がお薦めです。

437

2021 2019 2016 365
お役立ち度 ★ ★ ☆

Q 文字を大きくして強調するには

A [拡大/収縮] のアニメーションを設定します

スライド上の文字を画面からはみ出るほど大きく表示すると迫力が出ます。[強調] のアニメーションにある [拡大/収縮] を設定すると、スライドの文字を拡大できます。アニメーションの設定後に、[効果のオプション] ボタンをクリックすると、拡大する方向や拡大の度合いを調整できます。

ワザ415を参考に、アニメーションの一覧を表示しておく

1 [拡大/収縮] をクリック

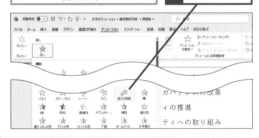

438

2021 2019 2016 365
お役立ち度 ★ ★ ☆

Q 文字が表示されて消えるまでを一連の流れにするには

A [開始] と [終了] を組み合わせて設定します

文字や図形に [開始] と [終了] のアニメーションを組み合わせて設定すると、表示されてから消えてなくなるまでを動きで表現できます。このとき、クリックしなくても [終了] のアニメーションが連続して動くようにしておくとスムーズです。それには、ワザ429の操作で、終了のアニメーションの [開始] のタイミングを[直前の動作の後]に変更します。また、文字が早く消えるときは、ワザ424の方法で継続時間を長めに設定しましょう。

439

Q 説明の終わった文字を
薄くするには

A ［アニメーション後の動作］を
設定します

プレゼンテーションの本番では、説明中の箇条書きだけに聞き手の視線を集めたいものです。ワザ424の操作で、アニメーションごとのダイアログボックスを開き、［効果］タブの［アニメーション後の動作］からスライドの背景の色に溶け込むような薄めの色を設定する

と、次の箇条書きが表示された段階で、表示済みの箇条書きの文字の色が変化します。

ワザ424を参考に、［（効果名）］ダイアログボックスを表示しておく

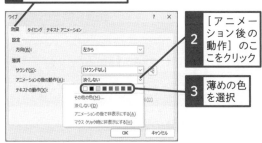

1 ［効果］タブをクリック

2 ［アニメーション後の動作］のここをクリック

3 薄めの色を選択

440

サンプル

Q 映画のような動くスタッフロール
を作成するには

A ［クレジットタイトル］の
アニメーションを設定します

映画の最後に表示されるクレジットのように、画面の下から上へと流れていくアニメーションを設定したいときは、［開始］のアニメーションにある［クレジットタイトル］を箇条書きのプレースホルダーに設定します。この動きを利用するときは、［継続時間］を遅めにしたほうが文字が読みやすいでしょう。

箇条書きのプレースホルダーを選択し、
アニメーションの一覧を表示しておく

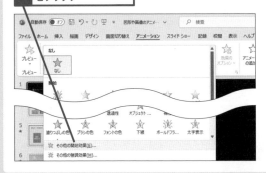

1 ［その他の開始効果］
をクリック

［開始効果の変更］ダイアログ
ボックスが表示された

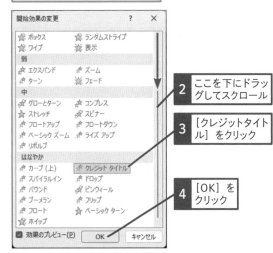

2 ここを下にドラッグしてスクロール

3 ［クレジットタイトル］をクリック

4 ［OK］を
クリック

スライドショーの実行時に、スタッフロールのように文字が表示される

基礎と画面表示
資料作成の基本
文字入力と書式
スライドデザイン
図形
Smart Art
表とグラフ
画像と写真
動画とサウンド
スライドマスター
アニメーション
スライドショー
印刷と配布資料
ファイル管理
共有と共同作業
連携アプリ
プレゼン実践テク

基礎と画面表示
資料作成の基本
文字入力と書式
スライドデザイン
図形
Smart Art
表とグラフ
画像と写真
動画とサウンド
スライドマスター
アニメーション
スライドショー
印刷と配布資料
ファイル管理
共有と共同作業
連携アプリ
実践テクプレゼン

図形や画像のアニメーション

アニメーションは、スライド上の図形や画像、図表にも設定できます。ここでは、図形や画像などにアニメーションを設定する方法を紹介します。

441

2021 2019 2016 365
お役立ち度 ★ ★ ☆

Q 複数の図形に同じアニメーションを設定するには

A 最初に複数の図形を選択しておきます

複数の図形が同時に動き出すようなアニメーションを設定するには、Ctrlキーを押しながら複数の図形をクリックしてアニメーションを設定します。複数の図形に同じ順番の数字が表示されたことをよく確認してください。

1 複数の図形をCtrlキーを押しながらクリック

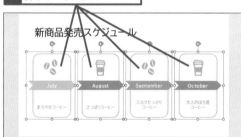

ワザ415を参考にアニメーションを設定する

複数の図形に同時にアニメーションを設定できた

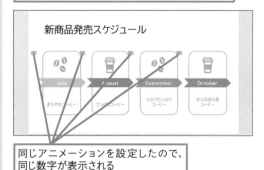

同じアニメーションを設定したので、同じ数字が表示される

442

2021 2019 2016 365
お役立ち度 ★ ★ ☆

Q 図形を次々と表示するには

A ［開始］のタイミングを［直前の動作の後］に変更します

複数の図形をアニメーションで順次表示したい場合に、クリックしなくても次々と図形が動き出すようにするには、［アニメーション］タブの［開始］のタイミングを［直前の動作の後］に変更します。なお、［直前の動作と同時］を選択すると、すべてのアニメーションが一度に再生されます。順番に表示したいときは、必ず［直前の動作の後］を選択しましょう。

複数の図形にアニメーションを設定しておく

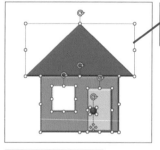

1 Ctrl＋Aキーを押して、すべての図形を選択

2 ［開始］のここをクリック

3 ［直前の動作の後］をクリック

関連 429 直前のアニメーションに続けて自動的に動かしたい ▶ P.235

443

2021 2019 2016 365
お役立ち度 ★ ★ ★

Q 図表の上の図形から
順番に表示するには

A ［効果のオプション］ボタンを
クリックします

図表の場合、全体を1つのオブジェクトとしてアニメーションが設定されます。上の図形からレベルごとに順番に表示されるようにするには、［アニメーション］タブの［効果のオプション］から［レベル（一括）］か［レベル（個別）］を設定しましょう。

> ワザ415を参考に図表をクリックしてアニメーションを設定しておく

> **1** ［効果のオプション］をクリック

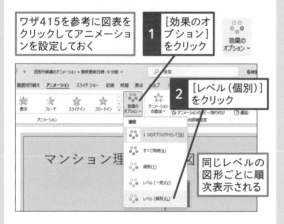

> **2** ［レベル（個別）］をクリック

> 同じレベルの図形ごとに順次表示される

444

2021 2019 2016 365
お役立ち度 ★ ★ ☆

Q 表示した図形が
消えていくようにしたい！

A ［アニメーションの後の動作］を
変更します

図形が次々と現れては消えていく動きを付けるには、アニメーションが終了した図形をスライドから隠さなくてはいけません。それには、［アニメーションの後の動作］で、図形を非表示に設定します。あるいは、［開始］のアニメーションに［終了］のアニメーションを組み合わせて図形を見えなくすることもできます。

> ワザ424を参考に［（効果名）］ダイアログボックスを表示しておく

> **1** ［効果］タブをクリック

> **2** ［アニメーションの後の動作］のここをクリック

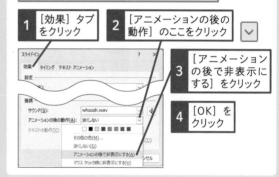

> **3** ［アニメーションの後で非表示にする］をクリック

> **4** ［OK］をクリック

445

2021 2019 2016 365
お役立ち度 ★ ★ ☆

Q 図形や画像のアニメーションに
合わせて効果音を付けるには

A アニメーションごとの設定画面で
［サウンド］を指定します

アニメーションと同時に音を鳴らしたいときは、アニメーションごとのダイアログボックスを開いて、［サウンド］を設定します。「チャイム」や「喝采」のように最初からPowerPointに用意されている短い効果音もありますが、自分で用意した音楽を再生したいときは、［その他のサウンド］をクリックしてサウンドファイルを指定します。

> ワザ424を参考に［（効果名）］ダイアログボックスを表示しておく

> **1** ［効果］タブをクリック

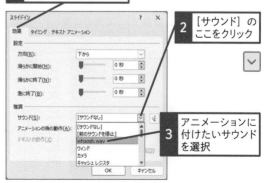

> **2** ［サウンド］のここをクリック

> **3** アニメーションに付けたいサウンドを選択

関連 スライドが切り替わるときに
445 効果音を付けたい ► P.225

基礎と画面表示
資料作成の基本
文字入力と書式
スライドデザイン
図形
Smart Art
表とグラフ
画像と写真
動画とサウンド
スライドマスター
アニメーション
スライドショー
印刷と配布資料
ファイル管理
共有と共同作業
アプリ連携
プレゼン実践テク

基礎と画面表示
資料作成の基本
文字入力と書式
スライドデザイン
図形
Smart Art
表とグラフ
画像と写真
動画とサウンド
スライドマスター
アニメーション
スライドショー
印刷と配布資料
ファイル管理
共有と共同作業
アプリ連携
プレゼン実践テク

446

Q 1枚ずつ写真をめくるような動きを付けるには

A [終了]のアニメーションを1枚ずつ設定します

クリックするとアルバムのように写真がめくれる動きを付けたいときは、最初に表示したい写真に[終了]のアニメーションにある[クリア]や[フェード]を設定します。同様に2番目や3番目に表示したい写真にも同じアニメーションを設定します。最後に、アニメーションを設定した複数の写真を重ねて配置します。同じサイズの写真であれば、すべての写真を選択し、[図の形式]タブから[配置]をクリックして[上下中央揃え]と[左右中央揃え]を実行すると、ぴったり重ねられます。

ワザ297を参考に、スライドに写真を挿入しておく

1 はじめに表示する写真をクリック

2 ワザ415を参考に[クリア]をクリック

同様に表示させたい順番でアニメーションを設定しておく

写真の位置をそろえておく

スライドショーを実行するとクリックするたびに写真がめくれるようなアニメーションを設定できた

447

Q クリックで画像の大きさが変わるようにするには

A [拡大/収縮]のアニメーションを設定します

[強調]のアニメーションの[拡大/収縮]を使うと、スライドショーの実行時に、画像を拡大して目立たせることができます。[開始]のタイミングを[クリック時]にしておけば、説明に合わせてクリックしたタイミングで拡大できます。同じ操作でタイトルなどの文字を拡大して目立たせることもできます。

ここではクリック時に写真が拡大するようなアニメーションを設定する

1 画像をクリック

2 [拡大/収縮]をクリック

スライドショーの実行中に写真をクリックすると、写真が拡大したり縮小したりする

関連 429 直前のアニメーションに続けて自動的に動かしたい ▶ P.235

448

サンプル | 2021 | 2019 | 2016 | 365
お役立ち度 ★★☆

Q 写真のクリック時に別の図形をポップアップさせるには

A ［次のオブジェクトのクリック時に効果を開始］を設定します

アニメーションは、スライドショーを実行した後、スライドをクリックしたときに動き出します。スライドに配置した写真をクリックしたときに別の図形を表示するようにするには、図形に設定したアニメーションに、個別のダイアログボックスで［開始のタイミング］の［次のオブジェクトのクリック時に効果を開始］をクリックし、クリックする対象に写真を選択します。

| 関連 424 | アニメーションが動く速さを変更するには | ▶ P.233 |

文字の図形に［ズーム］のアニメーションを設定しておく

ワザ424を参考に［（効果名）］ダイアログボックスを表示しておく

1 ［タイミング］タブをクリック

2 ［開始のタイミング］をクリック

3 ここをクリック

4 ここをクリックして写真を選択

5 ［OK］をクリック

スライドショーの実行中に写真をクリックすると、文字の図形がポップアップする

新店舗
2023年秋
関西空港店
オープン予定
COMING SOON

449

サンプル | 2021 | 2019 | 2016 | 365
お役立ち度 ★★☆

Q 付箋を順番にはがすような演出がしたい

A ［終了］のアニメーションの［ワイプ］を設定します

貼られていたシールをはがすと、隠れていた文字が見えるという演出をテレビでよく目にします。PowerPointでも、［終了］のアニメーションにある［ワイプ］を使うと同じ演出が可能です。あらかじめ文章の一部を四角形などの図形で隠しておいて、この図形

関連 158	真ん丸な円を描くには	▶ P.105
関連 415	アニメーションを設定するには	▶ P.229
関連 416	アニメーションにはどんな動きがあるの？	▶ P.230

に［ワイプ］のアニメーションを設定します。さらに効果のオプションで［左から］を設定すると、スライドショーの実行時に画面をクリックしたときに図形の左端からめくれて、隠れていた文字が表示されます。

ワザ158を参考に、文字の上に図形を挿入しておく

1 ワザ415を参考に図形に［終了］のアニメーションの［ワイプ］を設定

2 ［効果のオプション］をクリック

3 ［左から］をクリック

図形に付箋がはがれるようなアニメーションを設定できた

図形や画像のアニメーション **できる** 243

基礎と画面表示
資料作成の基本
文字入力と書式
スライドデザイン
図形
SmartArt
表とグラフ
画像と写真
動画とサウンド
スライドマスター
アニメーション
スライドショー
印刷と配布資料
ファイル管理
共有と共同作業
連携アプリ
実践プレゼンテク

450

2021 2019 2016 365
お役立ち度 ★ ★ ★

Q 図形を点滅させるには

A [フェード]や[ブリンク]の アニメーションを繰り返します

強調したい部分やポイントを書き込んだ吹き出しの図形などが点滅すると、そこに聞き手の関心を集められます。[開始]のアニメーションの[フェード]や、[強調]のアニメーションの[ブリンク]の動きを図形に設定し、何度も繰り返す効果を付けると点滅しているように見えます。

図形が点滅を繰り返すように設定する

1 点滅させる図形をクリック

2 [アニメーション]タブをクリック

3 [アニメーションスタイル]をクリック

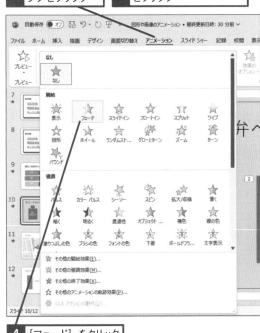

4 [フェード]をクリック

| 関連 429 | 直前のアニメーションに続けて自動的に動かしたい | ▶ P.235 |
| 関連 430 | アニメーションを追加するには | ▶ P.235 |

このままでは点滅しないので、点滅するように効果の繰り返しの回数を設定する

5 [効果のその他のオプションを表示]をクリック

[(効果名)]ダイアログボックスが表示された

6 [タイミング]タブをクリック

7 [繰り返し]のここをクリック

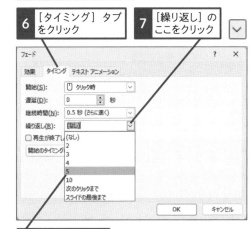

8 回数をクリックして選択

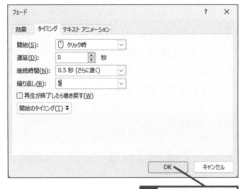

9 [OK]をクリック

451

Q 図形や画像を軌跡に沿って移動させたい

A ［アニメーションの軌跡］を利用しましょう

画像や図形などをA地点からB地点まで動かすには[アニメーションの軌跡]のアニメーションを使います。[直線]や[対角線]など最初から用意されている軌跡もありますが、[ユーザー設定パス]を選択すると、マウスでドラッグした通りに自由に動かせます。

1 ［ユーザー設定パス］をクリック

2 軌跡の始点をクリック

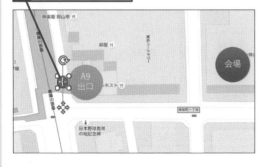

3 1つ目の角をクリック

4 2つ目の角をクリック

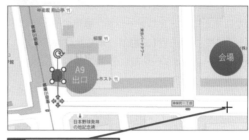

5 軌跡の終点をダブルクリック

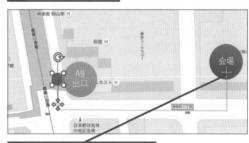

📖 役立つ豆知識

一覧にないアニメーションを使うには

操作1で表示される一覧以外のアニメーションを設定するには、[その他の開始効果][その他の強調効果][その他の終了効果][その他のアニメーションの軌跡効果]をクリックして専用のダイアログボックスを開きます。

関連 415	アニメーションを設定するには	▶ P.229
関連 430	アニメーションを追加するには	▶ P.235
関連 452	アニメーションの軌跡を滑らかにするには	▶ P.246

基礎と画面表示
資料作成の基本
文字入力と書式
スライドデザイン
図形
SmartArt
表とグラフ
画像と写真
動画とサウンド
スライドマスター
アニメーション
スライドショー
印刷と配布資料
ファイル管理
共有と共同作業
アプリ連携
プレゼン実践テク

452

2021 2019 2016 365
お役立ち度 ★ ★ ★

Q アニメーションの軌跡を
滑らかにするには

A [滑らかに開始] や [滑らかに終了]
を設定します

ワザ451の操作で設定したアニメーションの軌跡を
滑らかにするには、アニメーション専用のダイアロ
グボックスで、[滑らかに開始] [滑らかに終了] を
設定します。スライダーを右に移動するほど、滑ら
かな動きになります。

> ワザ419を参考に、[アニ
> メーションウィンドウ] 作業
> ウィンドウを表示しておく

> **1** 設定するアニ
> メーションの
> ここをクリック

> **2** [効果のオプション] をクリック

[(効果名)] ダイアログボックスが表示された

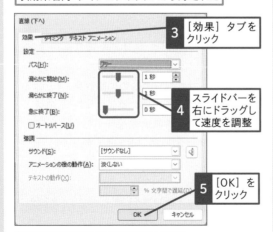

> **3** [効果] タブを
> クリック

> **4** スライドバーを
> 右にドラッグし
> て速度を調整

> **5** [OK] を
> クリック

アニメーションの軌跡が滑らかになる

関連 451 図形や画像を軌跡に沿って
移動させたい
▶ P.245

453

2021 2019 2016 365
お役立ち度 ★ ★ ☆

Q 矢印が伸びるような
アニメーションを設定したい

A [ワイプ] のアニメーションで
[方向] を調整します

フローチャートや手順を説明するときに、矢印が先
端に向かって伸びるように動くアニメーションを設
定すると、進行方向が明確になります。それには、[開
始] のアニメーションの [ワイプ] を設定し、[効果
のオプション] ボタンを使って [方向] を調整します。
以下の図のように、右方向を向く矢印には [左から]
を設定すると、矢印が左から右に伸びるように動き
ます。

> 矢印を作図して
> 選択しておく

> ワザ415を参考に、アニメー
> ションの一覧を表示しておく

> **1** [開始] の [ワイプ] をクリック

> **2** [効果のオプション]
> をクリック

> **3** [左から] を
> クリック

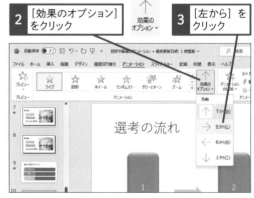

選考の流れ

矢印が左から右に伸びるような
アニメーションを設定できる

基礎と
画面表示

資料作成
の基本

文字入力
と書式

スライド
デザイン

図形

Smart
Art

表と
グラフ

画像と
写真

動画と
サウンド

スライド
マスター

アニメー
ション

スライド
ショー

印刷と
配布資料

ファイル
管理

共有と
共同作業

連携
アプリ

実践テク
プレゼン

表やグラフのアニメーション

アニメーションでは表やグラフ全体を動かしたり、部分的に動かすことができます。ここでは、表やグラフを効果的に見せるためのアニメーションを紹介します。

454

2021 2019 2016 365
お役立ち度 ★★☆

Q 表やグラフにアニメーションを付けるには

A 表やグラフを選択してからアニメーションを設定します

アニメーションは文字や画像や図形だけでなく、表やグラフにも設定できます。表やグラフの外枠をクリックしてからアニメーションを設定すると、全体に設定されます。ただし、アニメーションの名前がグレーアウトしているものは選択できません。

> 表やグラフに設定できないアニメーションはグレーで表示される

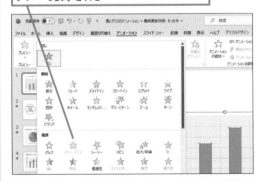

📖 役立つ豆知識

グラフに最適なアニメーションがある

グラフにアニメーションを付けるときは、グラフで伝えたい内容と同じ動きを選択します。例えば、円グラフに[ホイール]の動きを付けると、時計回りに少しずつグラフを表示できます。

| 関連 415 | アニメーションを設定するには | ▶ P.229 |
| 関連 416 | アニメーションには どんな動きがあるの? | ▶ P.230 |

455

サンプル
2021 2019 2016 365
お役立ち度 ★★☆

Q セルの中の文字にアニメーションを付けられる?

A セル内にテキストボックスを描画すれば可能です

表のセルの文字だけにアニメーションを設定することはできません。セルの文字だけが動くようにするには、セルに重ねてテキストボックスを配置して文字を入力し、このテキストボックスにアニメーションを設定します。その際、元のセルに入力されている文字は削除するといいでしょう。

> 表にテキストボックスを重ねてアニメーションを設定する

1 ワザ058を参考に表の上にテキストボックスを挿入
表と同じ内容を入力して、元の表のデータは削除する

2 ワザ415を参考に[拡大/収縮]を適用
文字が拡大される

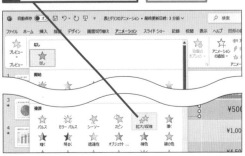

基礎と画面表示
資料作成の基本
文字入力と書式
スライドデザイン
図形
SmartArt
表とグラフ
画像と写真
動画とサウンド
スライドマスター
アニメーション
スライドショー
印刷と配布資料
ファイル管理
共有と共同作業
アプリ連携
プレゼン実践テク

456

サンプル

2021 2019 2016 365
お役立ち度 ★ ★ ☆

Q 表を1行ずつ順番に表示するには

A 1行ずつ分解した表を作成しておきます

表の一部をドラッグしてからアニメーションを設定しても、表全体に設定されてしまいます。行単位に順番に表示されるようなアニメーションを設定したいときは、1行ずつに作成した表をいくつか組み合わせて表を作成し、1行単位にアニメーションを設定します。

ワザ237を参考に1行ずつの表を作成しておく

1 表のプレースホルダーをクリック

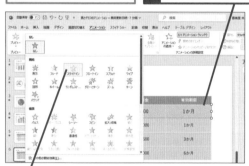

2 ワザ415を参考に［スライドイン］をクリック

同様にほかの表にもアニメーションを設定しておく

表が1行ずつ順番に表示されるように設定された

🍳 料金システム

コース	料金	有効期限
初回お試しコース	¥500	1か月
1回チケット	¥1,000	1か月
5回チケット	¥4,500	3か月

関連 239 ［表の挿入］アイコンがないスライドに表を挿入するには ▶ P.144

関連 415 アニメーションを設定するには ▶ P.229

457

2021 2019 2016 365
お役立ち度 ★ ★ ☆

Q グラフにはどんなアニメーションを付ければいいの?

A グラフの特性に合わせて選びましょう

グラフの種類やグラフで伝えたい内容によって、アニメーションを使い分けましょう。グラフでよく使われるアニメーションは下の表の通りです。例えば、棒グラフの棒の高さを強調したいときは、下から伸び上がるような［ワイプ］で［方向］が［下から］、折れ線グラフの線を時系列ごとに順番に表示したいときは［ワイプ］で［方向］が［左から］が最適です。

●棒グラフの高さを強調する

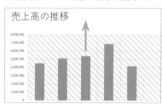

ワザ415を参考に［ワイプ］、ワザ449を参考に［方向］を［下から］に設定する

グラフが下から伸びるような表現ができる

●折れ線グラフの推移を強調する

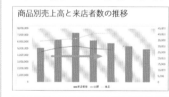

ワザ415を参考に［ワイプ］、ワザ449を参考に［方向］を［左から］に設定する

折れ線グラフが左から順に表示される

●円グラフを大きい順に表示する

ワザ461を参考に［ホイール］、ワザ458を参考に［項目別］を設定する

円グラフが大きい要素から表示される

関連 459 グラフの背景を固定したい ▶ P.249

458

動画で見る

Q 棒グラフの棒を
1本ずつ伸ばすには

A ［ワイプ］のアニメーションを
伸ばしたい方向に動かします

棒グラフで上昇傾向を強調するには、棒が下から
伸び上がる［ワイプ］で［方向］が［下から］のアニ
メーションを設定すると効果的です。初期設定では
グラフ全体にアニメーションが設定されますが、［効
果のオプション］ボタンから［系列別］や［項目別］
に変更すると、棒を1本ずつ表示できます。

> グラフ全体にアニメーションを設定し、
> その後個別の設定を行う

1 グラフのプレース
ホルダーをクリック

2 ワザ415を参考に［開始］
の［ワイプ］をクリック

3 ［効果のオプション］
をクリック

> ［1つのオブジェクトとして］以外
> を選択すると、棒グラフの棒が
> 1本ずつ伸びる

4 ［項目別］を
クリック

459

Q グラフの背景を固定したい

A ［グラフの背景を描画してアニメーション
を開始］をオフにします

グラフにアニメーションを設定すると、グラフ全体
に適用されます。そのため、グラフ内の目盛や凡例
なども同じように動いてしまいます。棒や線などだ
けが動くようにするには、アニメーションごとのダ
イアログボックスを開き、［グラフアニメーション］タ
ブにある［グラフの背景を描画してアニメーションを
開始］のチェックマークをはずします。

> ワザ424を参考に、［（効果名）］ダイアロ
> グボックスを表示しておく

1 ［グラフアニメーショ
ン］タブをクリック

2 ［グループグラフ］
のここをクリック

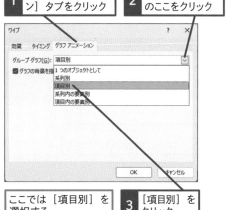

> ここでは［項目別］を
> 選択する

3 ［項目別］を
クリック

4 ［グラフの背景を描画してアニメーションを開始］
をクリックしてチェックマークをはずす

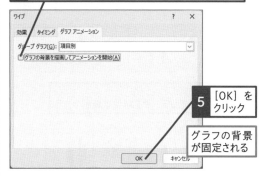

5 ［OK］を
クリック

> グラフの背景
> が固定される

基礎と
画面表示

資料作成
の基本

文字入力
と書式

スライド
デザイン

図形

Smart
Art

表と
グラフ

画像と
写真

動画と
サウンド

スライド
マスター

アニメー
ション

スライド
ショー

印刷と
配布資料

ファイル
管理

共有と
共同作業

アプリ
連携

プレゼン
実践テク

460

サンプル | 2021 | 2019 | 2016 | 365
お役立ち度 ★★★

Q ［系列別］と［項目別］の違いは何？

A グラフの系列が表示される順番が異なります

［効果のオプション］ボタンをクリックしたときに表示される［連続］の項目には、［1つのオブジェクトとして］［系列別］［項目別］［系列の要素別］［項目の要素別］の5つが用意されています。それぞれの違いは以下の通りです。

◆1つのオブジェクトとして
系列と項目のすべてのデータを同時に表示できる

◆系列別
同じ系列のデータごとに順番に表示できる

◆項目別
同じ項目のデータごとに順番に表示できる

◆系列の要素別
同じ系列のデータが1つずつ表示された後、別の系列のデータを1つずつ表示できる

◆項目の要素別
項目ごとに1つずつデータを順番に表示できる

461

サンプル | 2021 | 2019 | 2016 | 365
お役立ち度 ★★☆

Q 円グラフを時計回りで表示させるには

A ［ホイール］のアニメーションを利用しましょう

円グラフに［開始］のアニメーションの［ホイール］を設定すると、0度の位置から時計回りに順番にグラフを表示できます。その際、ワザ294を参考に、円グラフの割合が大きい順番に表示しておくといいでしょう。

円グラフが時計回りで徐々に表示されるように設定する

1 ワザ415を参考に［ホイール］をクリック

円グラフが時計回りで徐々に表示されるように設定できた

配達要員の年代別割合

平均年齢
28.8歳

■20代 ■30代 ■10代 ■40代以上

関連 **415** アニメーションを設定するには ▸ P.229

関連 **458** 棒グラフの棒を1本ずつ伸ばすには ▸ P.249

関連 **459** グラフの背景を固定したい ▸ P.249

462

Q 棒グラフと折れ線グラフが順番に伸びるようにするには

A [開始] のタイミングを [直前の動作と同時] に変更します

棒グラフと折れ線グラフなどの複合グラフでも、項目別や系列別でアニメーションを設定できます。ただし、グラフの種類は区別せずに設定されてしまうので、棒グラフだけ先にまとめて表示したい、といった場合には、手動でタイミングを設定する必要があります。例えば、棒グラフを先に表示して、続いて折れ線グラフ

を表示したいといったときは、複数の折れ線グラフが同時に動くように [開始] のタイミングを [直前の動作と同時] に設定します。

2本目の折れ線グラフのアニメーションは [3] に設定されている

6 [3] をクリック

7 [アニメーション] タブの [開始] をクリック

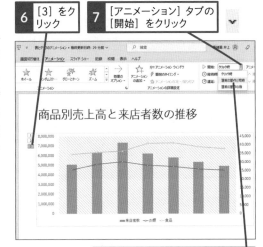

8 [直前の動作と同時] をクリック

[2] と [3] のアニメーションが1つにまとめられ、同時にアニメーションが実行されるようになった

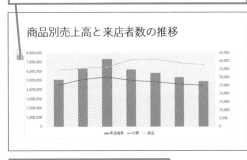

[3] も同様に [直前の動作と同時] に設定する

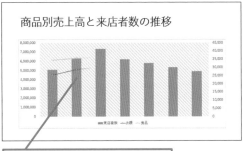

ワザ458を参考に複合グラフに [ワイプ] を設定し、[効果オプション] で [左から] にしておく

1 [効果のオプション] をクリック

2 [系列別] をクリック

ワザ424を参考に、[(効果名)] ダイアログボックスを表示しておく

3 [グラフアニメーション] をクリック

4 [グラフの背景を描画してアニメーションを開始] をクリックしてチェックマークをはずす

5 [OK] をクリック

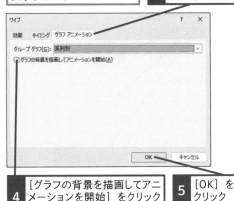

棒グラフが表示された後に、3本の折れ線グラフが同時に表示された

基礎と画面表示 / 資料作成の基本 / 文字入力と書式 / スライドデザイン / 図形 / Smart Art / 表とグラフ / 画像と写真 / 動画とサウンド / スライドマスター / アニメーション / スライドショー / 印刷と配布資料 / ファイル管理 / 共有と共同作業 / アプリ連携 / プレゼン実践テク

第12章 スライドショーの便利ワザ

スライドショーの準備

プレゼンテーションを成功させるためには、何よりも準備が大切です。事前に準備を行い、リハーサルやスライドの説明に役立つワザを解説します。

463

2021 2019 2016 365
お役立ち度 ★ ★ ★

動画で見る

Q 各スライドに移動できる目次を作成するには

A ［ズーム］機能を使いましょう

目次スライドがあると、プレゼンテーションの冒頭で全体を説明する時に役立ちます。［ズーム］機能を使うと、目次にしたいスライドを指定するだけで目次スライドを作成できます。［ズーム］には［サマリーズーム］［セクションズーム］［スライドズーム］の3種類がありますが、用意したスライドにサムネイルを配置するのであれば［スライドズーム］を使うといいでしょう。

| 1 | ［挿入］タブをクリック |
| 2 | ［ズーム］をクリック |

| 3 | ［スライドズーム］をクリック |

| 4 | ［スライドズームの挿入］ダイアログボックスが表示された |
| 4 | 挿入するスライドをクリックして選択 |

| 5 | ［挿入］をクリック |

スライドのサムネイルが挿入された

ドラッグして位置を移動しておく

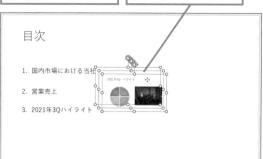

各スライドに移動できる目次が作成された

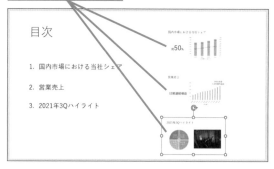

関連 488 最初のスライドからスライドショーを実行するには　▶ P.264

464

Q ズームで作った目次は
どう使うの？

A スライドショーでサムネイルを
クリックします

ワザ463で作成した目次スライドは、スライドショー
で利用します。目次スライドに配置したサムネイル
をクリックすると、該当するスライドにジャンプしま
す。また、ジャンプ先のスライドの左下に表示される
［△］をクリックすると、目次スライドに戻ります。

ワザ488を参考に、スラ
イドショーを実行しておく

1 移動先のスライドの
サムネイルをクリック

クリックしたスライドに
移動した

2 画面左下の［△］
をクリック

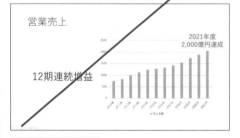

目次のスライドに
戻った

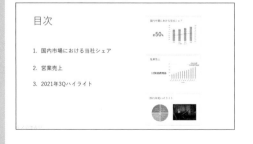

465

Q スライド中の文字にExcelの資料を
表示するリンクを設定したい

A Excelへの［ハイパーリンク］を
設定します

　スライドショーの実行中に関連するExcelの資料
を見せたいことがあります。そんなときもいちいちス
ライドショーを中断してExcelを起動する必要はあり
ません。スライドの一部を選択し、ハイパーリンク
で表示したいExcelファイルを指定すれば、スライド
ショーの実行中にクリックするだけでExcelに切り替
えられます。Excelを終了するかExcelの画面を最小
化すると、自動でスライドショーに戻ります。

表のテキストにExcel
のファイルへのリンク
を設定する

1 図形のテキスト
をドラッグ

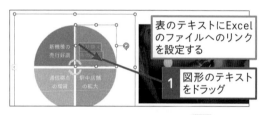

2 ［挿入］タブ
をクリック

3 ［リンク］を
クリック

［ハイパーリンクの挿入］ダイアログ
ボックスが表示された

4 ［ファイル、Webページ］
をクリック

5 ファイルの保存
場所を選択

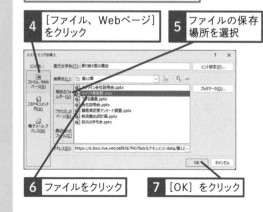

6 ファイルをクリック

7 ［OK］をクリック

基礎と
画面表示

資料作成
の基本

文字入力
と書式

スライド
デザイン

図形

Smart
Art

表と
グラフ

画像と
写真

動画と
サウンド

スライド
マスター

アニメー
ション

スライド
ショー

印刷と
配布資料

ファイル
管理

共有と
共同作業

アプリ
連携

プレゼン
実践テク

466

2021 2019 2016 365
お役立ち度 ★ ★ ★

Q 別のスライドに移動する
ボタンを作成するには

A [動作設定ボタン] を使う方法が あります

別のスライドに移動するボタンを一から作成するには、動作設定ボタンを利用しましょう。[動作設定ボタン]の一覧には、[戻る/前へ](1つ前のスライドに移動)[進む/次へ](1つ後のスライド移動)[最初に移動](1枚目のスライド移動)[最後に移動](最後のスライド移動)と、移動先が設定済みのボタンがあります。特定のスライドを移動先に指定するには、以下の手順で[空白]のボタンを利用します。スライドの移動ができることをスライド上で明示し、特定のスライド間を行き来するようなときに利用するといいでしょう。

1 [挿入]タブ をクリック

2 [図形]を クリック

ここでは、[空白]の ボタンを利用する

3 [空白]を クリック

マウスポインター の形が変わった **+** **4** ワザ158を参考にドラッグして図形を描画

早く、安く、安全に！

3ルート限定でビジネス
スマンを徹底サポート

5 [マウスのクリック] タブをクリック

6 [ハイパーリンク] をクリック

7 [ハイパーリンク]のここ をクリック

8 [スライド] をクリック

[スライドへのハイパーリンク]ダイアログ ボックスが表示された

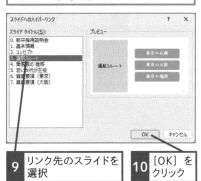

9 リンク先のスライドを 選択

10 [OK]を クリック

[オブジェクトの動作設定]ダイアログ ボックスが表示された

11 [OK]を クリック

描画した動作設定ボタンに 離れたスライドへのハイパー リンクを設定できた

移動先のスライドを 表す文字をボタンに 挿入しておく

[空白]ボタン以外のボタンでも、手順5 以降でリンク先を変更できる

467

2021 2019 2016 365
お役立ち度 ★★☆

Q スライド中の文字にWebページを表示するリンクを設定したい

A Webページへの [ハイパーリンク] を設定します

スライドショーの実行中にWebページを見せたいときに、いちいちスライドショーを中断したのでは、スマートとはいえません。このようなときは、文字をクリックしたときに自動でWebページが表示されるように設定するといいでしょう。

ワザ465を参考にハイパーリンクを設定したい文字を選択し、[ハイパーリンクの挿入] ダイアログボックスを表示しておく

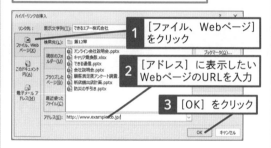

1 [ファイル、Webページ] をクリック

2 [アドレス] に表示したいWebページのURLを入力

3 [OK] をクリック

468

2021 2019 2016 365
お役立ち度 ★★☆

Q ハイパーリンクを設定したのに画面が切り替わらない

A Ctrl キーを押しながらリンクをクリックします

スライドショーの実行時以外にハイパーリンクを設定した文字や図形をクリックしても変化はありません。スライドショーを実行せずにハイパーリンクを確認するには、Ctrl キーを押しながらハイパーリンクを設定した文字や図形にマウスポインターを合わせ、マウスポインターが手の形に変化した状態でクリックしましょう。リンク先に設定したWebページやスライドに移動できます。

469

2021 2019 2016 365
お役立ち度 ★★☆

Q アニメーションの設定をまとめてオフにするには

A [アニメーションを表示しない] をオンにします

「ほかの人が発表したプレゼンテーションが予定時間を上回り、自分の発表時間が減ってしまった」「要点を絞って簡潔に発表するように上司から言われた」。プレゼンテーションの本番直前になって、そんな事態になったらどうすればいいでしょうか？アニメーションを多く使ったスライドでは、1つずつアニメーションを削除する時間もありません。スライドに設定されているアニメーションをまとめて無効にするには、[アニメーションを表示しない] を有効にするといいでしょう。スライドショー形式で保存したファイルの場合は、ワザ550の方法でファイルを開きます。

1 [スライドショー] タブをクリック

2 [スライドショーの設定] をクリック

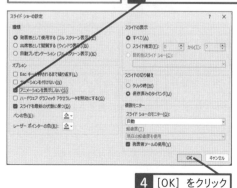

[スライドショーの設定] ダイアログボックスが表示された

3 [アニメーションを表示しない] をクリックしてチェックマークを付ける

4 [OK] をクリック

関連 487 ナレーションだけオフにしたい ▶ P.263

基礎と画面表示

資料作成の基本

文字入力と書式

スライドデザイン

図形

Smart Art

表とグラフ

画像と写真

動画とサウンド

スライドマスター

アニメーション

スライドショー

印刷と配布資料

ファイル管理

共有と共同作業

連携アプリ

プレゼン実践テク

基礎と
画面表示

資料作成
の基本

文字入力
と書式

デザイン
スライド

図形

Smart
Art

表と
グラフ

画像と
写真

動画と
サウンド

スライド
マスター

アニメー
ション

スライド
ショー

印刷と
配布資料

ファイル
管理

共有と
共同作業

連携
アプリ

実践テク
プレゼン

470

Q 経過時間を見ながら
リハーサルを行うには

A [リハーサル]の機能を使うと
いいでしょう

通常、プレゼンテーションでは、おおよその発表
時間が決まっているはずです。予定の時間より早
く終わり過ぎてもオーバーし過ぎてもいけません。
PowerPointの[リハーサル]の機能を使うと、各ス
ライドの表示時間とスタートからの経過時間が表示
されるため、感覚をつかみながらスライドショーの
練習を行えます。

| 1 | [スライドショー]
タブをクリック | 2 | [リハーサル]
をクリック | リハーサル |

| スライドショーが実
行され、[リハーサ
ル]ツールバーが
表示された | 経過時間がカウントさ
れるので、本番と同
じようにプレゼンテー
ションを始める |

| 3 | スライドを
クリック |

| 次のスライドに
切り替わった | [スライド表示時間]は
[0:00:00]に戻る |

| ここに合計時間が
表示される |

| 4 | 最後のスライドまで
リハーサルを続行 |

| リハーサルを途中
で終了するには
Esc キーを押す | 切り替えのタイミングを記録
するか確認するダイアログ
ボックスが表示された |

| 5 | [いいえ]
をクリック | プレゼンテーション全体に
かかる時間を確認できた |

471

Q 発表時間に応じて自動で
スライドを切り替えるには

A リハーサルの時間を保存します

ワザ470を実行し、「今回のタイミングを保存します
か?」と表示されたダイアログボックスで[はい]ボタ
ンをクリックすると、リハーサルでスライドを切り替え
た秒数が保存され、本番のスライドショーの際に同じ
秒数でスライドが自動的に切り替わります。時間を確
認するだけのリハーサルでは、[いいえ]ボタンをクリッ
クして秒数を保存しないほうがいいでしょう。

472

Q リハーサルをやり直すには

A [繰り返し]ボタンをクリックします

リハーサルの途中で操作や説明に失敗した場合は、
以下の手順で失敗したスライドからやり直すことが
できます。失敗したスライドの経過時間はトータル
時間には含まれません。

| ワザ470を参考にプレゼンテーションの
リハーサルを実行しておく |

| リハーサルを途中からやり直す |

| 1 | [リハーサル]ツールバー
の[繰り返し]をクリック | |

| [スライド表示時間]が
[0:00:00]に戻る |

| 2 | [記録の再開]
をクリック |

473

Q スライドショーに必要なファイルをメディアに保存するには

A ［プレゼンテーションパック］の機能を使って保存します

［プレゼンテーションパック］を作成すると、スライドショーの実行に必要なファイル（プレゼンテーションファイルのほか、サウンドやビデオ、リンクしているほかのアプリのファイルなど）をCDにまとめて保存できます。万が一、パソコンが故障してしまったという場合や間違ってファイルを削除してしまったというトラブルを避けられるので安心です。

```
CD-Rへの書き込みに対応した
ドライブを準備しておく
```

```
1 空のCD-RをCDドライブにセット    トーストが表示された場合は、［閉じる］をクリックしておく
```

```
CDにまとめるプレゼンテーションファイルを開いておく    2 ［ファイル］タブをクリック
```

```
3 ［エクスポート］をクリック    4 ［プレゼンテーションパック］をクリック
```

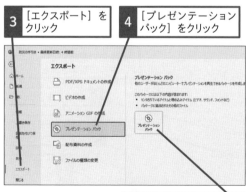

```
5 ［プレゼンテーションパック］をクリック
```

| 関連 474 | 複数のスライドをプレゼンテーションパックにまとめるには | ▶ P.258 |

| 関連 475 | プレゼンテーションパックをUSBメモリーに保存したい | ▶ P.258 |

```
［プレゼンテーションパック］ダイアログ
ボックスが表示された
```

```
6 ［CDにコピー］をクリック
```

```
ファイルにリンクされている別のファイルをプレ
ゼンテーションパックに含めるかどうか確認す
る画面が表示された
```

```
7 ［はい］をクリック
```

```
CD-Rに書き込みがはじまった
```

```
書き込みが終わり、同じ内容のCDをもう一枚作
成するかどうか確認する画面が表示された
```

```
8 ［いいえ］をクリック
```

```
［プレゼンテーションパック］ダイアログ
ボックスが表示された
```

```
9 ［閉じる］をクリック
```

基礎と画面表示
資料作成の基本
文字入力と書式
スライドデザイン
図形
Smart Art
表とグラフ
画像と写真
動画とサウンド
スライドマスター
アニメーション
スライドショー
印刷と配布資料
ファイル管理
共有と共同作業
連携アプリ
実践プレゼンテク

基礎と画面表示
資料作成の基本
文字入力と書式
スライドデザイン
図形
SmartArt
表とグラフ
画像と写真
動画とサウンド
スライドマスター
アニメーション
スライドショー
印刷と配布資料
ファイル管理
共有と共同作業
アプリ連携
プレゼン実践テク

474

2021 | 2019 | 2016 | 365
お役立ち度 ★★☆

Q 複数のスライドをプレゼンテーションパックにまとめるには

A [追加] ボタンをクリックします

プレゼンテーションパックの作成時には、作成済みの別のスライドも追加できます。大切なファイルのバックアップ代わりにするといいでしょう。

1 空のCD-Rをパソコンにセット

ワザ473を参考に［プレゼンテーションパック］ダイアログボックスを表示しておく

2 [追加] をクリック

[ファイルの追加] ダイアログボックスが表示された

3 追加したいファイルをクリック

4 [追加] をクリック

[プレゼンテーションパック] ダイアログボックスに戻った

選択したファイルが追加された

ワザ473を参考に、CDへの書き込みを実行する

関連 **473** スライドショーに必要なファイルをメディアに保存するには ▶ P.257

475

2021 | 2019 | 2016 | 365
お役立ち度 ★★☆

Q プレゼンテーションパックをUSBメモリーに保存したい

A ［フォルダーにコピー］で可能です

USBメモリーにプレゼンテーションパックを保存するときは、USBメモリーをセットしてから［フォルダーにコピー］ボタンをクリックし、USBメモリーのドライブを指定します。

1 パソコンにUSBメモリーをセット

ワザ473を参考に［プレゼンテーションパック］ダイアログボックスを表示しておく

2 [フォルダーにコピー] をクリック

[フォルダーにコピー] ダイアログボックスが表示された

3 フォルダー名を入力

4 [参照] をクリック

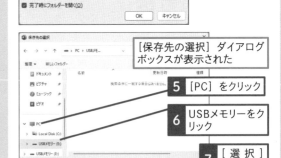

[保存先の選択] ダイアログボックスが表示された

5 [PC] をクリック

6 USBメモリーをクリック

7 [選択] をクリック

8 ここにUSBのドライブ名が表示されていることを確認

9 [OK] をクリック

476

2021 2019 2016 365
お役立ち度 ★★☆

Q 発表用のメモを残しておきたい

A ［ノートペイン］にメモを入力します

スライドペインの下側に表示されるノートペインには、発表者用のメモを記入できます。プレゼンテーションの本番で説明する要点を箇条書きで入力し、ワザ539の操作でスライドとノートをまとめて印刷してプレゼンテーション会場に持ち込むといいでしょう。ワザ508で紹介する［発表者ツール］を使えば、手元のパソコンにのみメモを表示できます。

ノートを作成するスライドを表示しておく

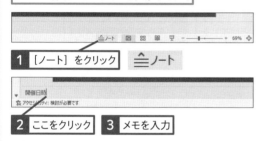

1 ［ノート］をクリック

2 ここをクリック　**3** メモを入力

477

2021 2019 2016 365
お役立ち度 ★★☆

Q ノートペインには文字しか入力できないの？

A ノート表示モードに切り替えましょう

ノートペインには文字しか入力できません。ただし、［表示］タブの［ノート］ボタンをクリックしてノート表示モードに切り替えると、文字に書式を付けたり、図形や画像などを挿入することも可能です。

［ノート表示］モードにすると、図形などを挿入できる

478

2021 2019 2016 365
お役立ち度 ★★☆

Q スライドショー形式でファイルを保存するには

A ［ファイルの種類］を［PowerPointスライドショー］で保存します

プレゼンテーションの本番では、スムーズにスライドショーを開始したいものです。PowerPointを起動して、ファイルを開いてからスライドショーを実行するのは、あまりスマートではありません。このワザの方法でスライドショー形式のファイルとして保存すれば、ファイルのダブルクリックで、すぐにスライドショーを開始できます。なお、スライドショー形式で保存したファイルの拡張子は「.ppsx」になります。

ワザ552を参考に［名前を付けて保存］ダイアログボックスを表示しておく

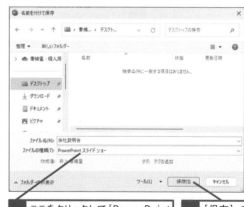

1 ここをクリックして［PowerPointスライドショー］を選択　**2** ［保存］をクリック

ファイルがスライドショー形式で保存された

編集を行うときはワザ550を参考にファイルを開く

発表直前にスライドを修正することを考慮し、PowerPointプレゼンテーション形式のファイルも保存しておくといい

基礎と画面表示
資料作成の基本
文字入力と書式
スライドデザイン
図形
Smart Art
表とグラフ
画像と写真
動画とサウンド
スライドマスター
アニメーション
スライドショー
印刷と配布資料
ファイル管理
共有と共同作業
連携アプリ
実践プレゼンテク

基礎と
画面表示

資料作成
の基本

文字入力
と書式

スライド
デザイン

図形

Smart
Art

表と
グラフ

画像と
写真

動画と
サウンド

スライド
マスター

アニメー
ション

スライド
ショー

印刷と
配布資料

ファイル
管理

共有と
共同作業

アプリ
連携

プレゼン
実践テク

479

Q スライドショーをビデオ形式で保存するには

A [ビデオの作成] を選んで保存します

音声入りのプレゼンテーションを後からWebで公開したり、PowerPointを持っていない相手に配布したりするには、スライドショーをビデオ形式で保存するといいでしょう。ビデオ形式で保存したファイルをダブルクリックすると、Windows付属のアプリで再生できます。

1 [ファイル] タブをクリック

2 [エクスポート] をクリック
3 [ビデオの作成] をクリック

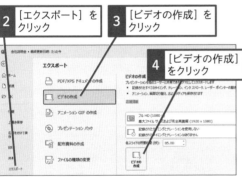

4 [ビデオの作成] をクリック

[名前を付けて保存] ダイアログボックスが表示された

5 保存場所を選択

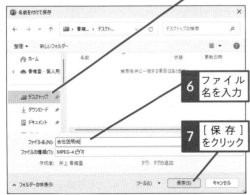

6 ファイル名を入力

7 [保存] をクリック

選択した保存場所にファイルが保存される

480

Q 特定のスライドだけをスライドショーで見せるには

A 先頭と終了のスライド番号を指定します

作成したスライドの一部をスライドショーで見せるには、[スライドショーの設定] ダイアログボックスの[スライド指定] をクリックし、先頭のスライド番号と最後のスライド番号を指定します。ただし、離れたスライドは指定できません。

ワザ469を参考に [スライドショーの設定]
ダイアログボックスを表示しておく

1 [スライド指定] をクリック
2 ここにスライドショーで再生する範囲のスライド番号を入力

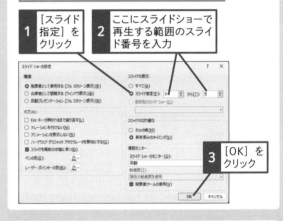

3 [OK] をクリック

481

Q スライドショーで使えるキー操作を知りたい

A スライドショー実行中に F1 キーを押します

スライドショーの操作がスムーズにできると、それだけで聞き手に安心感を与えます。スライドショー実行中に F1 キーを押すと、スライドショーで使える便利なキー操作の一覧が表示されます。ただし、プレゼンテーションの本番で、キー操作を確認するのは信頼感を失う原因になるので厳禁です。

基礎と画面表示	
の基本 資料作成	
と書式 文字入力	
デザイン スライド	
図形	
Smart Art	
グラフ 表と	
写真 画像と	
サウンド 動画と	
マスター スライド	
ション アニメー	
ショー スライド	
配布資料 印刷と	
管理 ファイル	
共同作業 共有と	
連携 アプリ	
実践テク プレゼン	

482

Q 繰り返し再生するスライドショーを作成するには

A ［Escキーが押されるまで繰り返す］をオンにします

スライドショーの実行後に自動で先頭のスライドに戻り、スライドショーを再開させるには、以下の手順で［Escキーが押されるまで繰り返す］にチェックマークを付けます。

ただし、店頭デモなどで使いたいときはこの設定だけでは不十分です。ワザ408の手順で、クリックしなくてもスライドが自動的に切り替わるように設定しましょう。これで、パソコンを操作する人がいなくても自動的にスライドショーが流れ続けます。

> ワザ469を参考に［スライドショーの設定］ダイアログボックスを表示しておく

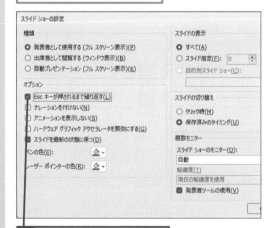

> **1** ［Escキーが押されるまで繰り返す］をクリックしてチェックマークを付ける

> スライドショーが繰り返し再生されるよう設定できる

関連 408	スライドを自動的に切り替えるには	▶ P.226
関連 469	アニメーションの設定をまとめてオフにするには	▶ P.255

483

Q 特定のスライドを非表示にするには

A 非表示スライドに設定しましょう

プレゼンテーションの直前に発表時間の変更があるなどして、用意したスライドをすべて見せられない場合もあります。このようなときは、見せないスライドを［非表示スライド］に設定するといいでしょう。スライドを削除せずに、スライドショーの実行時のみ非表示にできます。

> **1** 非表示にするスライドをクリック

> **2** ［スライドショー］タブをクリック

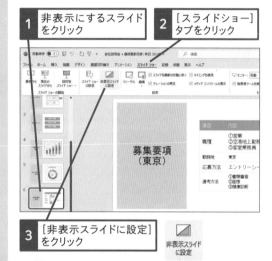

> **3** ［非表示スライドに設定］をクリック

484

Q スライドの番号がバラバラになってしまった！

A 非表示スライドを末尾に移動します

ワザ483の操作で途中のスライドを［非表示スライド］に設定すると、スライド番号が不連続になってしまいます。このようなときは、［非表示スライド］に設定したスライドをドラッグして末尾に移動します。スライドを移動するとスライド番号は自動的に更新され、連番で表示されるようになります。

基礎と
画面表示

資料作成
の基本

文字入力
と書式

スライド
デザイン

図形

Smart
Art

表と
グラフ

画像と
写真

動画と
サウンド

スライド
マスター

アニメー
ション

スライド
ショー

印刷と
配布資料

ファイル
管理

共有と
共同
作業

アプリ
連携

プレゼン
実践
テク

485

2021 2019 2016 365
お役立ち度 ★★★

動画で見る

Q 1つのファイルから複数の
スライドショーを作成するには

A ［目的別スライドショー］の機能を
使います

東京と大阪で実施するプレゼンテーションのように、
スライドショーで共通する要素が多い場合は、必要な
スライドをすべて作成し、後から［目的別スライドショー］
で分割するといいでしょう。ファイルを一元管理でき、
共通するスライドに変更があったときに修正する手間
が一度で済みます。

ここでは東京の会社説明会と大阪の
会社説明会のスライドを作成する

1 ［スライドショー］タブを
クリック

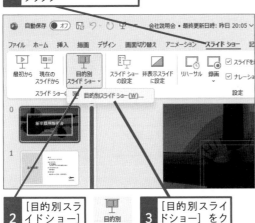

2 ［目的別スラ
イドショー］
をクリック

3 ［目的別スライ
ドショー］をク
リック

［目的別スライドショー］ダイアログ
ボックスが表示された

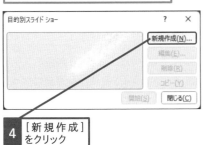

4 ［新規作成］
をクリック

［目的別スライドショーの定義］ダイアログ
ボックスが表示された

5 スライドショーの
名前を入力

6 1枚目に表示するスライ
ドをクリックしてチェッ
クマークを付ける

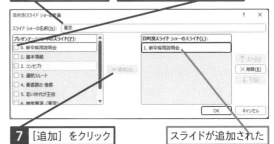

7 ［追加］をクリック

スライドが追加された

8 同様にしてスライドを
追加

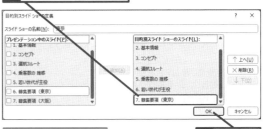

表示したいスライドを
すべて追加できた

9 ［OK］を
クリック

［目的別スライドショー］
ダイアログボックスが
表示された

10 ここに作成した目的別
スライドショーが表示さ
れていることを確認

11 同様の手順で操作5でスライドショーの
名前を変えて、大阪の会社説明会のス
ライドを作成

東京の会社説明会と大阪の会社説明会の
スライドがそれぞれ作成される

ショート
カットキー
スライドショーの開始
`F5`

関連
483 特定のスライドを非表示にするには ▶ P.261

486

Q 目的別スライドショーを実行するには

A 目的別スライドショーの一覧からクリックします

ワザ485で作成した目的別スライドショーを実行するには、[スライドショー]タブの[目的別スライドショー]ボタンをクリックします。すると、作成済み目的別スライドショーが一覧表示されるので、実行したい目的別スライドショーをクリックします。

ワザ485を参考に、目的別スライドショーを作成しておく

1 [スライドショー]タブをクリック

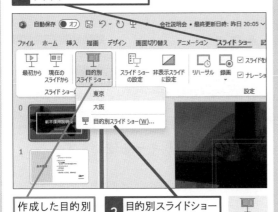

作成した目的別スライドショーが表示される

2 目的別スライドショーをクリックして選択

選択した目的別スライドショーが実行された

487

Q ナレーションだけオフにしたい

A [ナレーションを付けない]をオンにします

プレゼンテーションの直前に、機材の都合などでナレーション機能が使えなくなる場合があります。[スライドショーの設定]ダイアログボックスで[ナレーションを付けない]をクリックしてチェックマークを付けると、ナレーションをオフにできます。

ワザ469を参考に[スライドショーの設定]ダイアログボックスを表示しておく

1 [ナレーションを付けない]をクリックしてチェックマークを付ける

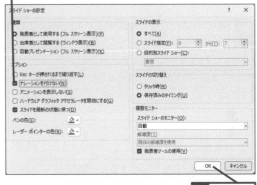

2 [OK]をクリック

スライドショーの実行時にナレーションが流れないよう設定される

関連 367	ナレーションを録音するには	▶ P.208
関連 368	ナレーションの一部を録音し直すには	▶ P.209
関連 370	サウンドの音量を調整するには	▶ P.209
関連 469	アニメーションの設定をまとめてオフにするには	▶ P.255

基礎と画面表示

資料作成の基本

文字入力と書式

スライドデザイン

図形

Smart Art

表とグラフ

画像と写真

動画とサウンド

スライドマスター

アニメーション

スライドショー

印刷と配布資料

ファイル管理

共有と共同作業

アプリ連携

プレゼン実践テク

基礎と
画面表示
資料作成
の基本
文字入力
と書式
スライド
デザイン
図形
Smart
Art
表と
グラフ
画像と
写真
動画と
サウンド
スライド
マスター
アニメー
ション
スライド
ショー
印刷と
配布資料
ファイル
管理
共有と
共同作業
連携
アプリ
実践テク
プレゼン

スライドショーの実行

いよいよプレゼンテーションの本番です。ここでは、スライドショーを実行している最中のトラブルや疑問を解決します。

488

2021 2019 2016 365
お役立ち度 ★ ★ ☆

Q 最初のスライドからスライドショーを実行するには

A ［最初から］をクリックします

表示中のスライドに関係なく1枚目のスライドからスライドショーを実行するには、［スライドショー］タブの［最初から］ボタンをクリックします。クイックアクセスツールバーの［先頭から開始］ボタンをクリックしても同じです。

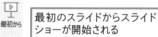

| 1 | ［最初から］をクリック |

最初のスライドからスライドショーが開始される

［スライドショー］をクリックすると、表示しているスライドからスライドショーが開始される

489

2021 2019 2016 365
お役立ち度 ★ ★ ☆

Q もっと簡単にスライドショーを実行したい

A ［F5］キーを押します

ワザ488の手順を行わなくても、［F5］キーを押すだけで最初のスライドからスライドショーを実行できます。これならマウスに持ち替えることなく、指1本でスライドショーを開始できます。

490

2021 2019 2016 365
お役立ち度 ★ ★ ☆

Q スライドショーを途中でやめるには

A ［Esc］キーを押します

スライドに設定した効果などを確認するだけであれば、最後までスライドショーを進める必要はありません。［Esc］キーを押すと、スライドショーを中断できます。

491

2021 2019 2016 365
お役立ち度 ★ ★ ☆

Q スライドショーの画面を黒や白に変えるには

A Ｗキーや Ｂキーを使います

スライドショーの途中でスライド以外の内容に注目して欲しいときに、いちいち［Esc］キーでスライドショーを中断する必要はありません。スライドのテーマが白系のときは Ｗキーを押すと白い画面に、それ以外のときは Ｂキーを押して黒い画面に切り替えるといいでしょう。いずれかのキーを押すか、マウスをクリックするとスライドショーを再開できます。

ワザ488を参考に、スライドショーを実行しておく

| 1 | Ｂキーを押す |

画面が黒くなった

492

Q スライドの一部を指し示しながら説明したい

A レーザーポインターの機能を使うといいでしょう

強調したいポイントや重要な数値などを聞き手に説明するときは、レーザーポインターの機能を使うといいでしょう。スライド上で Ctrl キーを押しながらドラッグすると、マウスポインターのある位置がレーザーポインターで光を当てたように赤く光ります。なお、レーザーポインターの色は最初は赤ですが、ワザ469の操作と同様に、[スライドショーの設定] ダイアログボックスの [レーザーポインターの色] の項目で事前に色を変更できます。

通常、マウスポインターは矢印の形をしている

1 Ctrl キーを押しながらドラッグ

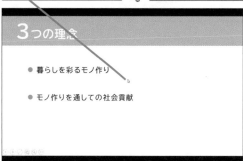

マウスポインターがレーザーポインターの形に変わった

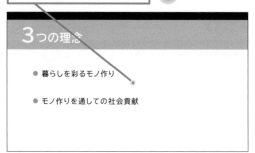

関連 498 スライドショーでスライドの一部を拡大するには ▶ P.267

関連 500 スライドショーの実行中に手書きで線を引くには ▶ P.268

493

Q 最後の黒い画面が表示されないようにするには

A [PowerPointのオプション] 画面で設定を変更します

スライドショーの最後には黒いスライドが表示されます。これは、スライドショー後にPowerPointの標準画面を聞き手に見せないように配慮されているためです。黒い画面が表示されては困る場合は、以下の操作でPowerPoint全体の設定を変更しましょう。

ワザ020を参考に、[PowerPointのオプション] ダイアログボックスを表示しておく

1 [詳細設定] をクリック

2 ここをドラッグして下にスクロール

3 [最後に黒いスライドを表示する] をクリックしてチェックマークをはずす

4 [OK] をクリック

基礎と画面表示

資料作成の基本

文字入力と書式

スライドデザイン

図形

Smart Art

表とグラフ

写真画像と

動画とサウンド

スライドマスター

アニメーション

スライドショー

印刷と配布資料

ファイル管理

共有と共同作業

アプリ連携

実践テクプレゼン

494

2021 | 2019 | 2016 | 365
お役立ち度 ★★☆

Q スライドショーが終わったら先頭のスライドに戻るには

A ［Escキーが押されるまで繰り返す］のチェックマークを付けます

スライドショーの最後のスライドをクリックすると、先頭のスライドに戻るようにするには、［スライドショーの設定］画面で［Escキーが押されるまで繰り返す］のチェックマークを付けます。すると、最後の黒い画面が表示されずに1枚目のスライドに戻ります。プレゼンテーションが終わった時に、1枚目のスライドを表示しておきたいときに便利です。

> ワザ469を参考に［スライドショーの設定］ダイアログボックスを表示しておく

1 ［Escキーが押されるまで繰り返す］をクリックしてチェックマークを付ける

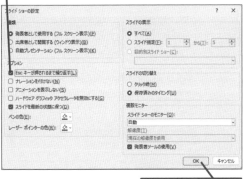

2 ［OK］をクリック

> ワザ488を参考にスライドショーを実行しておく

3 最後のスライドでクリック

先頭のスライドに戻る

495

2021 | 2019 | 2016 | 365
お役立ち度 ★★☆

Q スライドショーの実行中にスライドを一覧で表示したい

A ［スライドショー］ツールバーを使います

質疑応答の際に質問のあったスライドに切り替えたり、時間の関係で一部を割愛しなくてはならないときは、スライドの一覧から移動すると便利です。［スライドショー］ツールバーからスライドの一覧を表示して、移動先のスライドをクリックすると、画面がそのスライドに切り替わります。スライドを右クリックして表示されるメニューから［すべてのスライドを表示］をクリックしても構いません。

1 マウスを動かす

画面の左下に［スライドショー］ツールバーが表示された

2 ［スライドショー］ツールバーのここをクリック

スライドの一覧が表示された

サムネイルをクリックするとそのスライドが表示される

496

2021 | 2019 | 2016 | 365
お役立ち度 ★★☆

Q もっと簡単に離れたスライドに移動するには

A 「スライド番号」＋ Enter キーを押します

移動したいスライドの番号が分かっているときは、スライドショーの実行中にキーボードでスライド番号のキーと Enter キーを押せば移動できます。

497

2021 2019 2016 365

お役立ち度 ★★☆

Q スライドショーで使える便利なショートカットキーは何？

A スライドを切り替える操作を覚えておくと便利です

スライドショーの実行中にメニューを表示し、マウスを操作するのは案外煩わしいものです。ショートカットキーを覚えておけば、スムーズかつ快適にスライドショーを進められます。なお、ノートパソコンで Page Down Page Up Home End のキーを押すときは Fn キーを一緒に押します。

キー操作	機能
Enter 、 space 、↓、→、N、 Page Down キー	次のスライドに切り替える
Back space 、↑、←、P、 Page Up キー	前のスライドに戻る
Home キー	最初のスライドに切り替える
End キー	最後のスライドに切り替える
数字キー+ Enter キー	数字キーで指定したスライドに切り替える

関連 499 直前に表示したスライドに戻るには ▶ P.267

498

2021 2019 2016 365

お役立ち度 ★★★

Q スライドショーでスライドの一部を拡大するには

A スライドショー実行中に ＋ キーを押すと拡大できます

スライドショー実行中に、 ＋ キーを押すとスライドの一部を拡大できます。キーを押すたびに拡大率が高くなり、 － キーを押すたびに縮小されます。拡大は画面の中央を基準に行われるので、見せたい部分が大きく表示されるようにドラッグして表示範囲を変更しましょう。特に強調したい箇所でスライドを拡大すると、聞き手の注目を集められ、印象に残りやすくなります。

> キーボードの ＋ キーを押すたびに画面が拡大される

初　任　給	大卒（営業）　¥191,000
	短大（営業）　¥171,000
諸　手　当	残業手当、家族手当、資格手当、通勤手当
賞　　　与	年2回（7月、12月）
昇　　　給	年1回（4月）
休日・休暇	週休2日制、夏期3日、年末年始5日
	有給休暇：6ヵ月後10日、1年6ヵ月後11日、最高20日

関連 500 スライドショーの実行中に手書きで線を引くには ▶ P.268

499

2021 2019 2016 365

お役立ち度 ★★☆

Q 直前に表示したスライドに戻るには

A ［最後の表示］をクリックします

スライドをあちこち切り替えているときに間違ったスライドに移動してしまったときなどは、慌てずに以下の手順で直前に表示していたスライドに戻りましょう。スライドの順番に関係なく、直前に表示していたスライドに戻れます。

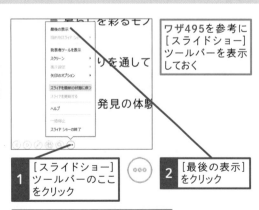

ワザ495を参考に［スライドショー］ツールバーを表示しておく

1 ［スライドショー］ツールバーのここをクリック

2 ［最後の表示］をクリック

直前に表示していたスライドに戻る

関連 497 スライドショーで使える便利なショートカットキーは何？ ▶ P.267

基礎と画面表示
資料作成の基本
文字入力と書式
スライドデザイン
図形
SmartArt
表とグラフ
画像と写真
動画とサウンド
スライドマスター
アニメーション
スライドショー
印刷と配布資料
ファイル管理
共有と共同作業
アプリ連携
プレゼン実践テク

基礎と画面表示
資料作成の基本
文字入力と書式
スライドデザイン
図形
Smart Art
表とグラフ
画像と写真
動画とサウンド
スライドマスター
アニメーション
スライドショー
印刷と配布資料
ファイル管理
共有と共同作業
連携アプリ
プレゼン実践テク

500

2021 2019 2016 365
お役立ち度 ★ ★ ★

Q スライドショーの実行中に手書きで線を引くには

A ［ペン］などの機能を使ってスライド上をドラッグします

スライドショーの実行中にマウスでスライドに書き込みをすると、用意したものを見せているだけでは演出できないライブ感が生まれます。ペンを使うときは、文字などの詳細な内容ではなく、注目して欲しい部分に丸を付けたり下線を引いたりして使いましょう。

ワザ495を参考に［スライドショー］ツールバーを表示しておく

1 ［スライドショー］ツールバーのここをクリック

2 ［蛍光ペン］をクリック

● 暮らしを彩るモノ作り

● モノ作りを通しての社会貢献

● 新しい発見の体験

3 スライド上をドラッグ

関連 501 メニューを表示せず、すぐにペンで書き込みたい ▶ P.268

関連 502 ペンの色を赤以外にしたい ▶ P.268

501

2021 2019 2016 365
お役立ち度 ★ ★ ☆

Q メニューを表示せず、すぐにペンで書き込みたい

A Ctrl + P キーを押します

スライドショーの途中で画面にメニューが表示されるのはあまりスマートではありません。頻繁にペンの機能を使うときは、キー操作でペンに切り替える方法を覚えておくと便利です。Ctrl + P キーを押すと、メニューを表示せずすぐにペンに切り替えられます。ペンから通常のマウスポインターに戻すには、もう一度 Ctrl + P キーか、Ctrl + A キーを押します。

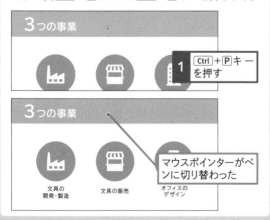

3つの事業

1 Ctrl + P キーを押す

3つの事業

文具の開発・製造　　文具の販売　　オフィスのデザイン

マウスポインターがペンに切り替わった

502

2021 2019 2016 365
お役立ち度 ★ ★ ☆

Q ペンの色を赤以外にしたい

A 事前にペンの色を変更しましょう

スライドショーの実行中にはマウスでスライドに書き込みができますが、スライドのテーマに関係なく、ペンの色には赤が設定されています。スライドショーの途中でペンの色を変更できますが、事前にペンの色を変更しておくほうがスムーズです。

ワザ469を参考に［スライドショーの設定］ダイアログボックスを表示しておく

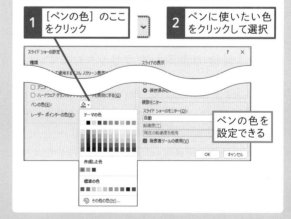

1 ［ペンの色］のここをクリック

2 ペンに使いたい色をクリックして選択

ペンの色を設定できる

503

Q 手書きの線が
はみ出てしまった！

A ［消しゴム］機能を使って部分的に
消しましょう

部分的に書き込みを消去したいときは、［消しゴム］
に切り替えましょう。マウスポインターが消しゴムの
形になったら、消したい部分をクリックします。［消
しゴム］は、［スライドショー］ツールバーから選択
することもできますが、Ctrl＋Eキーを押すと素早く
切り替えられて便利です。スライド上のすべての書き
込みを消したいときは、ワザ504で解説する操作が
お薦めです。

ワザ495を参考に［スライドショー］
ツールバーを表示しておく

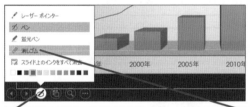

| 1 | ［スライドショー］ツール バーのここをクリック |
| 2 | ［消しゴム］ をクリック |

| ショートカットキー | マウスポインターを消しゴムに変更 Ctrl＋E |

504

Q ペンで書き込んだ内容を
すべて消去するには

A Eキーを押します

ペンの機能を使ってスライドに書き込んだ内容は、
Eキーを押すとすべて削除できます。「E」はEraser
（消しゴム）の頭文字です。

505

Q ペンで書き込んだ内容を保存
するとどうなるの？

A 図形として保存されます

ペンでスライドに書き込みを行うと、スライドショー
の最後に［インク注釈を保存しますか？］のメッセー
ジが表示されます。［保持］を選ぶと、ペンで書き
込んだ内容が図形としてスライドに表示されます。
［破棄］を選ぶと、すべてのペンの書き込みが消去
されます。

| 1 | Escキーを 2回押す |

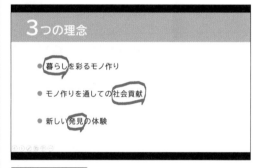

| 2 | ［保持］を クリック |

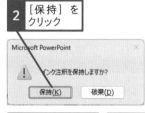

| 3 | ペンで書いた 箇所をクリック | 図形として 保存された |

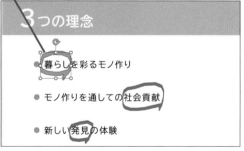

基礎と
画面表示
の基本
資料作成
と書式
文字入力
デザイン
スライド
図形
Smart
Art
グラフ
表と
写真と
画像と
サウンド
動画と
マスター
スライド
ション
アニメー
ショー
スライド
配布資料
印刷と
管理
ファイル
共同作業
共有と
連携
アプリ
実践テク
プレゼン

506

Q 発表者ツールって何?

**A 発表者専用の画面で使える
機能です**

発表者ツールは、スライドショー実行中に、聞き手に見せる画面とは別の画面で利用する機能の総称です。聞き手の画面にはスライドだけが表示されますが、発表者の画面には次のスライドやノートペインに入力したメモ、経過時間などスライドショー実行中に使える機能が用意されています。

経過時間が
表示される

次のスライド
が確認できる

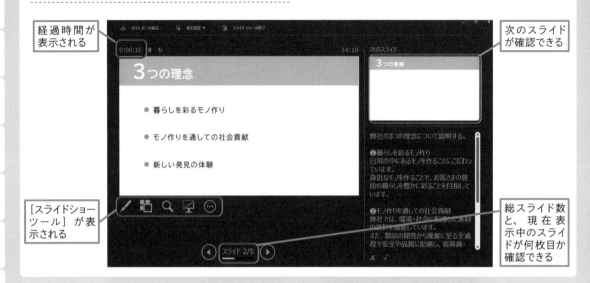

[スライドショー
ツール]が表
示される

総スライド数
と、現在表
示中のスライ
ドが何枚目か
確認できる

507

**Q 複数ディスプレイがないと
発表者ツールは使えないの?**

A 1台のディスプレイでも使えます

複数のディスプレイが接続されていると、自動的に1台のディスプレイが聞き手用、もう1台のディスプレイが発表者用になります。練習段階で複数のディスプレイを用意できないときは、以下の操作を行うと、1台のディスプレイでも発表者ツールを利用できます。プレゼンテーションの本番までに、発表者ツールの使い方をしっかり練習しておきましょう。

発表者ツールが表示された

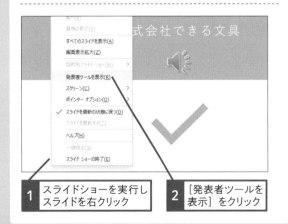

1 スライドショーを実行し
スライドを右クリック

2 [発表者ツールを
表示]をクリック

508

2021 2019 2016 365
お役立ち度 ★ ★ ★

Q 発表者ツールを利用するには

A ［発表者ツールの使用］がオンであることを確認しましょう

通常、PowerPointを起動したパソコンにテレビやプロジェクター、外部ディスプレイを接続すると、PowerPointを操作する自分のパソコンには発表者ツールの画面が表示されます。設定を変えていなければ必ず発表者ツールの画面が接続されますが、事前に［スライドショーの設定］ダイアログボックスにある［発表者ツールの使用］にチェックマークが付いていることを確認しましょう。

●発表者ツールの利用

プレゼンテーションファイルを開いておく

1 ［スライドショー］タブをクリック

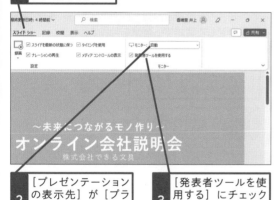

2 ［プレゼンテーションの表示先］が［プライマリモニター］以外であることを確認

3 ［発表者ツールを使用する］にチェックマークが入っていることを確認

ワザ488を参考にスライドショーを実行すると、発表者の手元のパソコンに発表者ツールの画面が表示される

●発表者ツールの設定

ワザ469を参考に［スライドショーの設定］ダイアログボックスを表示しておく

1 ここをクリックして［プライマリモニター］以外を選択

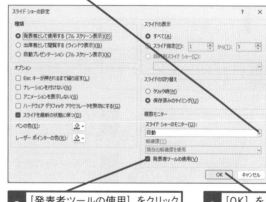

2 ［発表者ツールの使用］をクリックしてチェックマークを付ける

3 ［OK］をクリック

📖 役立つ豆知識

発表者ツールからすべてのスライドを表示できる

発表者ツールでスライドの一覧を表示したいときは、左下の［すべてのスライドを表示します］ボタンをクリックします。一覧からスライドをクリックすると、そのスライドに切り替わります。

関連 488 最初のスライドからスライドショーを実行するには ▶ P.264

関連 497 スライドショーで使える便利なショートカットキーは何? ▶ P.267

基礎と
画面表示
の基本
資料作成
と書式
文字入力
デザイン
スライド
図形
Smart
Art
表と
グラフ
写真
画像と
サウンド
動画と
マスター
スライド
ション
アニメー
ション
スライド
ショー
印刷と
配布資料
管理
ファイル
共有と
共同作業
連携
アプリ
実践テク
プレゼン

509

2021 2019 2016 365
お役立ち度 ★ ★ ☆

Q スライドショーの実行中に
タスクバーを表示したい

A Ctrl + T キーを押します

スライドショーの画面にタスクバーを表示すると、ほかのソフトウェアやウィンドウに切り替えられます。以下の手順のように[スライドショー]ツールバーから[タスクバーの表示]を選択しても構いませんが、Ctrl + T キーを押せば、メニューを使わなくてもタスクバーを表示できます。使いたいアプリや表示したいウィンドウは、あらかじめタスクバーに表示しておきましょう。

ワザ495を参考に[スライドショー]
ツールバーを表示しておく

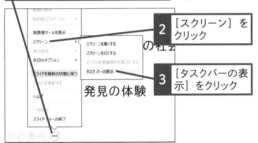

1 [スライドショー]ツールバーの
ここをクリック

2 [スクリーン]を
クリック

3 [タスクバーの表
示]をクリック

スライドショーの実行中にタスクバーを表示された

♪ **ステップアップ**

発表者ツール画面で押したキーが画面左上に表示されてしまった！

ワザ508の[発表者ツール]画面を表示しているときに、日本語入力がオンのままショートカットキーを押すと、押したキーがそのまま画面左上に表示される場合があります。その場合は、Escキーを押して入力を解除し、左下にあるボタンを使った操作に切り替えます。[発表者ツール]を使うときは、事前に日本語入力をオフにしておくといいでしょう。

510

2021 2019 2016 365
お役立ち度 ★ ★ ☆

Q スライドが勝手に
切り替わってしまう

A [スライドの切り替え]を
[クリック時]に変更します

スライドショーの実行時に、自動的にスライドが切り替わってしまうのは、[画面切り替えのタイミング]に秒数が設定されているためです。自分で設定した覚えがなくても、[リハーサル]機能を使ったときに設定してしまったことも考えられます。以下の手順で自動切り替えの設定を解除しましょう。プレゼンテーションの本番で気付いても遅いので、必ず事前に操作をして確認する習慣を付けましょう。

ワザ469を参考に[スライ
ドショーの設定]ダイアロ
グボックスを表示しておく

1 [スライドの切り替え]の
[クリック時]をクリック

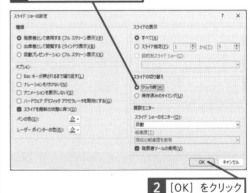

2 [OK]をクリック

スライドの切り替えのタイミングを
変更できた

ショート
カットキー　スライドショーの終了
Esc

関連
408　スライドを自動的に切り替えるには　▶ P.226

関連
469　アニメーションの設定をまとめて
オフにするには　▶ P.255

511

2021 2019 2016 365　お役立ち度 ★★☆

Q プレゼン用のマウスが
あるってホント？

A 指輪型やリモコン型、ペン型などの
マウスが発売されています

スライドショーの実行中に使えるワイヤレスのプレゼンテーション用マウスがいろいろなメーカーから発売されています。リモコン型が主流ですが、レーザーポインターが内蔵されている製品もあります。また、Surface用のペンタイプのものもあります。ワイヤレスのプレゼンテーションマウスを使うと、パソコンから離れて説明しているときでも、スライドの切り替えなどの操作を手元で行えて便利です。

◆Surfaceペン（マイクロソフト）
Surface向けのデジタルペンだが、
スライドの切り替えにも使える

◆ワイヤレスプレゼンター（ロジクール）
遠隔でスライドを操作したり、レーザー
ポインターを照射したりできる

関連 492	スライドの一部を指し示しながら 説明したい	▶ P.265
関連 508	発表者ツールを利用するには	▶ P.271

512

2021 2019 2016 365　お役立ち度 ★★☆

Q スライドショーの中に別の
スライドショーを挿入するには

A ［オブジェクトの挿入］の機能を
使って挿入します

特殊な見せ方ですが、スライドショーの中で別のスライドショーを再生できます。スライドの作成中に［オブジェクトの挿入］ダイアログボックスの［ファイルから］をクリックし、挿入したいプレゼンテーションを選択すると、指定したプレゼンテーションの1枚目のスライドが挿入されます。スライドショー実行時にそのスライドをクリックすると、挿入したプレゼンテーションのスライドショーが始まります。また、挿入したスライドショーが終了すると自動的に元のスライドショーに戻ります。

1	［挿入］タブ をクリック	2	［オブジェクト］を クリック

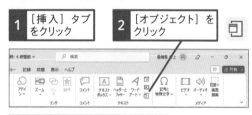

［オブジェクトの挿入］ダイアログ
ボックスが表示された

3	［ファイルから］を クリック	4	［参照］をクリックして、 表示された画面でファイ ルを選択し、［OK］をク リック

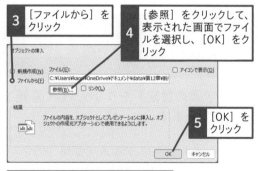

5	［OK］を クリック

スライドに別のスライドが挿入された

基礎と画面表示
資料作成の基本
文字入力と書式
スライドデザイン
図形
Smart Art
表とグラフ
画像と写真
動画とサウンド
スライドマスター
アニメーション
スライドショー
印刷と配布資料
ファイル管理
共有と共同作業
アプリ連携
実践テクプレゼン

513

2021 2019 2016 **365**

お役立ち度 ★ ★ ☆

Q スライドショーで字幕を表示するには

A 字幕の表示場所を設定します

Microsoft 365のPowerPointには字幕の機能が用意されています。字幕の機能を使うと、スライドショーの実行中にマイクに向かって話した言葉を字幕として表示できます。字幕機能を使うには、[スライドショー]タブの[常に字幕を使用する]のチェックマークを付けてから、以下の操作で字幕の表示場所を指定します。

パソコンにマイクを接続しておきます

1 [スライドショー]タブをクリック

2 [字幕の設定]をクリック

3 [下部（重ねて表示）]をクリック

4 ここをクリック

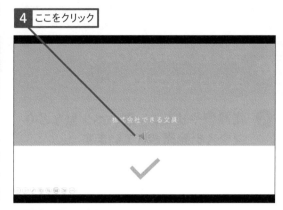

5 マイクに音声を発する

音声が字幕になった

514

2021 2019 2016 **365**

お役立ち度 ★ ★ ☆

Q 英語の字幕を表示するには

A [字幕の設定]をクリックして言語を指定します

字幕には、日本語、英語、韓国語、中国語、フランス語、ドイツ語など、たくさんの言語が用意されており、一覧からクリックするだけで変更できます。[話し手の言語]と[字幕の言語]をそれぞれ別々に設定することも可能です。

1 [スライドショー]タブをクリック

2 [字幕の設定]をクリック

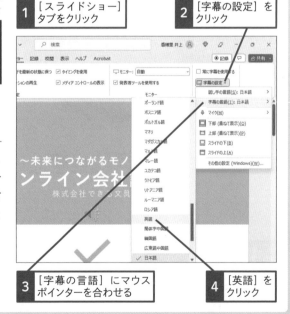

3 [字幕の言語]にマウスポインターを合わせる

4 [英語]をクリック

515

Q スライドショーを 録画するには

A ［スライドショー］タブの［録画］を クリックします

［録画］機能を使うと、発表者の画像とナレーション付きのスライドショーをそのまま録画できます。パソコンにマイクとカメラが接続されていれば、いつも通りにスライドショーを実行するだけで、その様子を録画できます。録画したファイルをWebに公開すれば、何度でもスライドショーを見てもらうことができます。

1 ［スライドショー］タブ をクリック

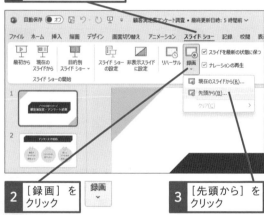

2 ［録画］を クリック

3 ［先頭から］を クリック

4 ［記録］を クリック

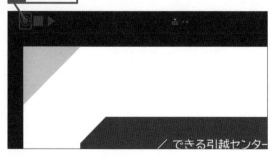

ショートカットキー	記録の開始 R

ショートカットキー	記録の停止 S

5 マウスをクリック　　スライドが切り替わった

一時停止や停止、再生のボタン

発表者用のノートを表示できる

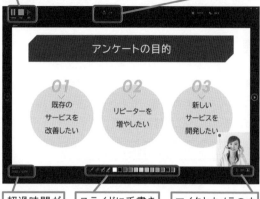

超過時間が表示される

スライドに手書きするペン機能

マイクとカメラのオン/オフを切り替えられる

各スライドでナレーションを録音し、最後のスライドまで表示する

6 最後のスライドが表示された状態でクリック

録画が終了すると、各スライドに撮影した映像が表示される

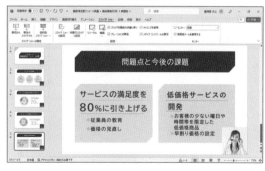

ショートカットキー	記録の一時停止/再開 I

基礎と画面表示

資料作成の基本

文字入力と書式

スライドデザイン

図形

SmartArt

表とグラフ

写真画像と

動画とサウンド

スライドマスター

アニメーション

スライドショー

印刷と配布資料

ファイル管理

共有と共同作業

アプリ連携

プレゼン実践テク

516

2021 2019 2016 365
お役立ち度 ★ ★ ☆

Q 録画を途中で止めるには

A [停止] ボタンをクリックします

ワザ515の操作でスライドショーを録画している途中で操作や説明を間違えたときは、左上の [停止] ボタンをクリックして録画を中断します。

1 [停止] をクリック ／ 録画が中断される

517

2021 2019 2016 365
お役立ち度 ★ ★ ☆

Q 後から録画をやり直すには

A [現在のスライドから記録] を クリックします

ワザ516の手順でスライドショーを中断した後で、スライドショーの途中から録画をやり直すには、以下の操作で [現在のスライドから記録] をクリックします。

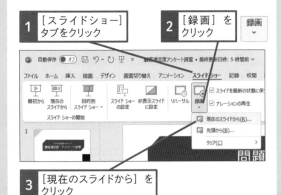

1 [スライドショー] タブをクリック

2 [録画] を クリック

3 [現在のスライドから] を クリック

518

2021 2019 2016 365
お役立ち度 ★ ★ ☆

Q 録画した内容を 削除するには

A [クリア] から実行できます

録画を終了した後で操作と音声をすべて削除するには、[スライドショー] タブの [録画] ボタンから [クリア] - [すべてのスライドのナレーションをクリア] をクリックします。

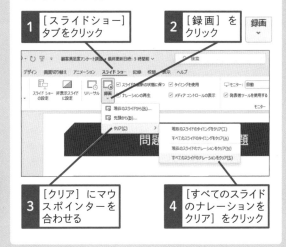

1 [スライドショー] タブをクリック

2 [録画] を クリック

3 [クリア] にマウスポインターを 合わせる

4 [すべてのスライドのナレーションをクリア] をクリック

519

2021 2019 2016 365
お役立ち度 ★ ★ ☆

Q スライドショーをWebで 公開するには

A 録画したファイルを アップロードします

録画したスライドを保存すると、ナレーションとワイプ付きで保存されます。このファイルをWebにアップロードすると、スライドショーを公開できます。PowerPointを持っていない人に見てもらうときは、ワザ479の操作で動画ファイルとして保存してからアップロードします。

| 関連 479 | スライドショーをビデオ形式で 保存するには | ▶ P.260 |

基礎と画面表示

資料作成の基本

文字入力と書式

スライドデザイン

図形

Smart Art

表とグラフ

画像と写真

動画とサウンド

スライドマスター

アニメーション

スライドショー

印刷と配布資料

ファイル管理

共有と共同作業

アプリ連携

プレゼン実践テク

第13章 スライド・配布資料印刷の活用ワザ

スライドの印刷

PowerPointでは、スライドをさまざまな方法で印刷できます。ここでは、用途や目的に応じたスライド印刷の基礎テクニックを解説します。

520

2021 2019 2016 365
お役立ち度 ★ ★ ★

Q 印刷前に印刷イメージを確認するには

A [ファイル] タブの [印刷] をクリックします

PowerPointでは、作成したスライドをさまざまな形式で印刷できます。初期設定では、1枚の用紙いっぱいにスライドが印刷されるイメージが表示されますが、[配布資料] や [ノート] など、用途に合わせて印刷するときのイメージも確認できます。印刷イメージをじっくり確認して、用紙やインクの無駄遣いを減らしましょう。

1 [ファイル] タブをクリック

ショートカットキー [印刷] の画面の表示 `Ctrl` + `P`

2 [印刷] をクリック

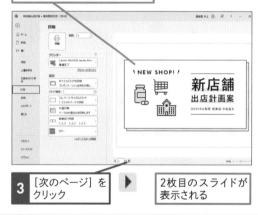

[印刷] の画面に印刷イメージが表示された

3 [次のページ] をクリック ▶ 2枚目のスライドが表示される

ステップアップ

ファイルを開かずに印刷する

PowerPointを終了した後に、印刷枚数が足りなかったということはありませんか？ そのような場合でも、いちいちPowerPointを起動する必要はありません。印刷したいファイルを右クリックして表示されるメニューから [印刷] をクリックすれば、PowerPoint の起動、印刷、終了までの一連の作業を自動的に行えます。なお、印刷するプリンターや用紙サイズなどは、あらかじめPowerPointの起動中に [印刷] の画面で設定しておく必要があります。

基礎と画面表示

資料作成の基本

文字入力と書式

スライドデザイン

図形

Smart Art

表とグラフ

画像と写真

動画とサウンド

スライドマスター

アニメーション

スライドショー

印刷と配布資料

ファイル管理

共有と共同作業

アプリ連携

プレゼン実践テク

521

Q 作成済みのスライドをA4用紙いっぱいに印刷するには

A スライドのサイズをA4に変更してから印刷します

初期設定では、スライドの縦横比は横16：縦9のワイド画面サイズに設定されていますが、そのままA4用紙に印刷すると、用紙の上下余白が大きくなります。A4用紙に合わせて印刷するには、以下の手順でスライドのサイズを事前に調整しましょう。ただし、このままではスライドショーを実行したときも変更後のスライドサイズで表示されます。印刷が終わったら、元のスライドサイズに戻しておきましょう。

1 ［デザイン］タブをクリック

2 ［スライドのサイズ］をクリック

3 ［ユーザー設定のスライドサイズ］をクリック

［スライドのサイズ］ダイアログボックスが表示された

4 ここをクリックして［A4 210×297 mm］を選択

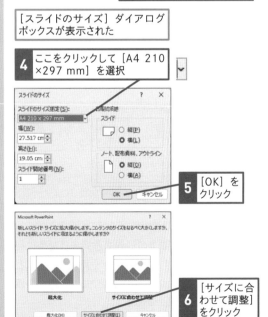

5 ［OK］をクリック

6 ［サイズに合わせて調整］をクリック

522

Q 用紙の余白サイズを手動で小さくするには

A スライドの［幅］と［高さ］を数値で指定します

スライドや配布資料を印刷すると、用紙の上下左右に余白ができます。WordやExcelには余白のサイズを調整する機能がありますが、PowerPointには余白という概念がありません。これは、PowerPointがパソコンの画面やプロジェクターに映し出すことを前提としているためです。余白のサイズを手動で小さくするには、［スライドのサイズ］ダイアログボックスで、［幅］と［高さ］の数値を変更し、スライドそのもののサイズを大きくしましょう。そうすると、その分余白のサイズが狭まります。

ワザ521を参考に、［スライドのサイズ］ダイアログボックスを表示しておく

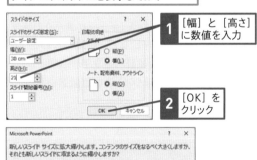

1 ［幅］と［高さ］に数値を入力

2 ［OK］をクリック

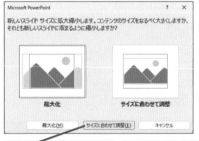

3 ［サイズに合わせて調整］をクリック

指定したサイズにスライドの大きさが変更され、余白を調整される

523

2021 2019 2016 365
お役立ち度 ★★☆

Q スライドの背景に設定した写真が印刷されない

A カラー表示に切り替えましょう

[印刷] の画面にある[カラー] から[グレースケール]や[単純白黒] を設定すると、ワザ151で解説した[背景] の機能を使ってスライドの背景に設定した写真は表示されません。これは、背景の写真を印刷すると、スライドの文字などの情報が読みにくくなるためです。ただし、[挿入] タブの[画像] ボタンをクリックして、[図の挿入] ダイアログボックスから挿入した写真はそのまま印刷されます。

524

2021 2019 2016 365
お役立ち度 ★★★

Q グレースケールと単純白黒は何が違うの？

A グレースケールは白黒の濃淡で印刷されます

[印刷] の画面にある [グレースケール] を指定すると、色の違いが白黒の濃淡に置き換えられて印刷されます。一方 [単純白黒] は、白か黒のどちらかで表現するため、図形が線だけで表示される場合があります。どちらで印刷する場合でも、ワザ520を参考に [印刷] の画面で文字が読みにくくないかを確認することが大切です。

📖 役立つ豆知識

印刷イメージがカラーで表示されない！

パソコンに接続されているプリンターがモノクロ専用機の場合は、印刷イメージもモノクロで表示されます。複数のプリンターを利用できる環境では、[印刷] の画面にある [プリンター]から目的のプリンターを選びましょう。

525

2021 2019 2016 365
お役立ち度 ★★★

Q グレースケールにしたら文字が見づらくなった！

A [グレースケール] タブで見え方を調整します

濃い色で塗りつぶした図形の場合、グレースケールで印刷したときに、図形の中の文字が読みにくくなることがあります。このようなときは、[表示] タブの [グレースケール] ボタンをクリックして印刷後の見え方をシミュレーションします。この状態で文字が読みづらい図形をクリックし、[グレースケール]タブから [明るいグレースケール] ボタンや [黒と白]ボタンなどをクリックして調整しましょう。ただし、SmartArtの図形は [グレースケール] タブでは調整できません。

グレースケールで印刷したいファイルを開いておく

1 [表示] タブをクリック

2 [グレースケール] をクリック　🖥 グレースケール

スライドがグレースケールで表示された

このままでは文字が読みづらい部分がある

3 文字が読みづらい図形をクリック

4 [黒] をクリック　■黒

基礎と画面表示
資料作成の基本
文字入力と書式
スライドデザイン
図形
SmartArt
表とグラフ
画像と写真
動画とサウンド
スライドマスター
アニメーション
スライドショー
印刷と配布資料
ファイル管理
共有と共同作業
連携アプリ
実践プレゼンテク

基礎と
画面表示

資料作成
の基本

文字入力
と書式

デザイン
スライド

図形

Smart
Art

表と
グラフ

画像と
写真

動画と
サウンド

スライド
マスター

アニメー
ション

スライド
ショー

印刷と
配布資料

管理
ファイル

共有と
共同作業

連携
アプリ

実践テク
プレゼン

526

サンプル

2021 2019 2016 365

お役立ち度 ★ ★ ★

Q 特定のスライドだけを印刷するには

A 最初にスライドを選択する方法と、スライド番号を指定する方法があります

特定のスライドだけを印刷したいときは、まず左側のスライド一覧で印刷したいスライドを Ctrl キーを押しながらクリックして選択します。この状態で、ワザ520

を参考に [印刷] の画面を表示して [すべてのスライドを印刷] を [選択した部分を印刷] に変更すると、選択しておいたスライドだけを印刷できます。あるいは、[スライド指定] 欄にスライド番号をハイフンやカンマで区切って入力することもできます。ハイフンは連続したスライドの範囲を、カンマは離れたスライドを1枚ずつ指定するときに使います。例えば「3-5」なら3枚目から5枚目の3枚のスライド、「3,5」の場合は3枚目と5枚目の2枚のスライドを印刷できます。あらかじめスライドを選択しなかったときは、[スライド指定] を設定しましょう。

●スライド一覧から選択する

| 1 | Ctrl キーを押しながら印刷したいスライドをクリック | 印刷するスライドが選択された |

| ワザ520を参考に、[印刷] の画面を表示しておく | 2 | ここをクリック |

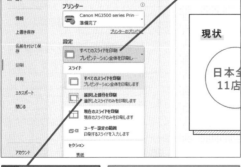

| 3 | [選択した部分を印刷] をクリック | 選択したスライドだけが印刷されるように設定できた |

● [印刷] 画面からスライド番号で選択する

ワザ520を参考に、[印刷] の画面を表示しておく

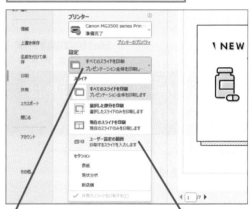

| 1 | ここをクリック | 2 | [ユーザー設定の範囲] をクリック |

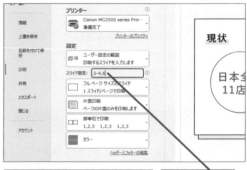

| ここでは、2〜4枚目、6枚目のスライドを印刷する | 3 | 「2-4,6」と入力 |

関連
527 非表示にしたスライドを印刷したくない ▶ P.281

ショート
カットキー

[印刷] の画面の表示
Ctrl + P

527

Q 非表示にしたスライドを
印刷したくない

A ［非表示スライドを印刷する］を
オフします

スライドショーで表示しないスライドを［非表示スライド］に設定しても、初期設定では印刷されます。非表示スライドを印刷しないようにするには、［印刷］の画面で［非表示スライドを印刷する］のチェックマークをはずしましょう。

> 非表示に設定されている5枚目の
> スライドを印刷したくない

> ワザ520を参考に、［印刷］の画面を
> 表示しておく

1 ここをクリック

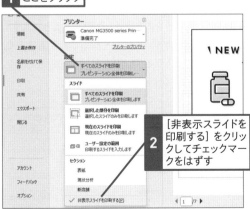

2 ［非表示スライドを
印刷する］をクリッ
クしてチェックマー
クをはずす

関連 **520** 印刷前に印刷イメージを確認するには ▶ P.277

関連 **528** スライドに挿入したコメントが
印刷されてしまった ▶ P.281

528

Q スライドに挿入したコメントが
印刷されてしまった

A ［コメントの印刷］をオフします

［校閲］タブの［新しいコメント］を使ってスライドに挿入した内容は、スライドショーには表示されませんが、印刷はされます。印刷する必要がない場合は、［コメントの印刷］のチェックマークをはずして、印刷されないようにしましょう。

> スライドに挿入したコメントが
> 印刷されないように設定する

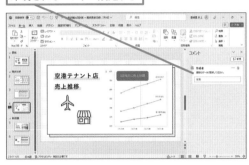

> ワザ520を参考に、［印刷］の画面を
> 表示しておく

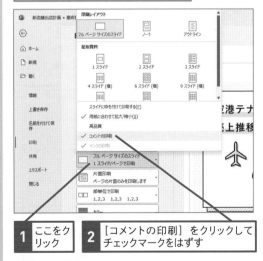

1 ここをク
リック

2 ［コメントの印刷］をクリックして
チェックマークをはずす

関連 **526** 特定のスライドだけを印刷するには ▶ P.280

関連 **527** 非表示にしたスライドを印刷したくない ▶ P.281

基礎と
画面表示

資料作成
の基本

文字入力
と書式

スライド
デザイン

図形

Smart
Art

表と
グラフ

画像と
写真

動画と
サウンド

スライド
マスター

アニメー
ション

スライド
ショー

印刷と
配布資料

ファイル
管理

共有と
共同作業

アプリ
連携

プレゼン
実践テク

529

Q ワンクリックで印刷できるようにしたい！

A クイックアクセスツールバーに登録します

すでに印刷の設定が済んでいる場合は、[印刷]の画面を表示せずに印刷できる[クイック印刷]を活用しましょう。クイックアクセスツールバーに[クイック印刷]ボタンを追加してクリックすると、すぐにスライドの印刷が始まります。ただし、印刷の設定が間違っていると、かえって何度も印刷する手間がかかってしまいます。同じ設定でファイルを追加印刷するときなどに使うといいでしょう。

1 [クイックアクセスツールバーのユーザー設定]をクリック

2 [クイック印刷]をクリックしてチェックマークを付ける

[クイック印刷]のアイコンがクイックアクセスツールバーに追加された

3 [クイック印刷]をクリック

すぐにスライドの印刷が始まる

530

Q スライドショーに書き込んだペンの内容を印刷したい

A ペンで書き込んだ内容を保存します

ワザ500の操作でスライドショーの実行中に書き込んだペンの内容はそのまま印刷できます。スライドショーの最後に表示される[インク注釈を保持しますか?]というダイアログボックスで[保持]ボタンをクリックして、ペンの内容を保存します。

ペンで書き込んだ内容を保存するかどうか確認するダイアログボックスが表示された

1 [保持]をクリック

書き込んだ内容が図形として保存される

531

Q 背景が白いスライドに枠を付けて印刷したい

A 印刷の画面で設定できます

背景が白いデザインのスライドを印刷すると、スライドと用紙の境目が分かりにくくなることがあります。以下の手順で[スライドに枠を付けて印刷する]にチェックマークを付けて印刷しましょう。

ワザ520を参考に、[印刷]の画面を表示しておく

1 ここをクリック

2 [スライドに枠を付けて印刷する]をクリックしてチェックマークを付ける

配布資料やノートの印刷

聞き手に配布する資料を「配布資料」、発表者用のメモを「ノート」と呼びます。ここでは、配布資料やノートを分かりやすく印刷するテクニックを紹介します。

532

2021 2019 2016 365
お役立ち度 ★★★

Q 1枚の用紙に複数の
スライドを印刷するには

A ［配布資料］として印刷しましょう

PowerPointの初期設定では、横置きの用紙に1枚のスライドが大きく印刷されます。1枚の用紙に複数のスライドを印刷したいときは、［フルページサイズのスライド］をクリックして、［配布資料］のグループから選択しましょう。1枚の用紙に印刷するスライドの枚数はいくつかのパターンから選択できます。

> ここでは1枚の用紙に2枚の
> スライドを印刷する

> ワザ520を参考に、［印刷］
> の画面を表示しておく

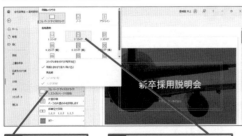

1 ここをクリック　**2** ［2スライド］をクリック

> 1枚の用紙に2枚のスライドを配置できた

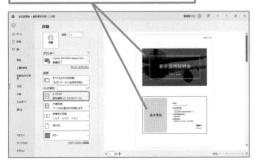

533

2021 2019 2016 365
お役立ち度 ★★★

Q 印刷するスライドの
順序を変更したい

A ［配布資料］は縦方向のレイアウト
に変更できます

印刷時にスライドの順番は変更できません。ただし、［配布資料］グループの［4スライド（縦）］［6スライド（縦）］［9スライド（縦）］を設定すれば、スライドを縦方向にレイアウトできます。

> ワザ520を参考に、［印刷］の
> 画面を表示しておく

1 ここをク
リック　**2** ［4スライド（縦）］
をクリック

> スライドを縦にならべることができた

基礎と画面表示
資料作成の基本
文字入力と書式
スライドデザイン
図形
Smart Art
表とグラフ
画像と写真
動画とサウンド
スライドマスター
アニメーション
スライドショー
印刷と配布資料
ファイル管理
共有と共同作業
連携アプリ
実践プレゼンテク

基礎と画面表示
資料作成の基本
文字入力と書式
スライドデザイン
図形
Smart Art
表とグラフ
画像と写真
サウンドと動画
スライドマスター
アニメーション
スライドショー
印刷と配布資料
ファイル管理
共有と共同作業
アプリ連携
プレゼン実践テク

534

Q 10枚以上のスライドを 1枚の用紙に印刷するには

A プリターの［割り付け印刷］の 機能を使います

PowerPointでは、1枚の用紙に9枚以上のスライド を印刷することはできませんが、プリンターに［割り 付け印刷］の機能が搭載されていれば、1枚の用紙 に複数のページを印刷できます。例えば、［配布資料］ の［6スライド（横）］を1枚の用紙に2ページずつ割 り付け印刷すると、合計で12枚のスライドを1枚の 用紙に印刷できます。ただし、あまり詰め込みすぎ ると、スライドが小さくなって、肝心の内容が読め なくなってしまうので注意してください。

> ここでは1枚の用紙に12枚のスライドを 印刷できるように設定する

> ここでは、キヤノンの MG3530の例で解説する

> ワザ520を参考に［印刷］ の画面を表示しておく

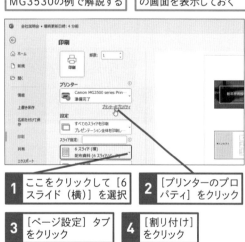

1 ここをクリックして［6 スライド（横）］を選択

2 ［プリンターのプロ パティ］をクリック

3 ［ページ設定］タブ をクリック

4 ［割り付け］ をクリック

> 1枚の用紙に12枚 のスライドが割り付 けされる

535

Q メモ欄を付けて配布資料を 印刷するには

A ［配布資料］の［3スライド］を 選びます

［配布資料］の［3スライド］を設定すると、スライ ドの右側に罫線だけのメモ欄が追加で印刷されま す。プレゼンテーションの前に配布しておくと聞き 手に喜ばれます。

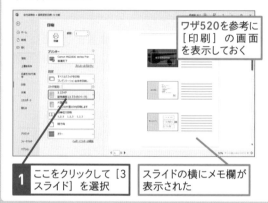

> ワザ520を参考に ［印刷］の画面 を表示しておく

1 ここをクリックして［3 スライド］を選択

スライドの横にメモ欄が 表示された

536

Q ビジネスでよく使う 配布資料の形式は何？

A ［2スライド］や［3スライド］が 使われます

プレゼンテーション会場で配布される資料は、［配 布資料］の［2スライド］か［3スライド］が一般的です。 1枚の用紙に1スライドだけ印刷すると用紙が大量に 必要になります。だからといって1枚の用紙に4スラ イド以上を印刷すると、スライドの文字が読みにく くなりがちです。資料を会社や自宅に持ち帰ってじっ くり内容が読めるように、1枚の用紙に2つか3つス ライドを印刷するといいでしょう。

> **関連 541** もっとコンパクトにノートを印刷したい！ ▶ P.286

537

Q [アウトライン] の内容だけを 印刷するには

A 印刷対象を [アウトライン] に 変更します

[フルページサイズのスライド] をクリックして [アウトライン] に変更すると、[アウトライン] の内容だけを印刷できます。印刷物を見ながらプレゼンテーションの構成をじっくり練りたいときに便利です。ただし、[アウトライン] で折り畳んでいる部分は印刷されません。

ワザ082を参考に [アウトライン] の何もないところを右クリックしてから、[展開] - [すべて展開] をクリックしておきましょう。

ワザ520を参考に、[印刷] の画面を表示しておく

1 ここをクリックして [アウトライン] を選択

538

Q アウトラインに書式を 設定して印刷するには

動画で見る

A アウトラインの内容を他のアプリに 送信してから書式を付けます

スライドの内容をメモ程度にまとめるには、[アウトライン] 画面の内容をコピーするといいでしょう。フォントサイズや文字飾りなどの基本的な書式は [アウトライン] 画面でも設定できますが、利用できない機能もあります。以下の手順でWordに送信してから書式を変更して、Wordで印刷しましょう。

[Microsoft Wordに送る] ダイアログボックスが表示された

5 [アウトラインのみ] をクリック

6 [OK] をクリック

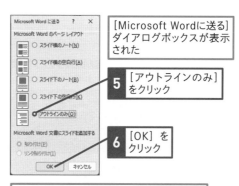

Wordが自動的に起動し、[アウトライン] の内容が表示された

1 [ファイル] タブをクリック

2 [エクスポート] をクリック

3 [配布資料の作成] をクリック

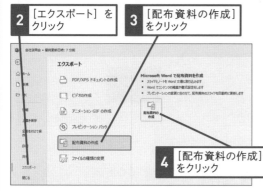

4 [配布資料の作成] をクリック

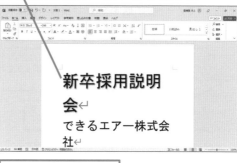

Word上で色や飾りなど、自由に書式を設定できる

基礎と画面表示
資料作成の基本
文字入力と書式
スライドデザイン
図形
SmartArt
表とグラフ
画像と写真
動画とサウンド
スライドマスター
アニメーション
スライドショー
印刷と配布資料
ファイル管理
共有と共同作業
アプリ連携
プレゼン実践テク

基礎と画面表示

資料作成の基本

文字入力と書式

スライドデザイン

図形

Smart Art

表とグラフ

画像と写真

動画とサウンド

スライドマスター

アニメーション

スライドショー

印刷と配布資料

ファイル管理

共有と共同作業

連携アプリ

プレゼン実践テク

539

Q 発表の要点をまとめたメモを印刷するには

A 印刷対象を［ノート］に変更します

［印刷］の画面で［フルページサイズのスライド］をクリックして［ノート］に変更すると、1枚の用紙の上半分にスライド、下半分にノートペインに入力した内容を印刷できます。このままプレゼンテーション会場に持ち込めば、発表者用のメモとして利用できます。

ワザ520を参考に、［印刷］の画面を表示しておく

1 ここをクリックして［ノート］を選択

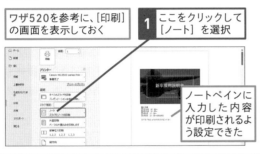

ノートペインに入力した内容が印刷されるよう設定できた

540

Q ノートペインだけを印刷したい

A ノートのサムネイルを削除します

ノートを印刷すると、ノートと一緒に対応するスライドのサムネイルが印刷されます。ノートの文字だけを印刷するには、ノート表示モードで上側のサムネイルを削除してから印刷します。

［表示］タブ –［ノート］をクリックしておく

1 サムネイルをクリック **2** Delete キーを押す

541

サンプル

Q もっとコンパクトにノートを印刷したい！

A スライドとノートをWordにエクスポートします

PowerPointでノートを印刷すると、1枚の用紙に1枚のノートしか印刷できません。スライドの枚数が多い

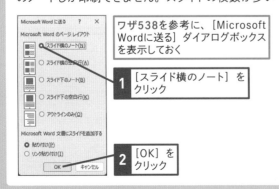

ワザ538を参考に、［Microsoft Wordに送る］ダイアログボックスを表示しておく

1 ［スライド横のノート］をクリック

2 ［OK］をクリック

と、大量の印刷物をプレゼンテーションの会場に持ち込むことになります。発表者用のメモをもっとコンパクトにしたいときは、Wordに送信して［スライド横のノート］のページレイアウトで印刷しましょう。こうすると、1枚の用紙に複数のスライドとノートを印刷できます。

Wordが自動的に起動し、スライドとノートが表示される

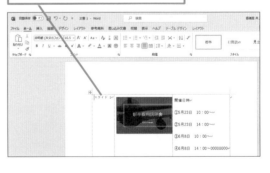

関連 **534** 10枚以上のスライドを1枚の用紙に印刷するには ▶ P.284

基礎と
画面表示

資料作成
の基本

文字入力
と書式

スライド
デザイン

図形

Smart
Art

表と
グラフ

画像と
写真

動画と
サウンド

スライド
マスター

アニメー
ション

スライド
ショー

印刷と
配布資料

ファイル
管理

共有と
共同作業

アプリ
連携

プレゼン
実践テク

<table>
<tr><td>第**14**章</td><td># ファイル操作の快適ワザ</td></tr>
</table>

ファイル操作のテクニック

時間をかけて作ったスライドがどこかに行ってしまった、あるいは破損して開かない、といったことはありませんか? ここでは、ファイルを開くときのさまざまな疑問を解決します。

542

2021 2019 2016 365
お役立ち度 ★ ★ ★

Q 直近で使っていたファイルを
手早く開きたい

A [最近使ったアイテム] から
開きましょう

PowerPointを起動すると、スタート画面にある [最近使ったアイテム] に直近で使ったファイルの履歴が表示されます。目的のファイルをクリックすると、[ファイルを開く] ダイアログボックスを使わずにファイルを開けます。なお、ほかのファイルを開いている場合は[ファ

イル] タブから [開く] をクリックすると、[最近使ったアイテム] が表示されます。どちらも履歴に表示されるファイルは同じです。

●ほかのファイルを開いた状態から開く

すでにPowerPointでほかの
ファイルを開いている

1 [ファイル] タブ
をクリック

2 [開く] を
クリック

3 [最近使ったアイテム] を
クリック

ここに最近使っ
たファイルが表
示される

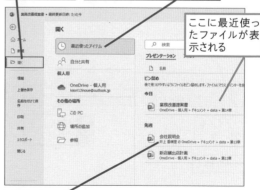

4 開きたいファイルを
クリック

ファイルが開く

●PowerPointの起動直後に開く

PowerPointを起動しておく

[最近使ったアイテム] に最近使った
ファイルの一覧が表示される

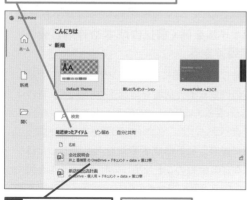

1 開きたいファイルを
クリック

ファイルが開く

基礎と画面表示

資料作成の基本

文字入力と書式

スライドデザイン

図形

Smart Art

表とグラフ

写真画像と

動画とサウンド

スライドマスター

アニメーション

スライドショー

印刷と配布資料

管理ファイル

共有と共同作業

連携アプリ

実践テクプレゼン

543

2021 | 2019 | 2016 | 365
お役立ち度 ★★★

Q パソコン内のファイルを
PowerPointから開くには

A ［ファイルを開く］ダイアログボックス
から開きます

保存場所やファイル名を選択してPowerPointのファイルを開くには、以下の手順で［ファイルを開く］ダイアログボックスを表示します。PowerPointの起動直後とほかのファイルを開いている場合では、［ファイルを開く］ダイアログボックスを開くまでの手順が異なります。なお、エクスプローラーを起動して保存先のフォルダーを開き、ファイルのアイコンをダブルクリックしても構いません。

●PowerPointを起動した直後に開く

PowerPointを起動しておく

1 ［開く］をクリック　**2** ［参照］をクリック

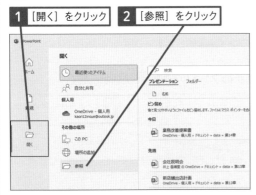

［ファイルを開く］ダイアログボックスが表示される　**3** 保存場所を選択

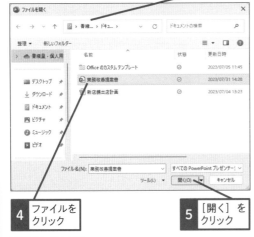

4 ファイルをクリック　**5** ［開く］をクリック

ファイルが開く

⊷ ショートカットキー　ファイルを開く
Ctrl + F12 ／ Ctrl + O

関連 542　直近で使っていたファイルを手早く開きたい　▶ P.287

●ほかのファイルを開いた状態から開く

すでにPowerPointでほかのファイルを開いている　**1** ［ファイル］タブをクリック

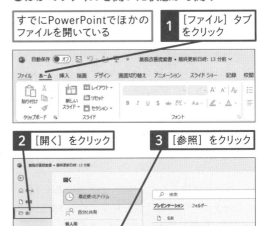

2 ［開く］をクリック　**3** ［参照］をクリック

［ファイルを開く］ダイアログボックスが表示されるので、ファイルを選択して［開く］をクリックする

役立つ豆知識

ファイルを開く前に作成者や作成日を確認できる

ファイルを開く前に、プレゼンテーションファイルの作成日や作成者を確認するには、［プロパティ］ダイアログボックスを表示してみましょう。プロパティとは、ファイルを保存するときに一緒に保存される作成者や会社名、保存した日付などの情報のことです。なお、ファイルを開いているときにファイルのプロパティを確認するには、［ファイル］タブから［情報］をクリックすると、画面右側に表示されます。

544

2021 2019 2016 365
お役立ち度 ★★☆

Q 最近使ったファイルを履歴に表示したくない

A 履歴に表示する数を「0」にします

[最近使ったアイテム] の履歴を表示したくないときは、[PowerPointのオプション] ダイアログボックスの[詳細設定] にある[最近使ったプレゼンテーションの一覧に表示するプレゼンテーションの数]を「0」に変更しましょう。

> ワザ020を参考に [PowerPointのオプション]
> ダイアログボックスを表示しておく

1 [詳細設定]をクリック

2 ここをドラッグして下にスクロール

3 [最近使ったプレゼンテーションの一覧に表示するプレゼンテーションの数]に「0」と入力

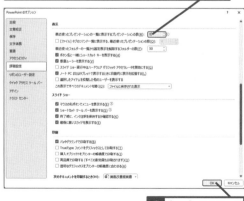

4 [OK]をクリック

関連 020 PowerPointの設定を変更したい ▶ P.40

545

2021 2019 2016 365
お役立ち度 ★★☆

Q よく使うファイルをすぐ開けるようにするには

A ファイルをピン留めします

初期設定では、[最近使ったアイテム] には、直近で使ったファイルが25個表示され、26個目のファイルが開かれると、古いものから順番に削除されます。以下の手順で、ファイル名の右側にある虫ピンのアイコンをクリックすると、そのファイルが [最近使ったアイテム] から消えないようになります。

> ワザ543を参考に、[開く] の
> 画面を表示しておく

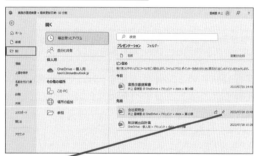

1 [このアイテムが一覧に常に表示されるように設定します]をクリック

選択したファイルが常に履歴に表示されるよう設定できた

関連 544 最近使ったファイルを履歴に表示したくない ▶ P.289

基礎と画面表示
資料作成の基本
文字入力と書式
スライドデザイン
図形
Smart Art
表とグラフ
画像と写真
動画とサウンド
スライドマスター
アニメーション
スライドショー
印刷と配布資料
ファイル管理
共有と共同作業
アプリ連携
プレゼン実践テク

546

Q 大事なファイルをうっかり上書き保存しそうで心配

A ファイルをコピーして開くと安心です

既存のファイルを元に新しいファイルを作成する際に、元になるファイルを直接編集していると、うっかり上書き保存してしまう可能性があります。これを防ぐには、あらかじめ元のファイルをコピーとして開いておきましょう。以下の手順で［コピーとして開く］を選択すると、元のファイルをコピーしたファイルが開かれるため、上書き保存しても元のファイルが変更されることはありません。

ワザ543を参考に［ファイルを開く］ダイアログボックスを表示し、ファイルを選択しておく

| **1** ［開く］のここをクリック | **2** ［コピーとして開く］をクリック |

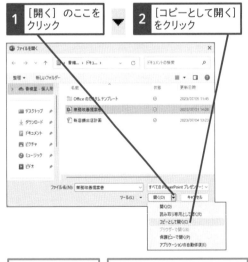

| ファイルのコピーが開いた | タイトルバーに［コピー（1）（ファイル名）］と表示された |

関連 543 パソコン内のファイルをPowerPointから開くには　▶ P.288

547

Q ファイルをどこに保存したか忘れてしまった

A ファイル名の一部を入力して検索しましょう

保存したファイルの名前や場所を忘れてしまったときは、［ファイルを開く］ダイアログボックスの［検索］ボックスに、部分的に覚えているファイル名の一部を入力して検索しましょう。なお、ファイルを検索する場所の範囲が狭いほど、より早く検索できます。

ワザ543を参考に［ファイルを開く］ダイアログボックスを表示しておく

| **1** 検索対象の場所をクリック | **2** 検索するキーワードを入力して Enter キーを押す |

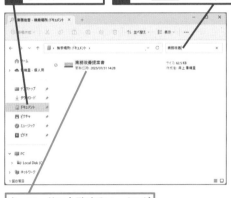

キーワードに合致するファイルがここに表示される

| ファイルが検索された | **3** 目的のファイルをダブルクリック |

関連 545 よく使うファイルをすぐ開けるようにするには　▶ P.289

548

Q ファイルを開く前にスライドの
内容を確認したい

A ［プレビューウィンドウ］を
表示しましょう

ファイル名を見ただけでは内容まで思い出せないこ
とがあります。そのようなときは、以下の手順でフォ
ルダーウィンドウにプレビューウィンドウを表示しま
す。ファイル名をクリックするたびに、スライドの内
容が表示され、目的のファイルを見つけやすくなり
ます。

エクスプローラーを
起動しておく

1 ［もっと見る］
をクリック

2 ［表示］にマウスポインターを
合わせる

3 ［表示］にマウスポ
インターを合わせる

4 ［プレビューウィンドウ］
をクリック

右側にプレビューウィンドウが
表示された

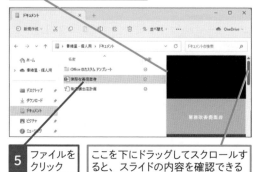

5 ファイルを
クリック

ここを下にドラッグしてスクロールす
ると、スライドの内容を確認できる

549

Q スライドの内容が
表示されないときは

A ［プレビューの図を保存する］を
オンにして保存し直します

ワザ548の操作をしてもプレビューが表示されない
場合は、［プロパティ］ダイアログボックスの［プレ
ビューの図を保存する］のチェックマークを確認し
ましょう。はずれていたら、チェックマークを付け
て保存し直しましょう。

プレビューが表示されない
ファイルを開いておく

1 ［ファイル］タブ
をクリック

2 ［情報］を
クリック

3 ［プロパティ］を
クリック

4 ［詳細プロパティ］をクリック

［（ファイル名）のプロパティ］ダイアログ
ボックスが表示された

5 ［ファイルの概要］タブを
クリック

6 ［プレビューの図
を保存する］をク
リックしてチェッ
クマークを付ける

7 ［OK］を
クリック

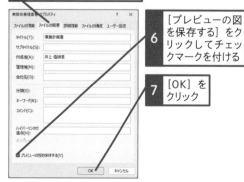

基礎と
画面表示

資料作成
の基本

文字入力
と書式

スライド
デザイン

図形

Smart
Art

表と
グラフ

画像と
写真

動画と
サウンド

スライド
マスター

アニメー
ション

スライド
ショー

印刷と
配布資料

ファイル
管理

共有と
共同作業

連携
アプリ

実践
プレゼン
テク

550

2021 2019 2016 365　お役立ち度 ★ ★ ★

Q スライドショー形式で保存したファイルを編集するには

A ［ファイル］タブの［開く］から開きます

「スライドショー形式」とは、ファイルを開くと同時にスライドショーが実行される形式のことです。通常はデスクトップにスライドショー形式のファイルを保存して、アイコンをダブルクリックしてスライドショーを開始するという使い方をします。スライドショー形式で保存したファイルを修正したいときは、ダブルクリックせずに［ファイル］タブの［開く］ボタンからファイルを開きます。

スライドショー形式で保存されたファイルは、ダブルクリックするとスライドショーが始まってしまう

ワザ543を参考に［ファイルを開く］ダイアログボックスを表示しておく

1 スライドショー形式で保存したファイルをクリック

2 ［開く］をクリック

スライドショー形式で保存したファイルが通常の画面で表示された

スライドショー形式で保存したファイルを編集できる

関連 517　パソコン内のファイルをPowerPointから開くには ▶ P.279

551

2021 2019 2016 365　お役立ち度 ★ ★ ★

Q ファイルが壊れていて開けない

A ［アプリケーションの自動修復］機能を使ってみましょう

エラーが発生してファイルを開けないときは、作成したファイルが破損している可能性があります。［ファイルを開く］ダイアログボックスの［開く］ボタンから［アプリケーションの自動修復］をクリックすると、開ける場合があります。

関連 552　新しいファイルはどうやって保存するの? ▶ P.293

ワザ543を参考に［ファイルを開く］ダイアログボックスを表示しておく

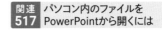
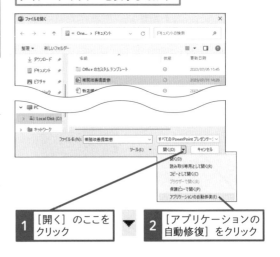

1 ［開く］のここをクリック

2 ［アプリケーションの自動修復］をクリック

ファイルの保存やトラブル対策

作成したスライドを編集するときや、万一のトラブルでファイルを失わないようにするには、保存の操作が重要です。ここでは、ファイルの保存に関する疑問を解決します。

552

2021 2019 2016 365
お役立ち度 ★★★

Q 新しいファイルはどうやって保存するの？

A ［ファイル］タブの［名前を付けて保存］をクリックします

作成中のファイルや完成したファイルに名前を付けて保存しておくと、いつでも必要なときに呼び出して再利用できます。ファイルを保存するには、［ファイル］タブをクリックして表示されるメニューから［名前を付けて保存］をクリックします。［名前を付けて保存］ダイアログボックスが表示されたら、保存したい場所やファイル名を指定します。

ここでは新規ファイルを保存する

1 ［ファイル］タブをクリック

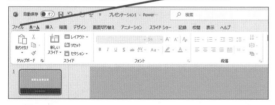

関連 553 ［上書き保存］と［名前を付けて保存］ってどう違うの？ ▶ P.294

2 ［名前を付けて保存］をクリック

3 ［参照］をクリック

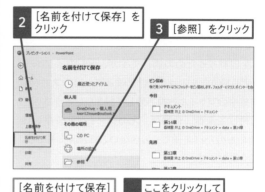

［名前を付けて保存］ダイアログボックスが表示された

4 ここをクリックしてファイルの保存場所を選択

5 ここにファイル名を入力

6 ［保存］をクリック

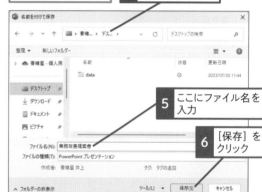

ショートカットキー 名前を付けて保存 F12

ステップアップ

ファイルを探しやすくするにはフォルダー分けが重要

探しやすくてその場ですぐ開けるなどの理由から、ついデスクトップにファイルを保存していませんか？しかし、ファイルの数が増えてくるとデスクトップがアイコンだらけになって探しにくくなります。ファイルを保存するときに、［名前を付けて保存］ダイアログボックスの［新しいフォルダー］をクリックし、目的別のフォルダーを作成して分類しておくと便利です。なお、ファイルの保存以外の際にフォルダーを作成するときは、デスクトップなどを右クリックして表示されるショートカットメニューの［新規作成］で［フォルダー］をクリックします。

553

2021 2019 2016 365
お役立ち度 ★ ★ ☆

Q [上書き保存］と［名前を付けて保存］ってどう違うの？

A 元のファイルを残すかどうかが違います

［上書き保存］と［名前を付けて保存］はどちらもファイルを保存するための操作ですが、元になるファイルをどう扱うかによって使い分けます。元のファイルも作成中のファイルも両方残しておきたいときは［名前を付けて保存］を選び、元のファイルを破棄して最新のものだけを残しておきたいときは［上書き保存］を選びます。

> ここでは、ファイル名は同じままで編集後の内容でファイルを置き換える

> 1 ［ファイル］タブをクリック

> 2 ［上書き保存］をクリック

> 編集後の内容が上書き保存された

●クイックアクセスツールバーから実行

> クイックアクセスツールバーのボタンからも保存の操作ができる

554

2021 2019 2016 365
お役立ち度 ★ ★ ☆

Q スライドをPDF形式で保存するには

A ［ファイルの種類］を［PDF］に変更します

スライドをPDF形式で保存すると、PowerPointがインストールされていなくても内容を閲覧できます。Windows11では、ブラウザーの［Microsoft Edge］でPDFファイルを開くように設定されています。そのため、操作3の後で自動的にブラウザーが起動してスライドが表示されます。

> ワザ552を参考に、［名前を付けて保存］ダイアログボックスを表示しておく

> 1 保存場所を選択

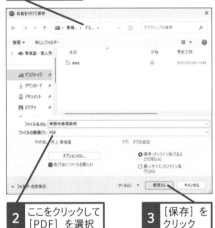

> 2 ここをクリックして［PDF］を選択

> 3 ［保存］をクリック

> PowerPointのファイルがPDF形式で保存される

> Microsoft Edgeが起動してPDFファイルが開く

555

Q スライドを古い形式で
保存するには

A ［PowerPoint97-2003プレゼン
テーション］の形式で保存します

プレゼンテーションで使うパソコンに古いバージョン
のPowerPointしかインストールされていない、あるい

は、ファイルを渡す相手が古いPowerPointを使って
いる場合もあります。そのようなときは、[名前を付
けて保存］ダイアログボックスで［ファイルの種類］を
[PowerPoint 97-2003プレゼンテーション]に変更
してから保存します。ただし、PowerPoint 2007以降
に搭載された機能は使えなくなります。

1 ［ファイル］タブを
クリック

2 ［名前を付けて保存］を
クリック

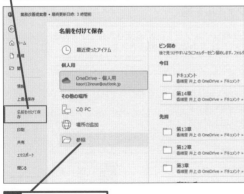

3 ［参照］をクリック

[名前を付けて保存］ダイアログ
ボックスが表示された

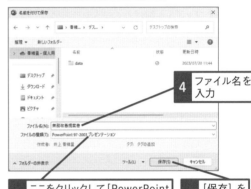

4 ファイル名を
入力

5 ここをクリックして[PowerPoint
97-2003プレゼンテーション]
を選択

6 ［保存］を
クリック

[Microsoft Office PowerPoint互換性チェック]
ダイアログボックスが表示された

7 内容を確認

8 ［続行］を
クリック

古いPowerPointでも使用できるファイルと
して保存された

PowerPoint 2003以前のバージョンで使
えない機能や書式、スタイルが削除される

関連
552 新しいファイルはどうやって
保存するの?   ▶ P.293

基礎と
画面表示

の基本
資料作成

と書式
文字入力

デザイン
スライド

図形

Smart
Art

表と
グラフ

写真
画像と

サウンド
動画と

マスター
スライド

ション
アニメー

ショー
スライド

配布資料
印刷と

管理
ファイル

共同作業
共有と

連携
アプリ

実践テク
プレゼン

基礎と画面表示

資料作成の基本

文字入力と書式

スライドデザイン

図形

Smart Art

表とグラフ

画像と写真

動画とサウンド

スライドマスター

アニメーション

スライドショー

印刷と配布資料

管理 ファイル

共有と共同作業

連携 アプリ

実践テク プレゼン

556

2021 2019 2016 365
お役立ち度 ★ ★ ★

Q ファイルを開くための
パスワードを設定したい

A [読み取りパスワード] を設定すると
いいでしょう

ファイルを第三者が開けないようにするには、[読み取りパスワード] を設定します。[読み取りパスワード] を設定したファイルを開くと、[パスワード] ダイアログボックスが表示され、パスワードを知らない人はファイルを開けません。設定したパスワードを忘れてしまうと、自分でもファイルを開けなくなるので忘れないように注意しましょう。

● [読み取りパスワード] を設定する

> ワザ552を参考に、[名前を付けて保存]
> ダイアログボックスを表示しておく

1 [ツール] を
クリック

2 [全般オプション] を
クリック

> [全般オプション] ダイアログボックスが表示された

3 [読み取りパスワード]
にパスワードを入力

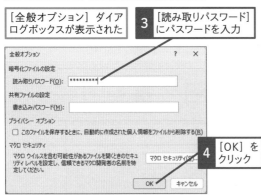

4 [OK] を
クリック

> 再度、同じパスワードを
> 入力する

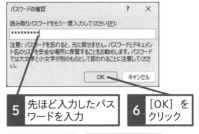

5 先ほど入力したパスワードを入力

6 [OK] を
クリック

> パスワードが
> 設定された

7 保存場所を
選択

8 [保存] をクリック

> パスワードが設定された
> ファイルが保存される

● [読み取りパスワード] を設定した
ファイルを開く

> [読み取りパスワード] が設定されたファイルを
> 開くと、以下の画面が表示される

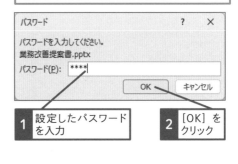

1 設定したパスワード
を入力

2 [OK] を
クリック

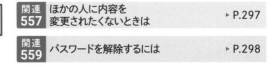

| 関連 557 | ほかの人に内容を変更されたくないときは | ▶ P.297 |
| 関連 559 | パスワードを解除するには | ▶ P.298 |

2021 2019 2016 365
お役立ち度 ★ ★ ★

**Q ほかの人に内容を
変更されたくないときは**

A ［書き込みパスワード］を設定します

ファイルを開くことはできるけれど、スライドを変更できないようにするには、「書き込みパスワード」を設定

します。「書き込みパスワード」を設定したファイルを開くと［パスワード］ダイアログボックスが表示され、パスワードを知っている人はファイルが変更できる状態でファイルを開けます。パスワードを知らない人は[読み取り専用]ボタンをクリックします。読み取り専用で開いたファイルは、編集や保存ができないので安心です。

● ［書き込みパスワード］を設定する

ほかの人がファイルの
編集を行えないように
書き込みパスワードを
設定する

ワザ552を参考に、
［名前を付けて保存］
ダイアログボックスを
表示しておく

1 ［ツール］を
クリック

2 ［全般オプション］を
クリック

［全般オプション］ダイアログ
ボックスが表示された

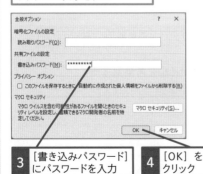

3 ［書き込みパスワード］
にパスワードを入力

4 ［OK］を
クリック

［パスワードの確認］ダイアログ
ボックスが表示された

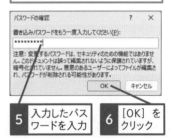

5 入力したパス
ワードを入力

6 ［OK］を
クリック

［名前を付けて保存］
ダイアログボックスが表示された

ワザ552を参考に、
名前を付けて保存し
ておく

ファイルに書き込みパスワードが
設定された

● ［書き込みパスワード］を設定した
ファイルを開く

［書き込みパスワード］が設定されたファイル
を開くと、以下の画面が表示される

1 設定したパス
ワードを入力

2 ［OK］をクリック

| 関連 556 | ファイルを開くための
パスワードを設定したい | ▶ P.296 |
|---|---|---|
| 関連 559 | パスワードを解除するには | ▶ P.298 |

基礎と画面表示
資料作成の基本
文字入力と書式
デザイン スライド
図形
Smart Art
表とグラフ
画像と写真
動画とサウンド
スライドマスター
アニメーション
スライドショー
印刷と配布資料
管理 ファイル
共有と共同作業
連携 アプリ
実践テク プレゼン

558

2021 2019 2016 365
お役立ち度 ★★☆

Q 正しいパスワードを入力したのに正しくないと表示された

A 大文字と小文字は区別されます

パスワードは大文字と小文字の区別があります。入力したパスワードの大文字と小文字が間違っていると異なるパスワードと認識されてしまうので注意しましょう。また、[Caps Lock]キーがオンになっていないかも確認しましょう。

559

2021 2019 2016 365
お役立ち度 ★★★

Q パスワードを解除するには

A パスワード欄に入力した文字を削除します

ワザ556の操作で設定した読み取りパスワードやワザ557の操作で設定した書き込みパスワードを解除するには、[全般オプション]ダイアログボックスを表示して、[読み取りパスワード]欄と[書き込みパスワード]欄に表示されている「*」の記号をすべて削除します。この状態で[OK]ボタンをクリックして、ファイルを保存し直しましょう。

ワザ556を参考に、[全般オプション]
ダイアログボックスを表示しておく

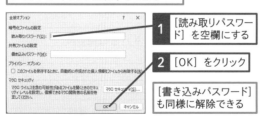

1 [読み取りパスワード]を空欄にする

2 [OK]をクリック

[書き込みパスワード]も同様に解除できる

| 関連 556 | ファイルを開くためのパスワードを設定したい | ▶ P.296 |
| 関連 557 | ほかの人に内容を変更されたくないときは | ▶ P.297 |

560

2021 2019 2016 365
お役立ち度 ★★☆

Q 最終版として保存するには

A [最終版にする]をクリックします

PowerPointの[最終版]で保存すると、変更ができないファイルとなります。[ファイル]タブから[情報]をクリックして[プレゼンテーションの保護]の[最終版にする]をクリックすると、自動的に読み取り専用のファイルとして保存されます。なお、ファイルの作成者のみ下の手順で再編集が可能です。

●最終版として保存する

ワザ567を参考に、[情報]の画面を表示しておく

1 [プレゼンテーションの保護]をクリック

2 [最終版にする]をクリック

3 [OK]をクリック

4 [OK]をクリック

最終版として設定された

●最終版のファイルを再編集する

作成者は[編集する]をクリックするとファイルを変更できる

業務改善打

561

Q ほかのパソコンで見ると
フォントがおかしい

A フォントを埋め込んで保存します

文字に設定できるフォントの種類はパソコンによって
異なります。特に年賀状ソフトなどをインストールする
と、たくさんのフォントがパソコンにインストールされ

る場合があります。ほかのパソコンにインストールされ
ていない特殊なフォントを使ったときは、ほかのパソ
コンでも同じフォントを再現できるように、フォントファ
イルを埋め込んで保存するといいでしょう。ただし、
フォントを埋め込みした分、ファイルサイズは増えます。

ワザ020を参考に [PowerPoint
のオプション] ダイアログボックス
を表示しておく

1 [保存] を
クリック

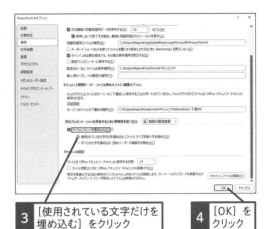

2 [ファイルにフォントを埋め込む] を
クリックしてチェックマークを付ける

3 [使用されている文字だけを
埋め込む] をクリック

4 [OK] を
クリック

フォントファイルが埋め込まれて
保存されるよう設定できた

関連 020	PowerPointの設定を変更したい	▶ P.40

関連 562	ファイルサイズを少しでも節約するには	▶ P.299

562

Q ファイルサイズを
少しでも節約するには

A いくつかの項目をオフしてから
保存します

少しでもファイルサイズを小さくして保存したいときは、
[ファイルにフォントを埋め込む] のチェックマークを
はずします。また、スライドに画像が挿入されている
ときは、画像を圧縮して保存したり、[プレビューの図
を保存する] のチェックマークをはずしたりするとファ
イルサイズが小さくなります。

ワザ020を参考に、[PowerPointのオプション]
ダイアログボックスを表示しておく

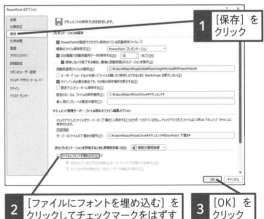

1 [保存] を
クリック

2 [ファイルにフォントを埋め込む] を
クリックしてチェックマークをはずす

3 [OK] を
クリック

ワザ330を参考に画像を圧縮すると、
さらにファイルサイズが節約される

基礎と
画面表示

資料作成
の基本

文字入力
と書式

スライド
デザイン

図形

Smart
Art

表と
グラフ

画像と
写真

動画と
サウンド

スライド
マスター

アニメー
ション

スライド
ショー

印刷と
配布資料

ファイル
管理

共有と
共同作業

アプリ
連携

プレゼン
実践テク

基礎と
画面表示

資料作成
の基本

文字入力
と書式

スライド
デザイン

図形

Smart
Art

表と
グラフ

画像と
写真

動画と
サウンド

スライド
マスター

アニメー
ション

スライド
ショー

印刷と
配布資料

管理 ファイル

共有と
共同作業

連携 アプリ

実践 プレゼン
テク

563

2021 2019 2016 365
お役立ち度 ★ ★ ☆

Q ファイルからコメントや 個人情報などを削除したい

A ［ドキュメント検査］を 実行しましょう

ファイルには、作成者や会社名などの個人情報がプロパティとして保存されます。また、［校閲］タブから挿入したコメントも一緒に保存されているため、そのまま第三者にファイルを渡すと不都合が生じる場合があります。以下の手順で、［ドキュメント検査］を実行すると、個人情報やコメントが残っているかどうかを確認し、まとめて情報を削除できます。

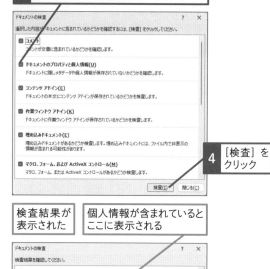

ワザ567を参考に、［情報］の画面を表示しておく

1 ［問題のチェック］をクリック

2 ［ドキュメント検査］をクリック

3 ［ドキュメントのプロパティと個人情報］にチェックマークを付ける

4 ［検査］をクリック

検査結果が表示された

個人情報が含まれているとここに表示される

5 ［すべて削除］をクリック

6 ［閉じる］をクリック

564

2021 2019 2016 365
お役立ち度 ★ ★ ☆

Q ［情報］はどんなときに 使うの?

A ファイルの最終チェックとして 使います

［ファイル］タブをクリックしたときに表示される［情報］には、ファイルのプロパティ情報の編集や個人情報の削除、以前のバージョンとの互換性のチェックなど、最終段階でファイルを第三者に配布できるようにするための機能が用意されています。

565

2021 2019 2016 365
お役立ち度 ★ ★ ★

Q 常に個人情報が保存されない ようにしたい

A プライバシーオプションを 設定します

スライドを修正するたびに、ワザ563の操作で個人情報を削除するのは面倒です。［名前を付けて保存］ダイアログボックスにある［ツール］から［全般オプション］をクリックし、［このファイルを保存するときに、自動的に作成された個人情報をファイルから削除する］のチェックマークを付けると、保存のたびに自動的に個人情報が削除されます。

<table>
<tr><td>基礎と画面表示</td></tr>
<tr><td>資料作成の基本</td></tr>
<tr><td>文字入力と書式</td></tr>
<tr><td>スライドデザイン</td></tr>
<tr><td>図形</td></tr>
<tr><td>Smart Art</td></tr>
<tr><td>表とグラフ</td></tr>
<tr><td>画像と写真</td></tr>
<tr><td>動画とサウンド</td></tr>
<tr><td>スライドマスター</td></tr>
<tr><td>アニメーション</td></tr>
<tr><td>スライドショー</td></tr>
<tr><td>印刷と配布資料</td></tr>
<tr><td>ファイル管理</td></tr>
<tr><td>共有と共同作業</td></tr>
<tr><td>連携アプリ</td></tr>
<tr><td>実践プレゼンテク</td></tr>
</table>

566

2021 | 2019 | 2016 | 365
お役立ち度 ★ ★ ★

Q 自動保存の間隔を変更するには

A ［PowerPointのオプション］画面で変更します

自動保存とは、パソコンのトラブルに備えて、作成中のファイルを定期的に自動保存する機能です。自動保存の間隔は初期状態で10分の設定になっていますが、この間隔は1から120までの範囲で変更できます。ただし、トラブルが起きた際に必ずしも最新のファイルが保存されているとは限りません。自動保存に頼らずに、こまめに上書き保存して最新の状態を保存しておく習慣を心がけましょう。

ワザ020を参考に、［PowerPointのオプション］ダイアログボックスを表示しておく

1 ［保存］をクリック

2 自動的に保存する間隔を入力

3 ［OK］をクリック

指定した間隔でファイルが自動的に保存されるように設定される

関連 **020** PowerPointの設定を変更したい ▶ P.40

関連 **568** ファイルが自動保存されない ▶ P.302

567

2021 | 2019 | 2016 | 365
お役立ち度 ★ ★ ★

Q スライドの内容を前の状態に戻すには

A 自動保存されたファイルを復元します

PowerPointには自動保存の機能が備わっており、手動で保存を実行しなくても、一定の間隔（初期設定では10分）ごとに自動で保存されます。作業中のファイルを少し前の状態に戻すには、［プレゼンテーションの管理］に表示されるファイルから、何回か前に自動保存されたものをクリックして選びましょう。時刻が新しいファイルほど、直近に保存されたファイルであることを示しています。

1 ［ファイル］タブをクリック

2 ［情報］をクリック

自動保存されたファイルが表示されている

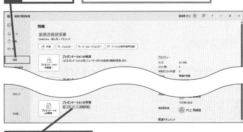

3 時刻をクリック

自動保存されたファイルが表示された

4 ［名前を付けて保存］をクリック

［名前を付けて保存］ダイアログボックスが表示されるので、保存場所を選択して［保存］をクリックしておく

関連 **566** 自動保存の間隔を変更するには ▶ P.301

568

2021 2019 2016 365
お役立ち度 ★ ★ ★

Q ファイルが自動保存されない

A OneDriveに保存したファイルが自動保存の対象です

Microsoft 365では、ファイルをOneDrive（Web上の保存場所）に保存すると、自動的に［自動保存］がオンになり、作業中に変更があるたびに保存されます。ただし、一度もOneDriveに保存していない場合は［自動保存］をオンにすることができません。OneDriveにファイルを保存するには、Microsoftアカウントでサインインする必要があります。

●［自動保存］のオン/オフを確認する

ここがオンになっていないとファイルは自動保存されない

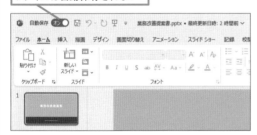

●Microsoftアカウントでサインインしていないとき

1 ［オフ］をクリック

自動保存を有効にする方法

ファイルをアップロードするだけで、変更が行われたときに変更内容が自動で保存されます。

サインイン

2 ［サインイン］をクリック

表示された画面でMicrosoftアカウントを入力してサインインできる

569

2021 2019 2016 365
お役立ち度 ★ ★ ☆

Q 変更履歴を確認したい

A バージョン履歴から復元できます

Microsoft 365では、自動保存したファイルをバージョンとして一覧表示できます。それには、タイトルバーのファイル名をクリックして［バージョン履歴］をクリックします。日付と時刻を手がかりに復元したいファイルをクリックすると、別のウィンドウにそのバージョンのファイルが表示されます。

1 タイトルバーのファイル名をクリック

2 ［バージョン履歴］をクリック

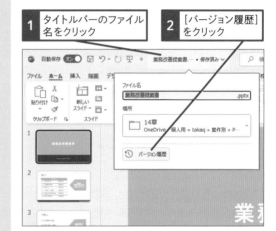

3 復元したいバージョンをクリック

ファイルが復元される

関連 568 ファイルが自動保存されない ▶ P.302

570

Q ［名前を付けて保存］が表示されない！

A ［コピーを保存］を利用します

Microsoft 365で［自動保存］をオンにすると、［ファイル］タブの［名前を付けて保存］のメニューが表示されなくなります。これは、ファイルに加えた変更は常にOneDrive上の元のファイルに反映されるためです。元のファイルとは別のファイルとして保存したいときは、［ファイル］タブの［コピーを保存］をクリックします。

［自動保存］がオンになっていることを確認しておく

1 ［ファイル］タブをクリック

2 ［コピーを保存］をクリック

元のファイルとは別のファイルとして保存する

3 ［保存］をクリック

571

Q 必要なファイルを間違えて削除してしまった！

A ［ごみ箱］に残っている可能性があります

必要なファイルを削除してしまったときは、慌てずに［ごみ箱］を探してみましょう。通常の操作で削除したファイルはいったんごみ箱に移動します。ごみ箱に目的のファイルが残っていた場合は、ファイルを右クリックして表示されるメニューから［元に戻す］をクリックすると、元の保存場所に戻ります。

ここではデスクトップから削除したファイルを元の保存先に戻す

1 デスクトップの［ごみ箱］をダブルクリック

ごみ箱の中身が表示された

目的のファイルが見つかった

2 ファイルを右クリック

3 ［元に戻す］をクリック

ファイルがごみ箱から元の保存先（ここではデスクトップ）に戻った

基礎と画面表示

資料作成の基本

文字入力と書式

スライドデザイン

図形

SmartArt

表とグラフ

画像と写真

動画とサウンド

スライドマスター

アニメーション

スライドショー

印刷と配布資料

ファイル管理

共有と共同作業

連携アプリ

プレゼン実践テク

基礎と
画面表示

資料作成
の基本

文字入力
と書式

スライド
デザイン

図形

Smart
Art

表と
グラフ

画像と
写真

動画と
サウンド

スライド
マスター

アニメー
ション

スライド
ショー

印刷と
配布資料

ファイル
管理

共有と
共同作業

アプリ
連携

プレゼン
実践テク

572

2021 | 2019 | 2016 | 365
お役立ち度 ★ ★ ☆

Q パソコンの中にあるPowerPoint
のファイルを検索したい

A 「*.pptx」のキーワードで
検索します

PowerPointでファイルを保存すると、ファイル名の
後に「.pptx」の拡張子が自動的に付きます。この
拡張子をキーワードにすると、パソコンに保存した
PowerPointのファイルを検索できます。タスクバー
の検索ボックスに「*.pptx」と入力しましょう。「*」
はワイルドカードと呼ばれる記号で、拡張子が一致
すればファイル名は問わないという意味です。

> ここではパソコンに保存されているすべての
> PowerPoint形式のファイルを検索する

1 ここをクリックして
「*.pptx」と入力

2 [ドキュメント] を
クリック

> パソコンにあるPPTX形式の
> ファイルがすべて検索された

573

2021 | 2019 | 2016 | 365
お役立ち度 ★ ★ ☆

Q ファイルを間違って
上書き保存するのを避けたい

A ファイルを読み取り専用に
しましょう

以下の手順でファイルを読み取り専用にして保存す
ると、ファイルを上書き保存しようとしたときに、ファ
イル名を変更して保存する操作が必要になります。
これにより、変更してはいけないファイルを、誤っ
て上書きしてしまうリスクを無くすことができます。

1 ファイルを
右クリック

2 [プロパティ] を
クリック

3 [読み取り専用] をクリック
してチェックマークを付ける

4 [OK] を
クリック

第15章

ファイル共有・スマホの快適ワザ

OneDriveの活用ワザ

マイクロソフトのクラウドサービス「OneDrive」を使うと、PowerPointのファイルをWebに保存して利用できます。ここでは、OneDriveのファイルを活用するワザを紹介します。

574

2021 2019 2016 365
お役立ち度 ★ ★ ☆

Q OneDrive って何?

A Web上の保存場所です

マイクロソフトのクラウドサービスの1つで、Web上の保存場所の名前です。OneDriveに保存したファイルは、インターネットに接続できる環境があれば、パソコンやスマートフォンなどを使ってアクセスできます。

575

2021 2019 2016 365
お役立ち度 ★ ★ ☆

Q Microsoftアカウントとは

A マイクロソフトのクラウドを利用するための専用のIDです

ワザ574でOneDriveの概要を解説しましたが、「マイクロソフトが提供するクラウドサービスを利用するための専用のID」がMicrosoftアカウントです。Microsoftアカウントを取得すると、OneDriveをはじめとするさまざまなサービスを利用できるようになります。なお、Microsoftアカウントを取得すると5GBのOneDriveの保存容量が使えますが、Microsoft 365 Personalに契約すると、1TBの保存場所を使えるようになります。Microsoftアカウントは専用のWebページから無料で取得できます。

576

2021 2019 2016 365
お役立ち度 ★ ★ ☆

Q PowerPointのスライドをOneDriveに保存するには

A 保存場所に[OneDrive]を指定します

PowerPointで作成したファイルは、以下の手順でOneDriveに保存できます。なお、Windows 11では、PowerPointの自動保存がオンになっていると、スライドが自動的にOneDriveに保存されます。

OneDriveに保存するファイルを開いておく

1 [ファイル]タブをクリック

2 [名前を付けて保存]をクリック

3 [OneDrive]をクリック

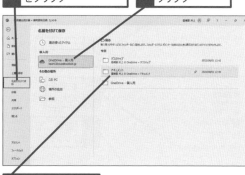

4 保存場所を選択

[名前を付けて保存]ダイアログボックスが表示される

Microsoft 365は[名前を付けて保存]ダイアログボックスは表示されないが、[保存]をクリックすればファイルをOneDriveに保存できる

Q ファイルをOneDriveで共有するには

A [共有] をクリックします

PowerPointの [共有] の機能を使うと、OneDriveに保存したファイルを指定したメンバーに見てもらったり、編集してもらったりできます。なお、相手に編集を許可するには、操作3のメールアドレスの右横にある鉛筆のボタンをクリックし、[編集可能] が選択されていることを確認しましょう。

共有するファイルをPowerPointで表示しておく

1 [共有] をクリック

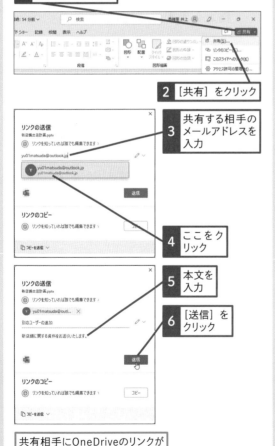

2 [共有] をクリック

3 共有する相手のメールアドレスを入力

4 ここをクリック

5 本文を入力

6 [送信] をクリック

共有相手にOneDriveのリンクが記載されたメールが送信される

Q ほかの人から共有されたファイルを開きたい

A メールに記載された [開く] ボタンをクリックします

ファイルの共有相手に自分が指定されると、メールが届きます。メールに記載された[開く]ボタンをクリックすると、Web版のPowerPointが起動して、共有ファイルが表示されます。

ここでは井上さんが共有したファイルを、松田さんが開く例で操作を解説する

メールソフトやWebメールを開いておく

1 [開く] をクリック

Microsoft Edgeが起動し、OneDrive上で共有されているファイルが表示された

2 [サインイン] をクリック

579

Q 共有されたファイルを編集するには

A [プレゼンテーションの編集]をクリックします

共有ファイルを編集するには、Web版のPowerPointで編集する方法とPowerPointアプリで編集する方法の2種類があります。[プレゼンテーションの編集]をクリックした後で、どちらで編集するかを選ぶと、スライドを自由に編集できるようになります。ただし、Web用のPowerPointで使える機能は制限されています。

●デスクトップのPowerPointで編集する

> ワザ578を参考に、共有されているファイルをMicrosoft Edgeで表示しておく

1 [プレゼンテーションの編集]をクリック

2 [PowerPointで編集]をクリック

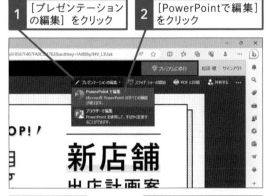

PowerPointが起動した

3 [編集を有効にする]をクリック

スライドが編集可能な状態になった

●Web用のPowerPointで編集する

> ワザ578を参考に、共有されているファイルをMicrosoft Edgeで表示しておく

1 [プレゼンテーションの編集]をクリック

2 [ブラウザーで編集]をクリック

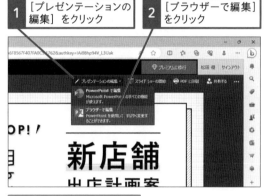

Web用PowerPointで編集できるようになった

📖 役立つ豆知識

Web用のPowerPointを終了するには

Web版のPowerPointを終了したいときは、Webブラウザーのタブを閉じるとそのまま終了します。変更内容はOneDrive上のファイルに自動的に上書きされるので、終了する前に内容を確認しておきましょう。

基礎と画面表示
資料作成の基本
文字入力と書式
スライドデザイン
図形
Smart Art
表とグラフ
画像と写真
動画とサウンド
スライドマスター
アニメーション
スライドショー
印刷と配布資料
ファイル管理
共有と共同作業
アプリ連携
プレゼン実践テク

580

2021 | 2019 | 2016 | 365
お役立ち度 ★ ★ ☆

Q 共有されたスライドにコメントを付けるには

A [校閲]タブの[コメント]をクリックします

共有相手にメッセージを残したいときは、以下の手順で[コメント]機能を利用すると便利です。Web版のPowerPointでコメントを付けるには、画面上部の[コメント]ボタンをクリックします。なお、コメントには自動的に作成者（アプリに設定済みの名前）の名前が表示されます。

1 [校閲]タブをクリック

2 [新しいコメント]をクリック

[コメント]作業ウィンドウが表示された

コメントが投稿されている場合は、ここに表示される

3 コメントの内容を入力

4 [コメントを投稿する]をクリック

コメントが投稿された

581

2021 | 2019 | 2016 | 365
お役立ち度 ★ ★ ☆

Q コメントに返信するには

A [返信]の入力欄に入力します

[コメント]作業ウィンドウには、コメントの作成者と内容が一覧で表示されます。コメントに返信したいときは、目的のコメントの[返信]欄をクリックして、メッセージを入力します。

1 [校閲]タブをクリック

2 [コメントの表示]をクリック

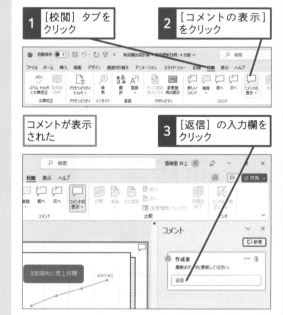

コメントが表示された

3 [返信]の入力欄をクリック

4 返信内容を入力

5 [コメントを投稿する]をクリック

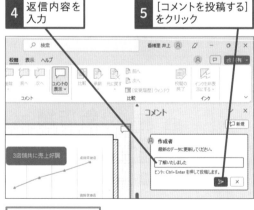

コメントへの返信が投稿される

582

Q プレゼン資料の変更点を確認して反映するには

動画で見る

A [比較] の機能を使いましょう

共有したスライドに他のメンバーが手を加えた内容は、後からまとめて確認できます。まず、共有前のファイルを開き、[校閲] タブの [比較] をクリックしてOneDrive上の共有ファイルを指定します。すると、共有前と共有後のファイルを比較して相違点が表示されるので、ひとつずつ共有前のスライドに反映させるかどうかを指定します。

共有する前のファイルを表示しておく

1 [校閲] タブをクリック

2 [比較] をクリック

3 共有したファイルの保存先を選択

4 共有したファイルをクリック

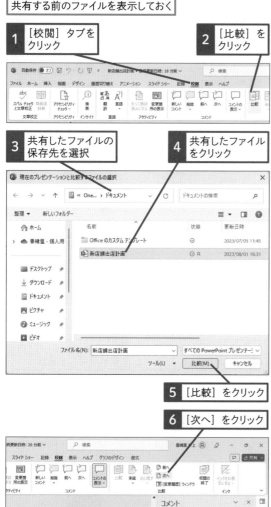

5 [比較] をクリック

6 [次へ] をクリック

グラフが2021年までになっている

7 アイコンをクリック

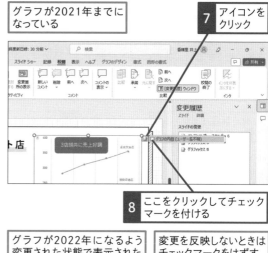

8 ここをクリックしてチェックマークを付ける

グラフが2022年になるよう変更された状態で表示された

変更を反映しないときはチェックマークをはずす

9 [校閲の終了] をクリック

10 [はい] をクリック

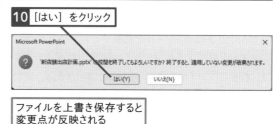

ファイルを上書き保存すると変更点が反映される

関連 569 変更履歴を確認したい ▶ P.302

基礎と画面表示
資料作成の基本
文字入力と書式
スライドデザイン
図形
Smart Art
表とグラフ
写真画像と
動画とサウンド
スライドマスター
アニメーション
スライドショー
印刷と配布資料
ファイル管理
共有と共同作業
連携アプリ
実践テクプレゼン

基礎と画面表示
資料作成の基本
文字入力と書式
スライドデザイン
図形
SmartArt
表とグラフ
画像と写真
動画とサウンド
スライドマスター
アニメーション
スライドショー
印刷と配布資料
ファイル管理
共有と共同作業
アプリ連携
プレゼン実践テク

583

2021 2019 2016 365
お役立ち度 ★ ★ ★

Q ファイルの共有を解除するには

A OneDriveのWebページで [共有を停止] をクリックします

OneDriveでのファイルの共有を解除するには、共有を解除したいファイルを選択して [共有] をクリックします。そうすると、共有の相手が表示されるので、共有を解除したい相手を選択してから [共有を停止] をクリックします。

共有を解除するファイルを開いておく

1 [共有] をクリック

2 [アクセス許可の管理] をクリック

3 共有を解除するユーザー名をクリック

4 [直接アクセス権：編集可能] をクリック

5 [編集可能] をクリック

6 [直接アクセスを削除する] をクリック

7 [削除] をクリック

584

2021 2019 2016 365
お役立ち度 ★ ★ ★

Q 共有ファイルを変更されないようにしたい

A [表示可能] をクリックします

ワザ577の手順でファイルを共有すると、共有相手はファイルを表示するだけでなく、内容の変更もできます。相手にファイルを編集して欲しくないときは、右の手順で共有相手を選んでから [表示可能] をクリックします。

ワザ577の操作3の画面を表示しておく

1 ここをクリックして [表示可能] を選択

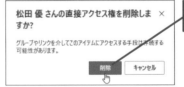

2 [送信] をクリック

関連 577 ファイルをOneDriveで共有するには ▶ P.306

スマートフォンアプリの利用

PowerPointはスマートフォンやタブレット端末でも利用できます。ここでは、スマートフォン用アプリを使うときの疑問を解決します。

基礎と画面表示

資料作成の基本

文字入力と書式

スライドデザイン

図形

SmartArt

表とグラフ

画像と写真

動画とサウンド

スライドマスター

アニメーション

スライドショー

印刷と配布資料

管理

ファイル

共有と共同作業

連携アプリ

プレゼン実践テク

585

2021 2019 2016 365
お役立ち度 ★★☆

Q スマートフォンでPowerPointのスライドを見るには

A 専用のアプリをインストールします

スマートフォンやタブレット端末でPowerPointを利用するには、マイクロソフトが無料で提供している専用のアプリを使用すると便利です。iPhoneの場合は「App Store」、Androidの場合は「Google Play」で

「PowerPoint」のキーワードを入力して検索するといいでしょう。

▼iPhone

▼Android

関連 587	スマートフォンでスライドを編集するには	▶ P.312
関連 588	スマートフォンで新規スライドを作成するには	▶ P.312

586

2021 2019 2016 365
お役立ち度 ★★☆

Q スマートフォンでスライドを表示するには

A ［ファイル］タブからファイルを指定します

PowerPointで作成したスライドをOneDriveに保存しておくと、以下の手順でスマートフォンやタブレットからスライドを表示できます。これなら、外出先や移動時間などの時間を使って、スライドの内容を確認できて便利です。

1 ［ファイル］をタップ

2 ［ドキュメント］をタップ

3 ファイルをタップ

フォルダーに保存されたファイルが表示された

基礎と
画面表示
の基本
資料作成
文字入力
と書式
デザイン
スライド
図形
Smart
Art
表と
グラフ
画像と
写真
動画と
サウンド
スライド
マスター
アニメー
ション
スライド
ショー
印刷と
配布資料
管理
ファイル
共有と
共同作業
連携
アプリ
実践
テク
プレゼン

587

Q スマートフォンでスライドを
編集するには

A ［編集］をタップします

スマートフォンで開いたスライドを編集することもで
きます。ただし、スマートフォン版のPowerPointで
利用できる機能は、製品版よりも制限されています。

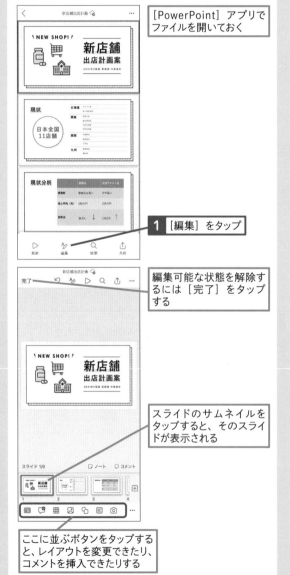

［PowerPoint］アプリで
ファイルを開いておく

1 ［編集］をタップ

編集可能な状態を解除す
るには［完了］をタップ
する

スライドのサムネイルを
タップすると、そのスライ
ドが表示される

ここに並ぶボタンをタップする
と、レイアウトを変更できたり、
コメントを挿入できたりする

588

Q スマートフォンで新規スライド
を作成するには

A ［新しいプレゼンテーション］を
タップします

スマートフォンでいちからスライドを作成することも
可能です。ただし、スマートフォンの画面は小さい
ため、入力や編集がしづらい場合もあるでしょう。
パソコンで作成したスライドをスマートフォンで閲覧
したり部分的に修正するといった使い方が向いてい
ます。

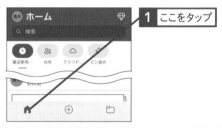

1 ここをタップ

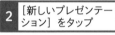

2 ［新しいプレゼンテー
ション］をタップ

新規スライドが
作成された

第**16**章 アプリ連携の快速ワザ

基礎と画面表示 / 資料作成の基本 / 文字入力と書式 / スライドデザイン / 図形 / SmartArt / 表とグラフ / 画像と写真 / 動画とサウンド / スライドマスター / アニメーション / スライドショー / 印刷と配布資料 / ファイル管理 / 共有と共同作業 / アプリ連携 / プレゼン実践テク

Excelとのデータ連携

Excelで作成済みの表やグラフは、そのままスライドに貼り付けて利用できます。ここでは、Excelとデータ連携して使うときの疑問を解決します。

589

サンプル 　2021 2019 2016 365　お役立ち度 ★★★

Q Excelで作成した表をスライドに貼り付けるには

A Excelの表をコピーしてから貼り付けます

プレゼンテーションで使う表をExcelで作成している場合、PowerPointで同じ表を作り直す必要はありません。Excelの表をコピーして、PowerPointのスライドに貼り付けましょう。スライドに貼り付けた表のハンドルをドラッグすると、表のサイズを自由に調整できます。また、表の外枠にマウスポインターを合わせてドラッグすると、表を移動できます。

Excelの表をPowerPointのスライドに貼り付ける

Excelを起動しておく

1 Excelのセルをドラッグして選択

2 [ホーム] タブをクリック

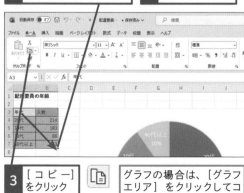

3 [コピー] をクリック

グラフの場合は、[グラフエリア] をクリックしてコピーを実行する

同様の操作で、Excelで作成したグラフもスライドに貼り付けられます。

PowerPointを起動して、貼り付け先のスライドを表示しておく

4 [ホーム] タブをクリック

5 [貼り付け] をクリック

スライドにExcelの表が貼り付けられた

ワザ244とワザ248を参考に、表の大きさや位置を調整する

ショートカットキー　コピー　Ctrl + C

ショートカットキー　貼り付け　Ctrl + V

590

サンプル　2021 2019 2016 365　お役立ち度 ★★★

Q Excelで作成した表の
書式を修正するには

A PowerPointの表として
編集できます

Excelの表を［コピー］ボタンと［貼り付け］ボタンを使ってスライドに貼り付けると、PowerPointの表として扱えるようになります。表の書式を変更したいときは、PowerPointの［テーブルデザイン］タブや［レイアウト］タブを使って自由に変更できます。

> ワザ589を参考に、Excelの表をスライドに貼り付けておく

> 1 ［テーブルデザイン］タブをクリック
> 2 ［テーブルスタイル］をクリック

> 表のデザインを選択できる

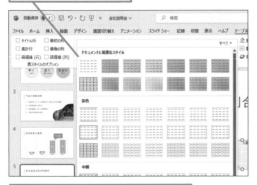

> PowerPoint上で作成した表と同様に、文字やセルの書式の変更などもできる

関連 249 表のデザインを簡単に変更したい ▶ P.149

591

サンプル　2021 2019 2016 365　お役立ち度 ★★★

Q 元のデザインのままで
表やグラフを貼り付けたい

A ［貼り付けのオプション］ボタンから貼り付け方法を変更します

Excelの表やグラフを貼り付けると、Excelで設定した表やグラフの色は、PowerPointのスライドの［テーマ］に合わせて自動的に更新されます。ExcelとPowerPointでファイルに設定したテーマが異なり、Excelファイルに設定したテーマを有効にするには、貼り付け直後に表示される［貼り付けのオプション］ボタンをクリックし、［元の書式を保持］を選択しましょう。

> ワザ589を参考に、Excelの表をスライドに貼り付けておく

> 1 ［貼り付けのオプション］をクリック

> 2 ［元の書式を保持］をクリック

> 表の書式やデータの再編集をしないときは、［図］を選んでもいい

> Excelの表に適用していた書式が有効になった

ショートカットキー　貼り付け
Ctrl + V

592

Q ExcelのグラフとPowerPointのグラフを連動させるには

A [リンク貼り付け]を実行します

Excelのグラフを修正して、PowerPointに貼り付けたグラフに修正結果が反映されるようにするには、[リンク貼り付け]を実行します。以下の手順で[リンク貼り付け]を行うと、スライドに貼り付けたグラフをダブルクリックしたときに、自動的にExcelが起動します。Excel側でグラフを修正してからPowerPointに戻ると、修正結果が反映されていることが確認できます。同じ操作で、Excelの表もリンク貼り付けできます。

Excel側の修正内容が反映されないときは、スライドの表やグラフを右クリックしてから[リンクの更新]をクリックしましょう。

[形式を選択して貼り付け]ダイアログボックスが表示された

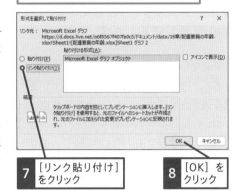

7 [リンク貼り付け]をクリック

8 [OK]をクリック

PowerPointとExcelを起動しておく

1 グラフエリアをクリック

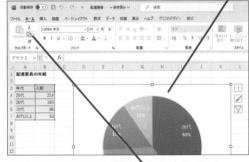

2 [ホーム]タブをクリック

3 [コピー]をクリック

PowerPointに切り替え、グラフを貼り付けたいスライドを表示しておく

4 [ホーム]タブをクリック

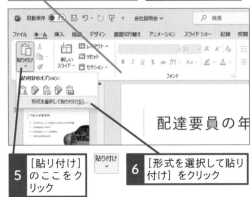

5 [貼り付け]のここをクリック

6 [形式を選択して貼り付け]をクリック

Excelにリンクした状態でスライドにグラフが貼り付けられた

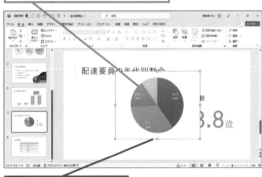

9 グラフをダブルクリック

Excelに画面が切り替わった

Excelでグラフを修正すると、PowerPointのグラフにも自動的に反映される

⏱ ショートカットキー　形式を選択して貼り付け
Ctrl + Alt + V

基礎と画面表示 / 資料作成の基本 / 文字入力と書式 / スライドデザイン / 図形 / Smart Art / 表とグラフ / 画像と写真 / 動画とサウンド / スライドマスター / アニメーション / スライドショー / 印刷と配布資料 / ファイル管理 / 共有と共同作業 / 連携アプリ / プレゼン実践テク

593

Q リンク貼り付けしたグラフの
背景の色を透明にしたい

A グラフをダブルクリックして
Excel画面で修正します

ワザ592の手順でExcelのグラフを[リンク貼り付け]
で貼り付けると、[グラフエリア]に設定されている
色がそのまま適用されます。スライドの背景が透け
て見えるようにするには、グラフをダブルクリックし
てExcelを起動し、[グラフエリア]の[図形の塗り
つぶし]を[塗りつぶしなし]に変更します。

ワザ592を参考に、Excel
のグラフをスライドにリンク
貼り付けしておく

Excelでグラフエリアの
書式を変更する

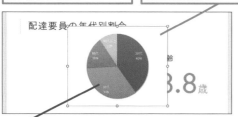

1 グラフをダブルクリック

Excelが起動した

2 グラフの背景を
クリック

3 [書式]タブを
クリック

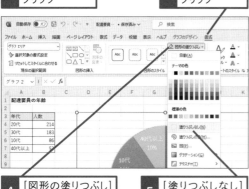

4 [図形の塗りつぶし]
をクリック

5 [塗りつぶしなし]
をクリック

上書き保存を実行し
て、Excelのファイ
ルを閉じておく

グラフの背景色が透明に
なり、スライドの背景が表
示される

594

Q [図]の形式はどれを選べば
いいの？

A [拡張メタファイル]や[Windows
メタファイル]を選びましょう

Excelの表やグラフを画像として貼り付けると、後か
らデータを編集できなくなり、第三者によるデータ
の改ざんを防げます。[形式を選択して貼り付け]ダ
イアログボックスには、いくつかの図の形式が用意
されていますが、一般的には[図(Windowsメタファイ
ル)]や[図(拡張メタファイル)]を使います。[ビッ
トマップ]は拡大するとにじむ可能性があるので注
意しましょう。

595

Q ファイルを開いたら、リンクの
更新を確認する画面が出た！

A [リンクの更新]ボタンを
クリックしましょう

ワザ592の手順でリンク貼り付けを実行すると、ス
ライドに貼り付けた表やグラフは常にExcelファイル
のデータを参照します。PowerPointのファイルを開
くたびにリンクの更新を促すメッセージが表示され
るので、[リンクを更新]ボタンをクリックしましょう。
このとき、元のExcelのファイルを削除したり、保存
先を移動したりすると、更新できない旨のメッセー
ジが表示されます。その場合は、もう一度、Excel
の表やグラフを貼り付け直しましょう。

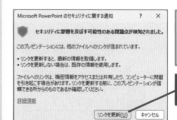

ファイルを開いた
とき、リンクの更
新に関する画面
が表示された

1 [リンクを更新]
をクリック

Wordとのデータ連携

PowerPointはWordとも強い連携機能があり、Wordの文書をスライドに読み込んだり、スライドの内容をWordに送信したりすることができます。Wordとの連携テクニックを紹介しましょう。

596

サンプル

2021 2019 2016 365
お役立ち度 ★★★

動画で見る

Q Wordの文書から スライドを作成するには

A [アウトラインからスライド]の 機能を使います

プレゼンテーションで使う企画書や提案書がWordで作成済みという場合は、作業時間を短縮できます。[アウトラインからスライド]の機能を使って、Word文書の文字をPowerPointのスライドに読み込みましょう。ただし、文書内に挿入してある表やグラフ、画像、図形はスライドに読み込めません。表や画像を使いたいときは、Word文書からコピーして使いましょう。

PowerPointで読み込む前に、ワザ597を参考にWordの文書に見出しを設定しておく

見出しを設定できたら、Wordの文書を保存して閉じておく

PowerPointを起動しておく

1 [ホーム]タブ をクリック

2 [新しいスライド] のここをクリック

新しいスライド

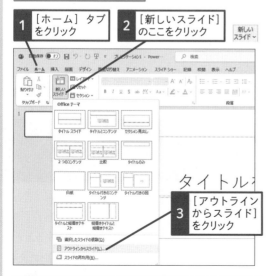

3 [アウトライン からスライド] をクリック

タイトル

[アウトラインの挿入]ダイアログボックスが表示された

4 Wordの文書を クリック

5 [挿入]を クリック

Wordの文書からスライドが作成された

[見出し1]のスタイルに設定した文字がタイトルとして表示される

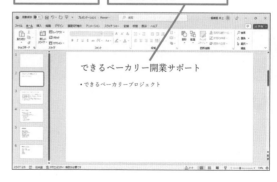

できるベーカリー開業サポート
- できるベーカリープロジェクト

関連 597 Wordの文書をうまくスライドに分けるには ▶ P.318

関連 599 スライドの修正に合わせてWordの資料を更新するには ▶ P.318

基礎と画面表示 / 資料作成の基本 / 文字入力と書式 / スライドデザイン / 図形 / SmartArt / 表とグラフ / 画像と写真 / 動画とサウンド / スライドマスター / アニメーション / スライドショー / 印刷と配布資料 / ファイル管理 / 共有と共同作業 / アプリ連携 / プレゼン実践テク

597

2021 2019 2016 365
お役立ち度 ★★☆

Q Wordの文書を
うまくスライドに分けるには

A 見出しスタイルを適用して
おきましょう

Wordの文書をPowerPointに読み込むと、Wordの
[見出し1]のスタイルがスライドのタイトルとして読
み込まれます。同様に[見出し2]が箇条書き、[見
出し3]がレベルの下がった箇条書きとして読み込
まれます。Wordで[見出しスタイル]をあらかじめ
設定しておくと、PowerPointでスライドを修正する
手間が省けます。

Wordの文書で見出しを設定する

1 スライドのタイトルにしたい
文字をドラッグして選択

2 [ホーム]タブ
をクリック

3 [その他]
をクリック

4 [見出し1]を
クリック

選択した文字に見出しが
設定された

ほかの箇所にも見出し
を設定しておく

598

2021 2019 2016 365
お役立ち度 ★★☆

Q Wordの文書にあった
表やグラフが読み込めない

A 文字しか読み込まれません

[アウトラインからスライド]でPowerPointに読み
込まれるのは、Word文書の文字だけです。Word
文書にある表やグラフは、[コピー]ボタンでコピー
してから[貼り付け]ボタンでスライドに貼り付けま
しょう。

599

2021 2019 2016 365
お役立ち度 ★★☆

Q スライドの修正に合わせて
Wordの資料を更新するには

A [リンク貼り付け]を実行します

ワザ538の手順でスライドをWordに送信するとき
に、[リンク貼り付け]を選択すると、スライドの修
正に合わせてWord文書も自動的に更新されるよう
に設定できます。ただし、更新されるのはWord文
書に貼り付けられたスライドの画像だけで、ノート
に入力した文字の内容は含まれません。

ワザ538を参考に[Microsoft Wordに送る]
ダイアログボックスを表示しておく

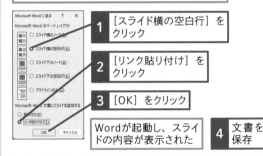

1 [スライド横の空白行]を
クリック

2 [リンク貼り付け]を
クリック

3 [OK]をクリック

Wordが起動し、スライ
ドの内容が表示された

4 文書を
保存

作成したWordの文
書を開くと、以下の
画面が表示される

[はい]をクリックすると、
Wordの文書がスライドの内
容に合わせて更新される

600

2021 2019 2016 365
お役立ち度 ★★☆

Q スライドとノートをWordで
印刷するには

A スライドをWordに送信します

ワザ538の手順でスライドをWordに送信するとき
に、[スライド横のノート]や[スライド下のノート]
を選ぶと、スライドとノートの内容をまとめてWord
に送信して印刷できます。

そのほかのデータ連携

WebページのデータやPDFなどのデータもPowerPointで利用できます。また、オンライン会議アプリと連携してスライドを利用することもできます。

基礎と画面表示
資料作成の基本
文字入力と書式
スライドデザイン
図形
SmartArt
表とグラフ
写真と画像
動画とサウンド
スライドマスター
アニメーション
スライドショー
印刷と配布資料
ファイル管理
共有と共同作業
アプリ連携
プレゼン実践テク

601

2021 2019 2016 365
お役立ち度 ★ ★ ☆

Q Webページ上の画像をスライドに貼り付けるには

A 画像を右クリックしてコピーします

Webページ上の写真やイラストなどをPowerPointのスライドで利用するには、写真やイラストを右クリックでコピーしてスライドに貼り付けます。よく使う画像は、Webページの画像を右クリックして表示されるメニューから[名前を付けて画像を保存]をクリックして、パソコンに保存しておくといいでしょう。

> ここでは、Webブラウザーで表示した画像をスライドに挿入する

> 1 使いたい画像の上で右クリック
> 2 [画像をコピー]をクリック

> 3 [ホーム]タブをクリック
> 4 [貼り付け]をクリック

PowerPoi
入門書の決

> スライドに画像が挿入された
> 画像の位置や大きさを調整しておく

602

2021 2019 2016 365
お役立ち度 ★ ★ ☆

Q PDFファイルの文章をスライドに使うには

A 文章をドラッグしてから[コピー]します

PDFとは、パソコンの機種や環境に関係なくファイルを読める形式で、文書の閲覧に広く利用されています。PDFファイルの文章をスライドで利用するときは、元になる文字列をコピーしてから、PowerPointの[貼り付け]ボタンを使ってスライドに貼り付けます。ただし、文字のコピーを禁止したPDFファイルからはコピーを実行できません。

また、WordでPDFファイルを開いて編集してから、スライドにコピーしてもいいでしょう。Wordで通常のファイルを開くときと同じ操作で、PDFファイルを開くことができます。

> ⏱ ショートカットキー　貼り付け　Ctrl + V

603

2021 2019 2016 365
お役立ち度 ★ ★ ★

Q Webページ上の画像を勝手に利用しても大丈夫?

A 著作権に注意しましょう

原則として、Webページ上の文章や画像などには著作権があり、無断での使用は違法行為です。ただし、個人的に使用する目的で利用可能なものや、著作権がフリーのものもあります。Webページの「利用規約」などのルールを確認してから使いましょう。

基礎と
画面表示

資料作成
の基本

文字入力
と書式

スライド
デザイン

図形

Smart
Art

表と
グラフ

画像と
写真

動画と
サウンド

スライド
マスター

アニメー
ション

スライド
ショー

印刷と
配布資料

ファイル
管理

共有と
共同作業

連携
アプリ

プレゼン
実践テク

604

2021 2019 2016 365
お役立ち度 ★ ★ ★

Q Teamsでスライドを見せるには

A [共有]をクリックしてスライドを指定します

Microsoft Teams(マイクロソフトチームズ)は、マイクロソフトが提供するオンライン会議アプリです。会議中にPowerPointで作成したスライドを資料としてメンバーに見せれば、情報を素早く共有できます。また、オンラインでスライドショーを実行することも可能です。ここではPowerPointのスライドを共有していますが、同じ操作で他のアプリの画面を表示して共有することもできます。

相手に見せるPowerPointの
ファイルを開いておく

Teamsで会議を
開始しておく

1 [共有]をクリック

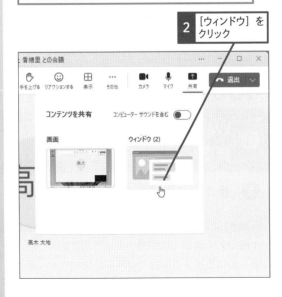

Microsoft 365のPowerPointは、PowerPointの右上の[Teamsでプレゼンテーション]をクリックしても共有できる

2 [ウィンドウ]をクリック

表示されている画面の
一覧が表示された

3 PowerPointの
ファイルをクリック

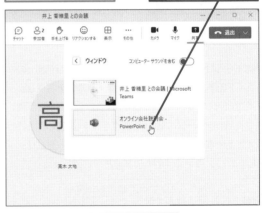

PowerPointのファイルが共有された

関連479	スライドショーをビデオ形式で保存するには	▶ P.260
関連519	スライドショーをWebで公開するには	▶ P.276
関連605	Zoomでスライドを見せるには	▶ P.321

605

2021 2019 2016 365
お役立ち度 ★★☆

Q Zoomでスライドを見せるには

A ［画面共有］をクリックしてスライドを指定します

Zoom（ズーム）は、Zoomビデオコミュニケーションズが提供するオンライン会議アプリです。Zoomの会議中に［画面共有］をクリックすると、開いているファイルの一覧が表示されるので、見せたいPowerPointのファイルを指定します。

相手に見せるPowerPointのファイルを開いておく

Zoomで会議を開始しておく

1 ［画面共有］をクリック

［共有するウィンドウまたはアプリケーションの選択］ダイアログボックスが表示された

2 ［共有］をクリック

PowerPointの画面が共有された

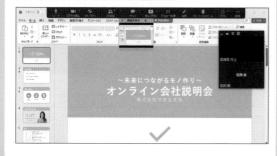

606

2021 2019 2016 365
お役立ち度 ★★☆

Q Zoomの背景にスライドを表示するには

A ［バーチャル背景としてのPowerPoint］をクリックします

スライドをZoomの背景として設定すると、スライドと発表者の画像が同時に表示されます。この状態でスライドショーを実行すれば、対面でのプレゼンテーションに近い感覚で利用できます。

ワザ605を参考に、［共有するウィンドウまたはアプリケーションの選択］ダイアログボックスを表示しておく

1 ［詳細］タブをクリック

2 ［PowerPointをバーチャル背景に使用］をクリック

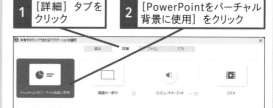

3 ［共有］をクリック

「PowerPointをバーチャル背景として共有するにはプラグインが必要です」と表示されたら［インストール］をクリックして、再度操作1からやり直す

4 ファイルの保存場所を選択

5 ファイルをクリック

6 ［開く］をクリック

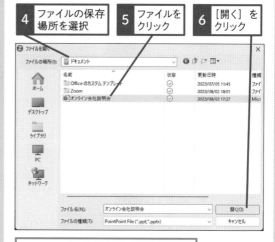

Zoomの背景にPowerPointの内容が表示される

基礎と
画面表示

資料作成
の基本

文字入力
と書式

スライド
デザイン

図形

Smart
Art

表と
グラフ

画像と
写真

動画と
サウンド

スライド
マスター

アニメー
ション

スライド
ショー

印刷と
配布資料

ファイル
管理

共有と
共同作業

連携
アプリ

プレゼン
実践テク

第17章 1つ上のプレゼンに役立つ実践ワザ

スライドを印象的に仕上げる実践ワザ

PowerPointの機能そのものを理解していても、どう使ってどう見せるかで印象が変わります。この章では、スライドの要素をより魅力的に見せるための実践テクニックを紹介します。

607

2021 2019 2016 365
お役立ち度 ★★★

Q 写真とスライドのデザインに一体感を演出したい

A ［図形に合わせてトリミング］機能を活用します

下図のように、六角形の図形がデザインされたスライドに画像を入れるときは、画像の形も六角形にトリミングしたほうがスライド全体の統一感が生まれます。図形と画像のサイズをぴったり合わせるには、最初に図形の高さと幅を確認し、次に画像の高さと幅を数値で指定するといいでしょう。

ワザ317を参考に写真を下に重なった画像と同じ図形でトリミングすると一体感が出る

608

2021 2019 2016 365
お役立ち度 ★★☆

Q 図形の線にひと手間加えて印象を変える

A ［スケッチ］機能を活用します

下図のように図形の枠線を手書き風に変えると、内容がドラフト状態（＝下書き）であることが伝わりやすくなります。図形の枠線が実線ならば決定事項、手書き風ならドラフトといった具合に、プレゼンテーションの中でルールを決めて、そのルールに沿って使いましょう。

ワザ208を参考に図形の枠線を［曲線］にすると手書きのような雰囲気を出せる

609

Q グラデーションと写真を組み合わせた表紙を作る

動画で見る

A 背景の設定と図形の透明度を工夫しましょう

スライドの背景に表示した画像の上に四角形の図形を描画して、グラデーションと透明度を設定します。そうすると、グラデーション付きの図形から後ろの写真を透かして見ることができます。このとき、濃い色の背景には文字の色を明るくするなどして、スライドの文字が読みづらくならないように注意しましょう。

1 写真を背景に設定する

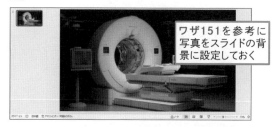

ワザ151を参考に写真をスライドの背景に設定しておく

2 図形を追加する

ワザ158を参考にスライドを同じ大きさの［正方形/長方形］の図形を追加しておく

3 図形にグラデーションを設定する

1 ［図形の書式］タブをクリック

2 ［図形の塗りつぶし］をクリック

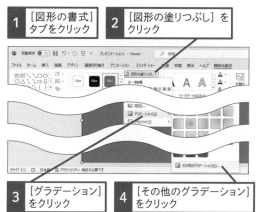

3 ［グラデーション］をクリック

4 ［その他のグラデーション］をクリック

---

5 ワザ175を参考にグラデーションを設定

6 ［図形の枠線］をクリック

7 ［枠線 なし］をクリック

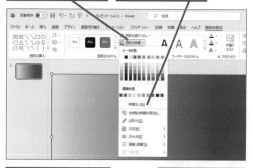

8 ［分岐点 1/2］をクリック

9 ［透明度］に「50」と入力

グラデーションの半分が透明になり、背景の写真が表示された

新製品の販売戦略

営業部・大山修志

基礎と画面表示

資料作成の基本

文字入力と書式

スライドデザイン

図形

Smart Art

表とグラフ

画像と写真

動画とサウンド

スライドマスター

アニメーション

スライドショー

印刷と配布資料

ファイル管理

共有と共同作業

アプリ連携

プレゼン実践テク

610

サンプル

2021 2019 2016 365

お役立ち度 ★★★

Q 文字にグラデーションを使って印象的に仕上げたい

動画 で見る

A 太字のフォントを選ぶのがポイントです

［図形の書式］タブにある［文字の塗りつぶし］ボタンから［グラデーション］を選ぶと、テキストボックスやプレースホルダー内の文字にもグラデーションを設定できます。このとき、文字に太字のフォントを設定しておくと、グラデーションがはっきりして見えやすくなります。

1 テキストボックスなど追加する

ワザ058などを参考にグラデーションを設定するテキストボックスなどを追加しておく

太字のフォントを選択しておく

2 ［図形の書式設定］画面を表示する

1 ［図形の書式］タブをクリック

2 文字の塗りつぶし］をクリック

3 ［グラデーション］をクリック

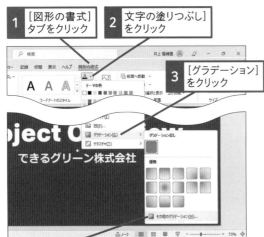

4 ［その他のグラデーション］をクリック

3 グラデーションの方向を設定する

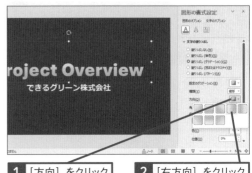

1 ［方向］をクリック

2 ［右方向］をクリック

4 グラデーションを設定する

1 ［塗りつぶし（グラデーション）］をクリック

2 ワザ175を参考にグラデーションを設定

3 続けて設定するテキストボックスをクリックして選択

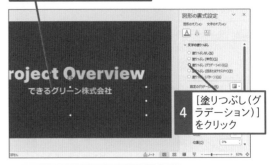

4 ［塗りつぶし（グラデーション）］をクリック

操作2で設定されたグラデーションが自動的に設定される

611

Q 表の罫線を少なくして スッキリ見せる

A 表スタイルのオプションの選び方がポイントです

表の罫線が多すぎると、情報を見るときの邪魔になります。下図のように、縦罫線を消して色数を減らすとすっきりします。さらに、アピールポイントの文字の色を変更すると、ポイントが伝わりやすくなります。

1 表を追加する

ワザ237を参考に表を追加しておく

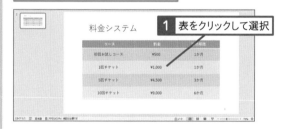

1 表をクリックして選択

2 テーブルスタイルを変更する

1 [テーブルデザイン]タブをクリック

2 [テーブルスタイル]をクリック

3 [中間スタイル 1 - アクセント3]をクリック

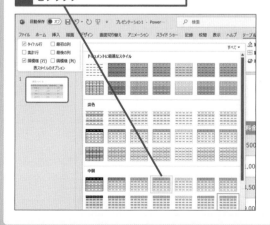

3 表スタイルのオプションを設定する

表の縞模様を表示しないように設定する

1 [縞模様（行）]をクリックしてチェックマークをはずす

4 目立たせる行の書式を変更する

行の縞模様が非表示になった

1 行をドラッグして選択

2 ワザ093を参考にフォントのサイズを変更

フォントの色を変更しておくと、表をスッキリとさせつつアピールしたいポイントを目立たせられる

基礎と画面表示
資料作成の基本
文字入力と書式
スライドデザイン
図形
Smart Art
表とグラフ
画像と写真
動画とサウンド
スライドマスター
アニメーション
スライドショー
印刷と配布資料
ファイル管理
共有と共同作業
アプリ連携
プレゼン実践テク

612

2021 2019 2016 365
お役立ち度 ★★☆

Q 画像を使った一味違う 箇条書きを作る

A 行頭文字に画像を設定して オリジナリティを出しましょう

箇条書きの行頭文字にスライドの内容に合った画像を利用すると、オリジナリティを演出できます。行頭文字のサイズを拡大したときは、行頭文字と箇条書きの縦の配置が揃うように、[文字の配置] を [中央揃え] に変更して見栄えを整えます。

行頭文字に画像を使うことで箇条書きを目立たせられる

●設定のワンポイント

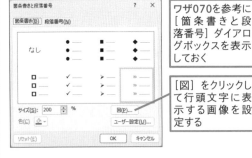

ワザ070を参考に [箇条書きと段落番号] ダイアログボックスを表示しておく

[図] をクリックして行頭文字に表示する画像を設定する

613

2021 2019 2016 365
お役立ち度 ★★★

Q 箇条書きをグッと 読みやすくする

A 行間を調整してグルーピングして 見せましょう

箇条書きの上下の間隔が詰まっていると、読みづらい上に窮屈な印象を与えます。箇条書きが1行単位のときは、全体の行間を広げるだけでいいですが、段落単位で間隔を広げるときは [段落前] や [段落後] を指定して、箇条書きの塊ごとに見せるようにしましょう。

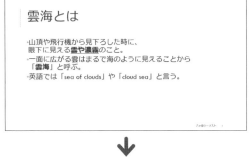

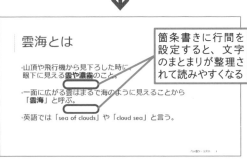

箇条書きに行間を設定すると、文字のまとまりが整理されて読みやすくなる

●設定のワンポイント

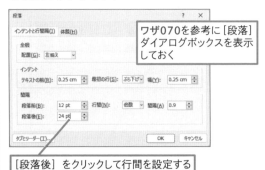

ワザ070を参考に [段落] ダイアログボックスを表示しておく

[段落後] をクリックして行間を設定する

基礎と画面表示

資料作成の基本

文字入力と書式

スライドデザイン

図形

Smart Art

表とグラフ

画像と写真

動画とサウンド

スライドマスター

アニメーション

スライドショー

印刷と配布資料

ファイル管理

共有と共同作業

連携アプリ

プレゼン実践テク

614

Q スライドショーで箇条書きを
理解しやすくするには

A 順番に表示されるアニメーションを
うまく活用しましょう

アニメーションには説明する内容の理解を助ける役
目があります。箇条書きを1行ずつ順番に表示するア
ニメーションを付けると、説明している内容だけに
注目を集めることで、聞き手の理解を助け、プレゼ
ンテーションを円滑に進行する効果が生まれます。

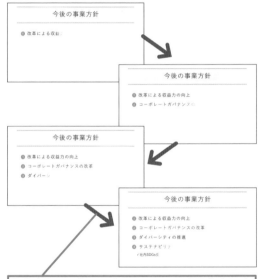

箇条書きの順番に沿ったアニメーションを設定すれば、
より理解しやすくしつつ注目も集められる

●設定のワンポイント

ワザ431を参考に箇条書きに
アニメーションを設定する

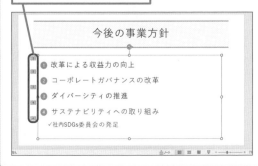

615

Q グラフのデータに注目を
集めるデザインテクニック

A 無彩色を利用してメリハリを
つけましょう

グラフの色はカラフルだからいいとは限りません。
見て欲しい箇所に聞き手の注目を集めるには、グラ
フの主役が目立つように色を変えるといいでしょう。
無彩色を上手に利用すると、自然と主役の色が引
き立ちます。

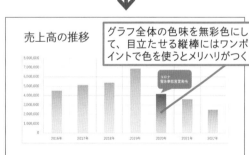

グラフ全体の色味を無彩色にし
て、目立たせる縦棒にはワンポ
イントで色を使うとメリハリがつく

●設定のワンポイント

縦棒をクリックしてグレーなど
の無彩色に設定しておく

ワザ281を参考に目立た
せる縦棒の色を変更する

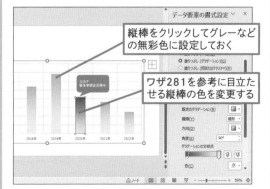

616

サンプル　2021 2019 2016 365
お役立ち度 ★ ★ ★

Q 円グラフをスッキリと見せる
デザインテクニック

A グラフの種類とデータラベルに
表示するデータを見直しましょう

円グラフは凡例を見なくても、データごとの割合が瞬時に分かることが大切です。それには、凡例を削除してデータラベルをグラフ内に表示するといいでしょう。また、グラフの種類や表示形式を変更したり、テキストボックスの図形を配置して、数値や割合などを表示するのも効果的です。

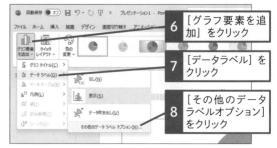

6 [グラフ要素を追加] をクリック

7 [データラベル] をクリック

8 [その他のデータラベルオプション] をクリック

9 [分類名] をクリックしてチェックマークをはずす

10 [値] をクリックしてチェックマークを付ける

11 [パーセンテージ] をクリックしてチェックマークをはずす

12 [引き出し線を表示する] をクリックしてチェックマークをはずす

13 [表示形式] をクリック

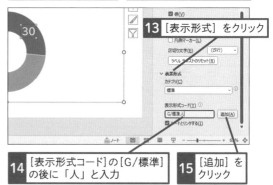

14 [表示形式コード] の [G/標準] の後に「人」と入力

15 [追加] をクリック

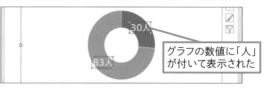

グラフの数値に「人」が付いて表示された

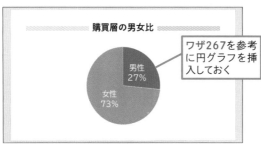

ワザ267を参考に円グラフを挿入しておく

1 グラフをクリックして選択

2 [グラフのデザイン] タブをクリック

3 [グラフの種類の変更] をクリック

4 [ドーナツ] をクリック

5 [OK] をクリック

購買層の男女比

女性 73% / 購入者 113人 / 男性 27%

ワザ058を参考にテキストボックスなどを追加する

617

Q 縦棒グラフでデータの差を 分かりやすくするワンポイントワザ

A 直線を追加してデータの差を 視覚化しましょう

グラフを提示しても、ポイントが伝わらなければ失敗です。下図のように7月と11月の数値の差を強調したいのであれば、「差」が明確に分かるように直線を利用するといいでしょう。さらにテキストボックスを使ってポイントを添えておけば、ひと目でグラフの意図が伝わります。

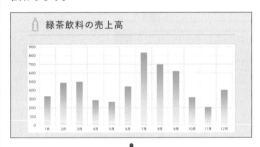

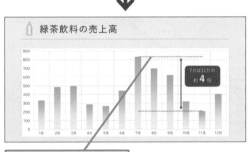

直線を追加することで差を 分かりやすく表現できる

1 直線を追加する

ワザ161を参考に直線を追加しておく

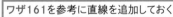

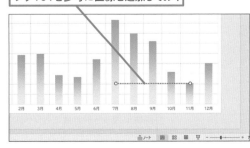

2 追加した直線をコピーする

追加した直線を真上にコピーする

1 コピーする直線にマウスポインターを合わせる

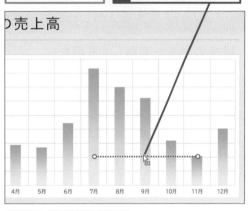

2 Ctrl キーを押しながら上にドラッグ

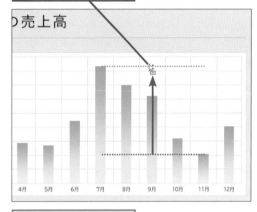

同じ長さの直線を真上にコピーできた

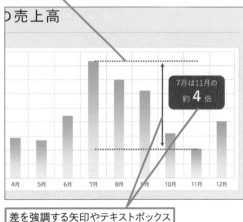

差を強調する矢印やテキストボックスなどを追加しておく

基礎と画面表示

資料作成の基本

文字入力と書式

スライドデザイン

図形

SmartArt

表とグラフ

画像と写真

動画とサウンド

スライドマスター

アニメーション

スライドショー

印刷と配布資料

ファイル管理

共有と共同作業

連携アプリ

プレゼン実践テク

基礎と画面表示
資料作成の基本
文字入力と書式
スライドデザイン
図形
Smart Art
表とグラフ
写真と画像
動画とサウンド
スライドマスター
アニメーション
スライドショー
印刷と配布資料
ファイル管理
共有と共同作業
連携アプリ
プレゼン実践テク

618

サンプル

2021 2019 2016 365
お役立ち度 ★★★

Q 折れ線グラフの凡例をもっと分かりやすくするには

A 視線の動きを意識して凡例を配置しましょう

凡例はグラフの下や右に表示されることが多いため、いちいちグラフと凡例の間で視線を動かす必要があります。また、折れ線グラフの線の数が多いと、データを読み間違える心配もあります。データラベルを凡例代わりに使うと、グラフのそばにデータの種類を表示できるので、視認性が格段にアップします。

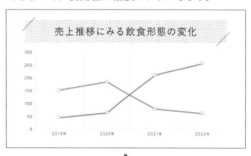

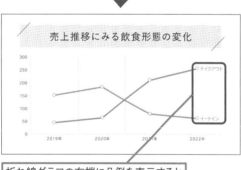

折れ線グラフの右端に凡例を表示すると直感的に分かりやすくなる

1 凡例を表示するマーカーを選択する

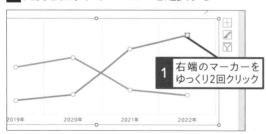

1 右端のマーカーをゆっくり2回クリック

2 データラベルの設定を変更する

1 [グラフのデザイン] タブをクリック

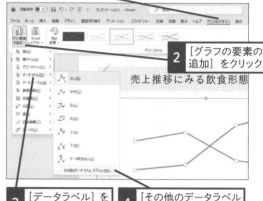

2 [グラフの要素の追加] をクリック

3 [データラベル] をクリック

4 [その他のデータラベルオプション] をクリック

5 [系列名] をクリックしてチェックマークを付ける

6 [値] をクリックしてチェックマークをはずす

7 [引き出し線を表示する] をクリックしてチェックマークをはずす

8 [ラベルの位置] の [右] が選択されていることを確認

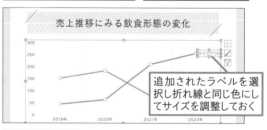

追加されたラベルを選択し折れ線と同じ色にしてサイズを調整しておく

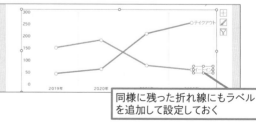

同様に残った折れ線にもラベルを追加して設定しておく

619

Q 写真やイラストのインパクトを上げるテクニック

A ［変形］機能を使って動かしましょう

画像や図形などの位置や形を変えながら動かす［変形］機能は、画面切り替えの動きのひとつです。［変形］機能は、2枚のスライドを比較して、異なる部分だけを動かすものです。1枚目のスライドをコピーして2枚目のスライドの画像や図形の位置や角度を調整すると、元になる2枚のスライドを手早く作成できます。

1 3D のイラストを追加する

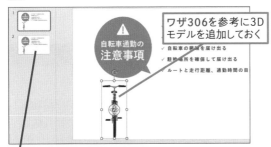

> ワザ306を参考に3Dモデルを追加しておく

1 スライドを複製しておく

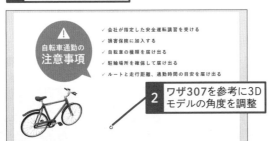

> **2** ワザ307を参考に3Dモデルの角度を調整

3 2枚目のスライドをクリック

4 3Dモデルを移動先の位置にドラッグして移動

> **5** ワザ307を参考に3Dイラストの角度を調整

2 画面切り替え効果を設定する

> 2枚目のスライドが選択されていることを確認しておく

1 ［画面切り替え］タブをクリック

2 ［変形］をクリック

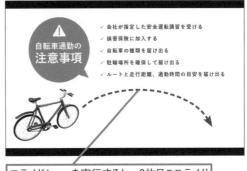

> スライドショーを実行すると、2枚目のスライドを表示したときに3Dモデルが動く

基礎と画面表示

資料作成の基本

文字入力と書式

スライドデザイン

図形

SmartArt

表とグラフ

画像と写真

動画とサウンド

スライドマスター

アニメーション

スライドショー

印刷と配布資料

ファイル管理

共有と共同作業

連携アプリ

プレゼン実践テク

基礎と
画面表示

資料作成
の基本

文字入力
と書式

スライド
デザイン

図形

Smart
Art

表と
グラフ

画像と
写真

動画と
サウンド

スライド
マスター

アニメー
ション

スライド
ショー

印刷と
配布資料

ファイル
管理

共有と
共同作業

アプリ
連携

実践テク
プレゼン

プレゼンテーションの現場で使える実践ワザ

この章では、スライドを分かりやすく見せるためのルールやコツを解説します。また、プレゼンテーションを行う際の心構えやマナーについても紹介します。

620

2021 2019 2016 365
お役立ち度 ★ ★ ★

Q スムーズなプレゼン資料作りのコツは?

A まずは文字だけでおおまかな流れを作りましょう

プレゼンテーション資料を作成するときは、最初から1枚ずつじっくり作りこむのは避けたほうがいいでしょう。作業中のスライドしか見えなくなり、全体の流れや統一感を失う場合があるからです。まずは文字だけを入力して全体の構成を練ることから始めます。デザインを決めたり写真やグラフを入れたりするよりも前に、構成をしっかり固めましょう。

🔖 役立つ豆知識

説明の順番を熟考する

プレゼンテーションは、最初に結論を述べるか、問題点を提起してから結論を述べるかで全体の印象が変わります。プレゼンテーションの目的や聞き手を分析し、効果的な順番を考えましょう。

621

2021 2019 2016 365
お役立ち度 ★ ★ ★

Q いいプレゼンって何?

A 分かりやすいスライドと話し方が重要です

プレゼンが成功する鍵は「スライド」と「話し方」です。デザインやアニメーション一辺倒ではなく、聞き手が理解しやすいスライドは説得力があります。また、スライドを説明するときの話し方も重要です。早口だったり、スライド内容を読むだけでは印象がよくありません。「スライド」と「話し方」は、どちらもいいプレゼンに必要不可欠な要素です。

622

2021 2019 2016 365
お役立ち度 ★ ★ ★

Q プレゼンの時間が決まっているときは何枚のスライドが必要?

A 1スライドで2分〜3分を目安にしましょう

スライドの内容や聞き手などによっても必要な枚数は違うので、一概にスライドの適正枚数を決めるのは難しいものです。ただし、1スライドで2分〜3分ぐらいで話すとテンポよく進行できると言われています。そうすると、20分のプレゼンならだいたい10枚ぐらい、40分のプレゼンなら20枚ぐらいのスライドがひとつの目安になります。

623

Q プレゼンのライブ感を出す テクニック

A ペンを使ってスライドに 書き込みましょう

スライドショーの実行中に［ペン］の機能を使ってスライド上に線や図形などを書き込むと、その場で操作しているライブ感が生まれます。なお、Ctrl+Pキーでペンの開始と終了、Ctrl+Eキーで消しゴムの開始と終了、Eキーでペンを消去する操作を覚えておくと、スライドショーでスマートにペンの機能を使えます。

ワザ500を参考に［スライドショー］ツールバーを表示

蛍光ペンを使うと書き込んだ部分が分かりやすい

- レーザーポインター
- ペン
- 蛍光ペン
- 消しゴム
- スライド上のインクをすべて消去

ワザ502を参考に事前に色を変えておくとスムーズにプレゼンテーションが進められる

● モノ作りを通しての⟨ しい発見の体験

指示した部分を囲んだり、下線を引いたりすることで、聞き手にその場で重要なポイントをアピールできる

関連 500	スライドショーの実行中に手書きで線を引くには	▶ P.268
関連 501	メニューを表示せず、すぐにペンで書き込みたい	▶ P.268
関連 502	ペンの色を赤以外にしたい	▶ P.268

ショートカットキー	消しゴム Ctrl+E
ショートカットキー	蛍光ペン Ctrl+I
ショートカットキー	レーザーポインター Ctrl+L

基礎と
画面表示
資料作成
の基本
文字入力
と書式
スライド
デザイン
図形
Smart
Art
表と
グラフ
画像と
写真
動画と
サウンド
スライド
マスター
アニメー
ション
スライド
ショー
印刷と
配布資料
ファイル
管理
共有と
共同作業
連携
アプリ
プレゼン
実践テク

624

Q 長々とした文章を分かりやすくするには

A 箇条書きで要点をまとめましょう

長い文章は「読ませる」→「理解させる」というステップが必要なため、プレゼンには不向きです。長文を分かりやすくするには、まず短い文章に分解します。次に、キーワードだけが残るように簡潔にまとめます。最後に関連する箇条書きを並べてグルーピングします。完成した箇条書きを読み返して、過不足がないことを確認するようにすると、つまらないミスを防止できます。

> 長文をそのまま使うと聞き手に伝わりにくくなり、プレゼンテーションでも説明しにくい

雲海とは

山頂や飛行機から見下ろした時に、眼下に見える雲や濃霧のことです。一面に広がる雲はまるで海のように見えることから「雲海」と呼ばれます。英語では「sea of clouds」や「cloud sea」と言われています。

> 内容を箇条書き区切って見せることで聞き手が理解しやすくなるだけでなく、説明する側も話しやすくなる

雲海とは

● 山頂や飛行機から見下ろした時に、眼下に見える雲や濃霧のこと。

● 一面に広がる雲はまるで海のように見えることから「雲海」と呼ぶ。

● 英語では「sea of clouds」や「cloud sea」と言う。

関連 063	箇条書きを入力するには	▶ P.60
関連 067	箇条書きの先頭を連番にするには	▶ P.61
関連 073	行間と段落前の間隔の違いは何?	▶ P.65
関連 074	行の間隔を変更するには	▶ P.65

625

Q 1つのスライドに2つの話題を盛り込んでもいいの?

A 1スライド＝1テーマが鉄則です

プレゼン資料を作る上で重要なのは、1枚のスライドに情報を詰め込みすぎないことです。情報量が減れば、その分スライドがすっきりして訴求ポイントが明確になります。そのためには、1枚のスライドに複数のテーマに関する情報を盛り込むのではなく、「1スライド＝1テーマ」に絞ることが大切です。

> 1つのスライドに2つのテーマが入っていると、重要なポイントが伝わりにくくなってしまう

> 2つのスライドに分けて解説することで、それぞれの重要なポイントがよく伝わるようになる

626

2021 2019 2016 365
お役立ち度 ★ ★ ★

**Q アニメーションをたくさん使った
ほうが目立ちますよね？**

**A アニメーションの多用は禁物！
メリハリをつけて使いましょう**

アニメーションを付けすぎて、内容よりも動きばかり
が目立ってしまうのは本末転倒です。アニメーション
が一切なくても問題ありませんが、文字や図形などが
説明に合わせて表示されるアニメーションは聞き手の
理解を助ける効果があります。また、商品名やキャッ
チフレーズなどを目立たせるアニメーションは、印象
に残りやすくなります。

アニメーションは目を引く効果があるが、多用すると動きばかりに目が
いってしまい、肝心の内容が聞き手に伝わりにくくなってしまう

関連
415 アニメーションを設定するには ▶ P.229

関連
421 アニメーションの順番と種類をまとめて
確認したい ▶ P.232

627

2021 2019 2016 365
お役立ち度 ★ ★ ★

**Q 最後のスライドにはどんな
内容を入れるといいの？**

**A 「まとめ」のスライドでダメ押しする
のが効果的です**

プレゼンの後には「まとめ」が必要です。まとめが
あると、聞き手に内容をしっかりと記憶にとどめて
もらえるからです。最後のスライドには、プレゼンの
ポイントやメリットを再確認できる内容を入れるとい
いでしょう。

628

2021 2019 2016 365
お役立ち度 ★ ★ ★

**Q プレゼンで役立つ話し方を
教えてほしい**

**A ゆっくりと大きめの声で話すように
心がけましょう**

会場の広さやマイクの有無にもよりますが、聞き手
がはっきり聞きとるためには、ゆっくりと大きな声で
話すといいでしょう。また、「えーと」などの言いが
ちな言葉をなるべく使わなくても済むように、事前
のリハーサルで何度も練習することも大切です。

基礎と
画面表示

資料作成
の基本

文字入力
と書式

スライド
デザイン

図形

Smart
Art

表と
グラフ

画像と
写真

動画と
サウンド

スライド
マスター

アニメー
ション

スライド
ショー

印刷と
配布資料

ファイル
管理

共有と
共同作業

アプリ
連携

プレゼン
実践テク

基礎と
画面表示

資料作成
の基本

文字入力
と書式

スライド
デザイン

図形

Smart
Art

表と
グラフ

画像と
写真

動画と
サウンド

スライド
マスター

アニメー
ション

スライド
ショー

印刷と
配布資料

ファイル
管理

共有と
共同作業

アプリ
連携

プレゼン
テク
実践

629

Q 相手に聞いてもらうために
心がけておくことはある?

A 聞き手の顔を見渡すように
しましょう

手元の資料やパソコン画面ばかり見て話すと、聞き手とのコミュニケーションが取れません。顔を上げて聞き手の顔を端から端までゆっくり見渡すように話すと、発表者の自信ある態度に聞き手が安心します。また、聞き手の顔を見ていれば、内容を理解しているのかどうかが分かるので、臨機応変に対応できます。

630

Q どんな構成でプレゼンを進め
ていけばいいの?

A 「導入」「本論」「まとめ」が
基本構成です

導入では、表紙や目次スライドを使ってプレゼンの目的やプレゼンの流れなどを説明し、聞き手に興味を抱かせます。本論では、用意したスライドを使って提案内容や報告内容を説明します。最後にまとめのスライドを使ってポイントを復唱し、質疑応答を行います。

●基本的な構成

① 導入 (つかみ)
② 本論 (結論→根拠→具体例)
③ まとめ (締めくくり)
④ 質疑応答

631

Q プレゼンテーション本番で
どうしても緊張してしまう

A リハーサルを繰り返して
自信をつけましょう

よほどプレゼンテーションに慣れている人でない限り、誰でも緊張するものです。その不安を和らげるには、リハーサルを通してスライドショーの操作や話し言葉を何度も繰り返して練習することに尽きるでしょう。プレゼンテーション本番で緊張したリミスがあったとしても、納得できるまで練習したという自信が、その場を切り抜けて立て直すことができるはずです。

632

Q プレゼンテーションのリハーサル
以外に準備しておくことは?

A 聞き手の質問を想定して答えを
準備しておきましょう

プレゼンテーションの最後には質疑応答の時間を設けるのが一般的です。ある程度質問を予想して回答を準備しておくだけでなく、スライドを他の人に見てもらって質問事項を上げてもらったり、同僚が行ったプレゼンテーションで出た質問を聞いておくのもいいでしょう。また、プレゼンテーションを行う環境や機器についても確認しておきましょう。

●主なポイント

① 質問の想定と回答例の準備
② 第三者のチェックによる質問事項リストアップ
③ 他のプレゼンテーション実施時の質問確認
④ 環境や機器の事前チェック

ショートカットキー一覧

ファイルの操作

[印刷] の画面の表示	Ctrl + P
上書き保存	Shift + F12 / Ctrl + S
新規作成	Ctrl + N
名前を付けて保存	F12
ファイルを開く	Ctrl + F12 / Ctrl + O
ファイルを閉じる	Ctrl + F4 / Ctrl + W

スライドショーの操作

[ホーム] 画面の表示	Alt + F
インクの変更履歴を表示	Ctrl + M
現在のスライドから スライドショーを開始	Shift + F5
サウンドのミュート/ ミュート解除	Alt + U
指定スライドを表示	数字 + Enter
自動実行プレゼンテーション の停止/再開	S
スクリーンを一時的に 黒くする	B
スクリーンを一時的に 白くする	W
[すべてのスライド] ダイアログボックスの表示	Ctrl + S
スライドショーの開始	F5
スライドショーの再開	Shift + F5
スライドショーの終了	Esc
スライドの書き込みを削除	E
タスクバーの表示	Ctrl + T
次のスライドを表示	N / space / → / ↓ / Enter / Page Down
発表者ツールに切り替え	Alt + F5

全般の操作

非表示に設定された スライドを表示	H
マウス移動時に矢印を 非表示/表示	Ctrl + H / Ctrl + U
マウスポインターを 消しゴムに変更	Ctrl + E
マウスポインターを ペンに変更	Ctrl + P
マウスポインターを レーザーポインターに変更	Ctrl + L
マウスポインターを 矢印に変更	Ctrl + A
前のスライドに戻る	P / Back space / ← / ↑ / Page Up
スライド一覧を表示	−
メディアの音量を上げる/ 下げる	Alt + ↑ / Alt + ↓
メディアの再生/一時停止	Alt + P
メディアの再生を停止	Alt + Q
メディアの前/次の ブックマークに移動	Alt + Home / Alt + End
新しいコメントの挿入	Ctrl + Alt + M
アニメーションのコピー	Alt + Shift + C
アニメーションの貼り付け	Alt + Shift + V
メディアを後/前へスキップ	Alt + Shift + ← / Alt + Shift + →
[アウトライン] タブと [スライド] タブの切り替え	Ctrl + Shift + Tab
切り取り	Ctrl + X
グリッド線の表示/非表示	Shift + F9
検索の繰り返し	Shift + F4
検索の実行	Ctrl + F
コピー	Ctrl + C

新規スライドの挿入	Ctrl + M
スライドのコピー	Ctrl + D
すべて選択	Ctrl + A
[スペルチェックと文章校正]の実行	F7
置換の実行	Ctrl + H
直前の操作を繰り返す	Ctrl + Y
直前の操作を元に戻す	Ctrl + Z
複数ウィンドウの切り替え	Ctrl + F6
ヘルプの表示	F1
リボンの表示/非表示	Ctrl + F1
ルーラーの表示/非表示	Shift + Alt + F9

図形の操作

グループ化	Ctrl + G
グループ化の解除	Ctrl + Shift + G
再グループ化	Ctrl + Shift + J
最背面に移動	Ctrl + Shift + [
最前面に移動	Ctrl + Shift +]
縦方向に拡大	Shift + ↑
縦方向に縮小	Shift + ↓
次のプレースホルダーへ移動	Ctrl + Enter
等間隔で繰り返しコピー	Ctrl + D
左に回転	Alt + ←
プレースホルダーの選択	F2
右に回転	Alt + →
横方向に拡大	Shift + →
横方向に縮小	Shift + ←

文字の編集

1つ上のレベルへ移動	Alt + Shift + ↑
1つ下のレベルへ移動	Alt + Shift + ↓
1つ背面に移動	Ctrl + [
1つ前面に移動	Ctrl +]
上付きに設定/解除	Ctrl + Shift + ;

大文字と小文字の切り替え	Shift + F3
箇条書きのレベルを上げる	Alt + Shift + ← / Shift + Tab
箇条書きのレベルを下げる	Alt + Shift + → / Tab
下線に設定/解除	Ctrl + U
行頭文字を付けずに改行	Shift + Enter
[形式を選択して貼り付け]ダイアログボックスの表示	Ctrl + Alt + V
下付きに設定/解除	Ctrl + ;
斜体に設定/解除	Ctrl + I
書式のみコピー	Ctrl + Shift + C
書式のみ貼り付け	Ctrl + Shift + V
中央揃え	Ctrl + E
[ハイパーリンクの挿入]ダイアログボックスの表示	Ctrl + K
左揃え	Ctrl + L
フォントサイズの拡大	Ctrl + Shift + > / Ctrl +]
フォントサイズの縮小	Ctrl + Shift + < / Ctrl + [
フォント書式の解除	Ctrl + space
[フォント]ダイアログボックスの表示	Ctrl + T / Ctrl + Shift + F / Ctrl + Shift + P
太字に設定/解除	Ctrl + B
右揃え	Ctrl + R
両端揃え	Ctrl + J

キーワード解説

本書に登場する、PowerPointを使ううえで知っておきたいキーワードをまとめました。関連するほかのキーワードがある項目には➡が付いています。併せて読むことで、はじめて目にする専門用語でも難なく理解できます。

数字・アルファベット

3Dモデル
立体的な3Dのイラストのこと。スライドに挿入した3Dモデルを任意の角度に傾けて利用できる。Web上にある3Dモデルを検索して利用するほかに、3Dモデルを自作することもできる。
→スライド

Bing（ビング）
マイクロソフトが提供しているWeb検索サービス。2023年2月に会話形式で検索できるBing AIが搭載された。PowerPointの[挿入]タブの[オンライン画像]をクリックしてキーワードを入力すると、Bingを使って画像の検索を行える。ただし、画像の著作権を確認してから利用する必要がある。

Microsoft 365（マイクロソフト サンロクゴ）
マイクロソフトが提供するクラウドサービスの総称。毎月一定の料金を支払う月額制のサービスで、常に最新のOfficeをダウンロードして利用できる。
→クラウド、ダウンロード

Microsoft Edge（マイクロソフトエッジ）
マイクロソフトが開発したブラウザーの名称。Windows10以降のパソコンでは、標準のブラウザーとして搭載されている。

Microsoft Search（マイクロソフトサーチ）
画面上部の[検索]と表示されている部分に次に行いたい操作を入力すると、関連する機能が一覧表示され、クリックするだけで実行できる。使いたい機能がどのタブにあるか迷ったときに便利。

Microsoftアカウント（マイクロソフトアカウント）
マイクロソフトが提供しているさまざまなクラウドサービスを利用できるID。メールアドレスとパスワードの組み合わせで無料で取得できる。Microsoftアカウントがあれば、OneDriveやOutlook.comを利用できる。
→OneDrive、クラウド

Officeテーマ（オフィステーマ）
タイトルバーやリボン、ウィンドウなどの色合いのこと。初期設定では[カラフル]が設定されているが、[ファイル]タブの[アカウント]にある[Officeテーマ]から[濃い灰色]や[黒][白]に変更できる。
→タイトルバー、タブ、リボン

OneDrive（ワンドライブ）
マイクロソフトが提供しているクラウドサービスの1つ。Microsoftアカウントを取得すると、インターネット上にある5GBの保存場所を利用できる。
→Microsoftアカウント、クラウド

PDF（ピーディーエフ）
アドビ システムズが開発した電子文書をやりとりするためのファイル形式の1つ。パソコンの環境に依存せずにファイルを表示できるのが特徴。

SmartArt（スマートアート）
図解で項目や概念図などの情報を表すときによく使われる、複数の図表を簡単に作成できる機能。
→図表

XPS（エックスピーエス）
XML Paper Specificationの略。マイクロソフトが開発した、閲覧用の電子ファイルの形式。スライドをXPS形式で保存すると、PowerPointを持っていない人でもスライドの内容を表示できる。
→スライド

あ

アート効果
画像の編集機能の1つ。画像を水彩画風やガラス風にワンタッチで加工できる。

アイコン
ファイルやフォルダーなどを表した絵文字のこと。作成したソフトウェアや保存したファイルの種類によって、アイコンの絵柄が異なる。また、マイクロソフトが提供する白黒のシンプルなイラストのことを「アイコン」と呼ぶ。PowerPointのでは、スライドに表示される[表の挿入]や[グラフの挿入]などの絵柄のことも「アイコン」と呼ぶ。

アウトライン
スライドの文字だけを表示する画面表示モード。ワープロ感覚でキーワードを羅列したり順序を入れ替えたりしながら、プレゼンテーションの構成を練るのに使う。
→スライド、プレゼンテーション

アウトラインからスライド
Word文書の文字をPowerPointのスライドに読み込む機能。[ホーム]タブの[新しいスライド]→[新しいスライド]をクリックする。

[アウトライン表示] モード

[表示] タブの [アウトライン表示] ボタンをクリックしたときに表示されるモード。スライドペインの左側に表示されている領域にスライドの文字だけが表示される。[アウトライン表示] モードを使うと、文字だけに集中してスライドの骨格をじっくり練ることができる。
→スライド、スライドペイン、タブ

アップグレード

パソコンにインストール済みのソフトウェアを新しいバージョンに入れ替えること。

アニメーション

スライドショーを実行したときに、オブジェクトが動く特殊効果のこと。文字や図表、グラフなどにそれぞれ動きや表示方法を設定できる。
→グラフ、図表、スライドショー

アプリ

「アプリケーション」を短縮した用語。[メール] アプリや [天気] アプリのように、ソフトウェアやプログラムのことを「アプリ」と呼ぶ。PowerPointもアプリの1つ。

アンインストール

パソコンにインストールしたソフトウェアを、パソコンから削除すること。
→インストール

インクツール

[描画] タブをクリックしたときに表示されるツールのこと。ペンの種類や色、太さを選んでスライド上をドラッグすると、線や文字が描ける。気付いた点を書き込むときなどに利用する。
→スライド、タブ、ペン

インクの再生

[インク] 機能を使ってスライド上に描いた手書きの文字や図形を、描いた順にアニメーションのように動かす機能。

印刷

配布資料などを作るためにスライドを紙に出力すること。PowerPointでは、[印刷] の画面で用紙やレイアウトなどの設定を変更すると、右側の印刷イメージに反映される。また、スライドからPDFファイルの作成もできる。
→PDF、スライド、配布資料

インストール

ソフトウェアをパソコンに組み込むこと。CD-ROMやDVD-ROMのほか、インターネットからダウンロードしたインストールプログラムを実行して組み込みを行う。「セットアップ」とも呼ばれる。
→ダウンロード

埋め込み

コピー元のデータを変更したとき、変更内容を貼り付け先のデータに反映させない方法。[貼り付けのオプション] ボタンでデータを独立させる設定ができる。
→貼り付け、貼り付けのオプション

上書き保存

前回ファイルを保存した場所に、同じ名前でファイルを保存すること。上書き保存を実行すると、前回のファイルが破棄されて最新の内容に更新される。

エクスプローラー

パソコン内のフォルダーやファイルを管理するツール。[エクスプローラー] をクリックすると、フォルダーウィンドウが表示される。パソコンに接続されている機器やフォルダー、ファイルの一覧が表示され、フォルダーやファイルの新規作成や削除・コピー・移動などを簡単に行える。
→コピー

エクスポート

PowerPointで作成したスライドをほかのソフトウェアで利用できるファイル形式で保存すること。

[閲覧表示] モード

タスクバーやタイトルバー、ステータスバーを表示してスライドショーを実行できる表示モード。スライドショーの実行中に、タスクバーを使って別のソフトウェアに切り替えができる。
→ステータスバー、スライドショー、タイトルバー、タスクバー

オーディオ

スライドに挿入できる音楽ファイルのこと。自分で用意したサウンドや、インターネットなどから入手できる著作権フリーのオーディオをスライドに挿入できる。
→スライド

か

拡張子

ファイルの種類や作成元のソフトウェアを識別するための「.pptx」や「.xlsx」などの記号のこと。Windowsの標準設定では拡張子が表示されない。

箇条書き

スライド上の「テキストを入力」と書かれたプレースホルダーに入力する文字のこと。箇条書きの先頭には「行頭文字」と呼ばれる記号が自動的に付与される。
→行頭文字、スライド、プレースホルダー

カメオ

スライドショー実行時に発表者の映像を画面に映し出す機能のこと。パソコンにカメラが接続されている必要がある。
→スライドショー、レリーフ

画面切り替え
スライドショーを実行したときに、スライドが切り替わるタイミングで動く効果のこと。
→スライド、スライドショー

起動
WindowsやPowerPointなどのOSやソフトウェアを使えるように準備すること。
→OS

行間
行と行の間隔のこと。PowerPointには、「行間」と「段落前」「段落後」の3つの設定がある。

行頭文字
箇条書きの先頭に表示される記号や文字のこと。行頭文字には「箇条書き」と「段落番号」の2種類がある。
→箇条書き

共有
自分以外のユーザーがフォルダーやファイルを閲覧できるようにすること。OneDriveに保存したフォルダーやファイルは、相手を指定して共有できる。
→OneDrive

クイックアクセスツールバー
画面の一番左上に表示されているバーのこと。よく使う機能を登録しておくと、ボタンをクリックするだけで目的の機能を素早く実行できる。

グラフ
構成比や伸び率、推移などの数値の大きさや増減などの情報を棒や線などの図形を使って視覚的に見せるもの。細かな数値を羅列するよりも全体的な数値の傾向を把握しやすくなる。

系列
グラフを構成する要素の中で、凡例に表示される関連データの集まりのこと。例えば棒グラフでは、1本1本の棒が系列を表す。
→グラフ

互換性
異なるソフトウェアや異なるバージョン間で、データを利用できることを「互換性がある」という。PowerPoint 2021やMicrosoft 365のPowerPointで、PowerPoint 2003以前のバージョンで作成したスライドを開くと、タイトルバーに［互換モード］と表示される。
→スライド、タイトルバー

コピー
選択した文字や図形などをクリップボードという特別な領域に保管する操作のこと。コピーを実行した後に貼り付けの操作を行うと、文字や図形を複製できる。
→図形、貼り付け

さ

サインアウト
パソコンや特定のサービスにサインインした状態を解除すること。サインアウトすると、サインインが必要なサービスは使えなくなる。「ログオフ」ともいう。
→サインイン

サインイン
インターネット上のサービスを利用するために行う個人認証のこと。Microsoftアカウントでサインインすると、OneDriveなどのサービスを利用できる。
→Microsoftアカウント、OneDrive

作業ウィンドウ
スライドペインの右側に表示されるウィンドウのこと。PowerPointには、図の書式設定やアニメーションの動作を設定する作業ウィンドウが用意されている。
→アニメーション、書式設定、スライドペイン

字幕
スライドショー実行時に、マイクを通じて話した音声を文字として表示する機能。日本語だけでなく英語や中国語、韓国語など多様な言語に対応している。
→スライドショー

終了
操作中のソフトウェアを正しく終わらせること。

ショートカットキー
特定の機能を実行するために用意されているキーの組み合わせのこと。例えば、PowerPointでは、Ctrl+Sキーを押すとスライドの保存を実行できる。
→スライド

書式
文字の「色」や「大きさ」、図の「色」や「位置」など見ためを変えるためのさまざまな設定のこと。

書式設定
文字のサイズやフォント、図形の色や配置などの見ためを設定すること。
→図形、フォント

ズーム
スライド内にほかのスライドへのリンクとサムネイルを表示する機能。ズーム機能を使うと、目次スライドをかんたんに作成できる。

ズームスライダー
画面の表示倍率を調整するつまみのこと。左右にドラッグすることで、画面表示の拡大と縮小が実行できる。
→スライド

数字・アルファベット

あ

か

さ

た

な

は

ま

ら

わ

スクリーン

スライドショーの実行中に、画面を黒い色や白い色に一時的に切り替える機能。画面以外に注目してもらうときに使う。黒や白の画面にした後は、画面をクリックするか任意のキーを押せば、スライドが表示される。
→スライド、スライドショー

スクリーンショット

ほかのソフトウェアやWebページなど、パソコンに表示している画面を撮影してスライドに挿入できる機能。
→スライド、貼り付け

スクロールバー

画面を上下左右に移動するために使う画面の右端や下端に表示されるバーのこと。矢印キーを押すと1段階ずつ移動できる。スクロールバー内のバーをドラッグすると、ドラッグしただけ表示位置を移動できる。

図形

[挿入] タブの [図形] ボタンをクリックして描く四角形や吹き出しなどの図形のこと。図形の種類を選んでスライド上をドラッグすると、図形を描画できる。
→スライド、タブ

スタート画面

PowerPointを起動した直後に表示される画面のこと。[新しいプレゼンテーション] をクリックすればスライドを新規作成できる。テーマが設定されたスライドやテンプレートも開けるのが特徴。
→アプリ、起動、スライド、テーマ、テンプレート

スタイル

図形や表、画像などの書式を登録し、クリックするだけで複数の書式を設定できるようにした機能。例えば [表のスタイル] には、セルの色や罫線の組み合わせパターンが複数用意されている。
→書式、図形、表

ステータスバー

PowerPointのウィンドウ最下部にある情報表示用の領域。スライド全体のページ数や現在表示しているページなど、現在の作業状態が表示される。
→スライド

図表

組織図やベン図など、物事の概念や順序などを図形と文字で表したもの。PowerPointでは「SmartArt」の機能を使って図表を作成できる。
→SmartArt、図形

スポイト

図形などを塗りつぶすときに使う機能の1つ。スライドをクリックすると、クリックした位置の色で塗りつぶしができる。
→図形、スライド

スライド

PowerPointで作成する、プレゼンテーションのそれぞれのページのこと。
→プレゼンテーション

[スライド一覧表示] モード

スライドの表示モードの1つ。1つの画面に複数のスライドを縮小表示できる。全体の構成を見ながら、スライドの順番を入れ替えるときなどに利用する。
→スライド

スライドショー

スライドをパソコン画面やプロジェクターに大きく表示し、説明に合わせてスライドを切り替えることができる表示モード。プレゼンテーションの本番で使う。PowerPointでは、リハーサルの機能でスライドショーの経過時間や発表時間を確認できる。
→プレゼンテーション、リハーサル

[スライドショー] ツールバー

スライドショーの実行中に画面左下に表示されるバーのこと。スライドの切り替えやペンのメニューを表示できる。発表者ビューでも表示される。
→スライド、スライドショー、ペン

[スライドショー] モード

スライドの表示モードの1つ。画面いっぱいにスライドを表示し、本番のプレゼンテーションのように次々にスライドを表示できる。アニメーションや画面切り替え効果を確認するときに利用する。
→アニメーション、画面切り替え効果、スライド、プレゼンテーション

スライド番号

スライドに表示されるスライドの順番を表す番号のこと。スライド番号は、スライドを追加したり削除したりしても自動で更新される。
→スライド

スライドペイン

[標準表示] モードで中央に表示される領域。スライドを大きく表示して編集ができる。
→スライド、[標準表示] モード

スライドマスター

フォントの種類、サイズ、色などの文字書式や背景色、箇条書きのスタイルなど、スライドのすべての書式を管理している画面のこと。レイアウトごとにスライドマスターが用意されている。
→箇条書き、書式、スライド、フォント、レイアウト

セクション

関連するスライドをグルーピングする機能。セクション単位で編集や移動、印刷が行えるため、効率よくスライドを管理できる。

た

ダイアログボックス
ファイルの保存や画像の挿入などの詳細設定を行う専用の画面のこと。選択している機能によって画面に表示される項目は異なる。

タイトルスライド
スライドの見出しとサブタイトルの文字が入力できるプレースホルダーが配置されたスライドのこと。プレゼンテーションで最初に表示するスライドとして利用する。
→スライド、プレースホルダー、プレゼンテーション

タイトルバー
ウィンドウの最上部に表示される領域のこと。ファイル名やソフトウェアの名前が表示される。

ダウンロード
インターネット上のソフトウェアやデータをWebブラウザーなどを介してパソコンに保存すること。

タスクバー
デスクトップの下部に表示されるバーのこと。［エクスプローラー］や起動中のソフトウェアがボタンとして表示され、ボタンをクリックしてウィンドウを切り替えできる。
→エクスプローラー、起動、デスクトップ

タブ
リボンの上部にある切り替え用のつまみのこと。［ファイル］タブや［ホーム］タブなど、よく利用する機能がタブごとに分類されている。図形やグラフ、画像など、特定の要素を選択したときだけ表示されるタブもある。
→スライド

データラベル
グラフに表示できる値や割合などを示す数値のこと。例えば、円グラフでは、全体から見た各データの割合を表すパーセンテージの数値を表示できる。
→グラフ

テーマ
スライド全体のデザインや配色、書式がセットになって登録されているもの。
→書式、スライド、配色

テキストボックス
スライド上の好きな位置に配置できる、文字を入力するための図形のこと。横書き用と縦書き用のテキストボックスがある。テキストボックスの回転ハンドルをドラッグすれば、テキストボックスを回転できる。
→スライド、ハンドル

デザイナー
スライド内の文字を判断し、デザインやレイアウトを提案してくれる機能。［デザイナー］作業ウィンドウに表示されたデザインの中から好みのものをクリックするだけで、作業中のスライドのデザインを変更できる。スライドのデザインの幅を広げるときに便利。

デスクトップ
Windows 11を起動したときに表示される画面のこと。PowerPointを終了すると、デスクトップに戻る。
→起動、終了

テンプレート
スライドのデザインや配色、文字の書式がセットになっているデザインのひな形のこと。PowerPointのスタート画面や［新規］の画面からテンプレートを開ける。スライドをテンプレートとして保存することもできる。
→書式、スタート画面、スライド、配色

ドキュメント検査
スライドに入力したコメントやノート、プレゼンテーションファイルの作成日や作成者などの個人情報の有無を調べる機能。また、それらを削除する機能。
→スライド

トリミング
イラストや写真などの不要な部分を切り取る機能。ビデオやオーディオの前後を削除することもできる。
→オーディオ、ビデオ

な

名前を付けて保存
作成したスライドの保存場所や名前を設定して保存する操作のこと。
→スライド

ナレーション
パソコンに接続されたマイクを使って、スライドに発表者の音声を録音する機能。［スライドショー］タブの［録画］機能を使うと、スライドショーを実行しながらナレーションを録音できる。
→スライド

［ノート表示］モード
ノートペインを大きく表示できる表示モード。［ノート表示］モードでは、文字に書式を設定したり図形やイラストなどを挿入したりすることができる。
→書式、図形、ノートペイン

ノートペイン
［標準表示］モードのとき、ステータスバーにある［ノート］ボタンをクリックするとスライドペインの下に表示される領域。各スライドに対応した発表者用のメモを入力しておくと、スライドと一緒に印刷できる。
→印刷、ステータスバー、スライド、スライドペイン、［標準表示］モード

は

配色
テーマを構成している色の組み合わせのこと。
→テーマ

配置ガイド

図形やイラスト、写真などの位置や大きさをそろえるときに表示される線。図形やイラストなどをドラッグすると自動的に表示され、位置や大きさの目安となる。
→図形

ハイパーリンク

スライド上にある文字や図形などをクリックすると、別のスライドや別のソフトウェアに自動的に切り替わる仕組みのこと。
→図形、スライド

配布資料

スライドの内容を印刷して配布できるようにしたもの。印刷レイアウトを変更するだけで、1枚の用紙に複数のスライドやメモ書きができる罫線などを印刷できる。
→印刷、スライド

発表者ツール

スライドショーの実行時に利用できる機能の総称。ノートペインに入力したメモの内容や次のスライドの内容、経過時間などを確認しながら説明できる。
→スライド、スライドショー、ノートペイン、プレゼンテーション

バリエーション

[テーマ]ごとに用意されている背景の模様や配色のパターンのこと。配色だけを変更するときは、[バリエーション]の[バリエーション]ボタンをクリックして配色を選ぶ。
→テーマ、配色

貼り付け

クリップボードに保管されている内容を別の場所に複製する操作。コピーや切り取りと組み合わせて使う。
→コピー

貼り付けのオプション

[ホーム]タブにある[貼り付け]ボタンの下側をクリックしたときや、文字や図形などの貼り付けを実行した後に表示されるボタン。コピーした情報をどの形式で貼り付けるかを指定する。設定項目にマウスポインターを合わせると、貼り付け後のイメージを確認できる。
→図形、タブ、貼り付け、マウスポインター

ハンドル

オブジェクトを選択すると表示される、調整用のつまみのこと。ハンドルには[サイズ変更ハンドル]や[回転ハンドル]などがある。写真やイラスト、プレースホルダー、テキストボックスのハンドルにマウスポインターを合わせるとマウスポインターの形が変わり、その状態で目的のハンドルをマウスでドラッグすると、サイズの変更や回転、変形などができる。
→テキストボックス、表、プレースホルダー、マウスポインター

ビデオ

ビデオカメラや携帯電話などで撮影した動画のこと。スライドに動画を挿入すると、スライドショーで動画を再生できる。
→スライド、スライドショー

非表示スライド

スライドショーの実行時に、特定のスライドを非表示にする機能。スライドそのものは削除されない。
→スライド、スライドショー

表

縦と横の罫線でデータを区切って見せるもの。[挿入]タブの[表]ボタンから行数と列数を指定して表を作成できる。なお、PowerPointの表ではExcelのような計算はできない。
→タブ

[標準表示]モード

スライドの表示モードの1つ。スライドが中央に表示され、スライドの左側にはスライドの縮小表示の一覧が表示される。ステータスバーにある[ノート]ボタンをクリックすると、スライドの下側にノートペインが表示される。
→ステータスバー、スライド、ノートペイン

フォント

文字の形のこと。ゴシック体や明朝体などの文字の形から任意の形に変更できる。また、文字を総称して「フォント」と呼ぶこともある。

ブックマーク

ビデオやオーディオ再生するタイミングとなる目印のこと。ブックマークを付けると、その位置に簡単にジャンプできる。また、ブックマークを利用して、録画したスライドショーの任意の位置にテロップを表示することもできる。
→スライドショー

フッター

配布資料やスライドの下の方に表示される領域のこと。ページ番号や日付などの情報を入力すると、すべてのスライドの同じ位置に同じ情報が表示される。
→スライド、配布資料

プレースホルダー

スライドにさまざまなデータを入力するための枠のこと。文字を入力するためのプレースホルダーや、表、グラフを入力するためのプレースホルダーがある。文字を入力するプレースホルダーの中にカーソルがあるときは、枠線が点線で表示される。
→グラフ、スライド、表

プレゼンテーション

限られた時間内で、聞き手に何かを伝えたり、聞き手を説得したりするために行う行為。PowerPointを利用すれば、プレゼンテーション用の資料を簡単に作成できる。

プレゼンテーションパック

スライドショーを実行するのに必要なスライド、フォント、サウンド、リンクしたファイルなどを1つのファイルにまとめる機能。
→サウンド、スライド、フォント

ヘッダー

配布資料やスライドの上の方に表示される領域のこと。ヘッダーを利用すれば、すべてのスライドの同じ位置に会社名や作成者の情報を表示できる。
→スライド、配布資料

ペン

スライドショーの実行中に、マウスをドラッグしてスライドに書き込みをする機能のこと。[ペン] と [蛍光ペン] の2種類が用意されている。
→スライド

ま

マウスポインター

マウスを動かしたときに連動して画面に表示される目印のこと。ソフトウェアや合わせる位置によってマウスポインターの形が変化する。

元に戻す

最後に行った操作を取り消して、操作をする前の状態に戻すこと。

ら

ライセンス認証

Office製品を使い始める前に、正規ユーザーであることを登録するために行う手続きのこと。インターネット経由で手続きができる。

リアルタイムプレビュー

テーマや文字、画像の書式が表示された一覧にマウスポインターを合わせるだけで選択結果のイメージを画面に反映する仕組みのこと。
→書式、テーマ、マウスポインター

リハーサル

プレゼンテーションの練習に使う機能。リハーサルを実行すると、経過時間や所要時間を確認しながらスライドショーを実行できる。
→スライドショー、プレゼンテーション

リボン

OfficeやWindows 11のフォルダーウィンドウに用意されているメニュー項目。利用できる一連の機能が目的別のタブに分類されて登録されている。
→タブ

ルーラー

スライドペインの上側と左側に表示される目盛りのこと。[表示] タブの [ルーラー] のチェックマークをクリックするたびに、ルーラーの表示と非表示が交互に切り替わる。
→スライドペイン、タブ

レーザーポインター

スライドショーの実行中に、マウスポインターの形を変えて、スライドの内容を指し示せる機能のこと。ペンのような書き込みはできない。
→スライド、スライドショー、ペン、マウスポインター

レイアウト

PowerPointでスライドに配置されているプレースホルダーの組み合わせのパターンのこと。11種類のレイアウトが用意されている。
→スライド、プレースホルダー

レリーフ

→カメオ

レベル

見出しや項目に設定できる上下関係のこと。最大9段階まで設定できる。

録画

スライドショーの様子をそのまま録画する機能。音声や発表者の映像も一緒に保存できる。ビデオ形式で保存してWebにアップロードすれば、スライドショーをWebに公開できる。
→スライドショー

わ

ワードアート

入力した文字にデザインを適用して、立体的なロゴのような装飾を設定できる機能のこと。また、この機能で作成した文字のことも「ワードアート」と呼ぶ。

索引

本書を読み終えた方へ
できるシリーズのご案内

パソコン関連書籍

できるExcel関数
Office 2021/2019/2016&Microsoft 365対応

尾崎裕子＆
できるシリーズ編集部
定価：1,738円
（本体1,580円＋税10%）

豊富なイメージイラストで関数の「機能」がひと目でわかる。実践的な使用例が満載なので、関数の利用シーンが具体的に学べる！

できるWindows11 パーフェクトブック

困った！＆
便利ワザ大全
2023年 改訂2版

法林岳之・一ケ谷兼乃・清水理史＆
できるシリーズ編集部
定価：1,628円
（本体1,480円＋税10%）

基本から最新機能まですべて網羅。マイクロソフトの純正ツール「PowerToys」を使った時短ワザを収録。トラブル解決に役立つ1冊です。

できるOutlook パーフェクトブック

困った！＆
便利ワザ大全
Office 2021＆
Microsoft 365
対応

三沢友治＆
できるシリーズ編集部
定価：1,848円
（本体1,680円＋税10%）

Outlookをビジネスで使いこなすための実用的なノウハウを多数解説。メールや予定、タスクなど、仕事を効率化したい方におすすめです。

読者アンケートにご協力ください！

ご意見・ご感想をお聞かせください！

https://book.impress.co.jp/books/1123101039

「できるシリーズ」では皆さまのご意見、ご感想を今後の企画に生かしていきたいと考えています。
お手数ですが以下の方法で読者アンケートにご協力ください。
ご協力いただいた方には抽選で毎月プレゼントをお送りします！

※プレゼントの内容については「CLUB Impress」のWebサイト（https://book.impress.co.jp/）をご確認ください。

1 URLを入力して Enter キーを押す

2 [アンケートに答える]をクリック

◆会員登録がお済みの方
会員IDと会員パスワードを入力して、[ログインする]をクリックする

◆会員登録をされていない方
[こちら]をクリックして会員規約に同意してからメールアドレスや希望のパスワードを入力し、登録確認メールのURLをクリックする

※Webサイトのデザインやレイアウトは変更になる場合があります。

■著者
井上香緒里（いのうえ かおり）

テクニカルライター。SOHOのテクニカルライターチーム「チーム・モーション」を立ち上げ、IT書籍や雑誌の執筆、Webコンテンツの執筆を中心に活動中。2007年から2015年まで「Microsoft MVPアワード（Microsoft Office PowerPoint）」を受賞。近著に『できるPowerPoint 2021 Office 2021&Microsoft 365両対応』『できるゼロからはじめるワード超入門 Office 2021&Microsoft 365 対応』『できるWord&Excel&PowerPoint Office 2021&Microsoft 365両対応』（以上、インプレス）などがある。

STAFF

シリーズロゴデザイン	山岡デザイン事務所＜yamaoka@mail.yama.co.jp＞
カバー・本文デザイン	伊藤忠インタラクティブ株式会社
カバーイラスト	こつじゆい
本文イラスト	ケン・サイトー
サンプル制作協力	ハシモトアキノブ
DTP制作	町田有美・田中麻衣子
校正	株式会社トップスタジオ
編集協力	高木大地
デザイン制作室	今津幸弘＜imazu@impress.co.jp＞
	鈴木　薫＜suzu-kao@impress.co.jp＞
制作担当デスク	柏倉真理子＜kasiwa-m@impress.co.jp＞
編集	小野孝行＜ono-t@impress.co.jp＞
編集長	藤原泰之＜fujiwara@impress.co.jp＞
オリジナルコンセプト	山下憲治

■商品に関する問い合わせ先

このたびは弊社商品をご購入いただきありがとうございます。本書の内容などに関するお問い合わせは、下記のURLまたは二次元バーコードにある問い合わせフォームからお送りください。

https://book.impress.co.jp/info/

上記フォームがご利用いただけない場合のメールでの問い合わせ先
info@impress.co.jp

※お問い合わせの際は、書名、ISBN、お名前、お電話番号、メールアドレス に加えて、「該当するページ」と「具体的なご質問内容」「お使いの動作環境」を必ずご明記ください。なお、本書の範囲を超えるご質問にはお答えできないのでご了承ください。

● 電話やFAXでのご質問には対応しておりません。また、封書でのお問い合わせは回答までに日数をいただく場合があります。あらかじめご了承ください。
● インプレスブックスの本書情報ページ https://book.impress.co.jp/books/1123101039 では、本書のサポート情報や正誤表・訂正情報などを提供しています。あわせてご確認ください。
● 本書の奥付に記載されている初版発行日から3年が経過した場合、もしくは本書で紹介している製品やサービスについて提供会社によるサポートが終了した場合はご質問にお答えできない場合があります。

■落丁・乱丁本などの問い合わせ先

FAX　03-6837-5023
service@impress.co.jp
※古書店で購入された商品はお取り替えできません。

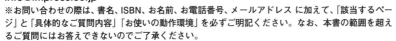

できるPowerPointパーフェクトブック困った！＆便利ワザ大全
Office 2021/2019/2016 & Microsoft 365対応

2023年10月1日　初版発行

著　者　井上香緒里 & できるシリーズ編集部

発行人　高橋隆志

発行所　株式会社インプレス
　　　　〒101-0051　東京都千代田区神田神保町一丁目105番地
　　　　ホームページ　https://book.impress.co.jp/

印刷所　株式会社広済堂ネクスト
ISBN978-4-295-01783-7　C3055

Printed in Japan